suhrkamp taschenbuch
wissenschaft 2298

In seinem neuen Buch verteidigt der Philosoph Michael Esfeld den wissenschaftlichen Realismus gegen Verschwörungstheoretiker und Antirealisten, zeigt aber auch die Grenzen wissenschaftlicher Erklärungen auf. Entgegen so mancher überschießender Ambition haben sie nämlich nicht die Kraft, mit Handlungsfreiheit begabten Personen Normen für die Gestaltung individuellen und gesellschaftlichen Lebens vorzugeben. Naturwissenschaftliche Erkenntnisse implizieren keine Prädetermination menschlichen Handelns und Denkens, der Determinismus in Physik, Biologie oder den Neurowissenschaften schränkt die menschliche Freiheit daher keineswegs ein. Im Gegenteil: Wissenschaft setzt gerade die Freiheit voraus, Theorien zu formulieren, zu testen und zu rechtfertigen.

Michael Esfeld ist Professor für Wissenschaftsphilosophie an der Universität Lausanne (Schweiz). Letzte Veröffentlichungen im Suhrkamp Verlag: *Philosophie der Physik* (stw 2033), *Kausale Strukturen. Einheit und Vielfalt in der Natur und den Naturwissenschaften* (stw 1970, mit Christian Sachse) und *Naturphilosophie als Metaphysik der Natur* (stw 1863).

Michael Esfeld
Wissenschaft und Freiheit

Das naturwissenschaftliche Weltbild
und der Status von Personen

Suhrkamp

Bibliografische Information der Deutschen Nationalbibliothek
Die Deutsche Nationalbibliothek verzeichnet diese Publikation
in der Deutschen Nationalbibliografie; detaillierte bibliografische Daten
sind im Internet überhttp://dnb.dnb.de abrufbar.

Erste Auflage 2019
suhrkamp taschenbuch wissenschaft 2298
© Suhrkamp Verlag Berlin 2019
Umschlag nach Entwürfen
von Willy Fleckhaus und Rolf Staudt
Druck: Druckhaus Nomos, Sinzheim
Printed in Germany
ISBN 978-3-518-29898-5

Inhalt

Einleitung

Das Zeitalter der Aufklärung hat zwei Gesichter. Auf der einen Seite steht die Befreiung des Menschen, ausgedrückt zum Beispiel in Immanuel Kants Definition der Aufklärung als »Ausgang des Menschen aus seiner selbst verschuldeten Unmündigkeit« (Kant, »Beantwortung der Frage: Was ist Aufklärung?« (1784), erster Satz). Auf der anderen Seite steht der Szientismus mit der Idee, dass naturwissenschaftliches Wissen unbegrenzt ist: Es umfasst auch den Menschen und alle Aspekte unserer Existenz. Diese Seite kommt zum Beispiel in Julien Offray de La Mettries *L'homme machine* (1747) zum Ausdruck. Beide weisen Wissensansprüche traditioneller Autoritäten wie zum Beispiel der Kirche zurück. Die von Kant betonte Seite zielt dann darauf ab, jeder mündigen Person die Freiheit zu geben, ihre eigenen, überlegten Entscheidungen zu treffen. La Mettries Seite bahnt hingegen der Position den Weg, der zufolge naturwissenschaftliches Wissen die angemessenen Entscheidungen sowohl auf der individuellen als auch auf der gesellschaftlichen Ebene vorzeichnen kann.

Diese beiden Seiten kann man bis in die griechische Antike zurückverfolgen. Gemäß Aristoteles' *Politik* ist die Organisation von Staat und Gesellschaft eine Frage von Entscheidungen, welche die Bürger in gemeinsamer Beratung zu treffen haben. Für Platon hingegen ist es eine Frage des Wissens, wie man das individuelle und das gesellschaftliche Leben zu gestalten hat. Dementsprechend sollen die Philosophen herrschen, wie er in seinem Hauptwerk *Der Staat* darlegt. In der Neuzeit nimmt dann das naturwissenschaftliche Wissen die Stelle ein, die Platon dem Wissen zuschreibt, das durch philosophisches Nachdenken erlangt wird.

Dieses Buch hat das wissenschaftliche Weltbild und seine Grenzen zum Thema. Sein zentrales Anliegen ist es aufzuzeigen, wie Wissenschaft uns frei macht und dadurch zur offenen Gesellschaft beiträgt – im Sinne von Karl Poppers berühmtem Buch *Die offene Gesellschaft und ihre Feinde* (1945) (welches das erste philosophische Buch war, das ich gelesen habe). Ich möchte daher zunächst aufweisen, wieso die Naturwissenschaft mit den Gesetzen, die sie entdeckt, unsere Freiheit bestärkt, statt diese einzuschränken, und dann darauf aufbauend zeigen, wieso es verfehlt ist anzunehmen, dass aus der Wissenschaft Normen folgen, die vorgeben, wie wir die Gesellschaft und unsere individuellen Leben zu gestalten haben. Dieser Fehler ist schon in der La Mettrie'schen Vorstellung der Aufklärung angelegt und wird später im Marxismus umgesetzt. Heute erhält er Auftrieb durch eine Fehleinschätzung der Entdeckungen, die in der Physik, der Evolutionsbiologie, der Genetik und den Neuro- und Kognitionswissenschaften gemacht werden. Der Wissenschaft eine solche Macht zuzuschreiben, provoziert die übertriebene Gegenreaktion, die darin besteht, nicht anzuerkennen, dass die Wissenschaft überhaupt Wahrheiten über die Welt entdeckt. Diese leider auch unter postmodernen Intellektuellen verbreitete Ansicht fordert geradezu dazu auf, die Abgrenzung zwischen *fact* und *fake* aufzugeben. Dadurch lässt man aber nicht nur den Szientismus fallen, sondern auch die Idee, dass Wissenschaft zur Befreiung der Menschheit beiträgt.

Demgegenüber legt dieses Buch dar, was an den weit verbreiteten Behauptungen falsch ist, gemäß denen unsere Freiheit ausgehebelt wird durch wissenschaftliche Gesetze (wie insbesondere fundamentale und universelle, deterministische Gesetze in der Physik), wissenschaftliche Entdeckungen (wie zum Beispiel in der Genetik oder in den Kognitionswissenschaften) und wissenschaftliche Erklärungen (wie zum Beispiel Erklärungen menschlichen Verhaltens in der Evolutionsbiologie oder den Neurowissenschaften). Kurz gesagt: Erstens ist die Ontologie der Wissenschaften – das, was als existierend angenommen werden muss, um den Wahrheitsanspruch wissenschaftlicher Theorien zu verstehen – gar nicht reich genug, um zu Konsequenzen zu führen, welche die menschliche Freiheit in Frage stellen könnten. Des Weiteren beziehen sich wissenschaftliche Gesetze, Entdeckungen und Erklärungen auf kontingente Tatsachen statt auf Notwendigkeiten (im Sinne von Dingen, die nicht anders hätten sein können). Am wichtigsten aber ist, dass wissenschaftliche Theorien in einem normativen Netz des Gebens von und Fragens nach Gründen formuliert werden, das die Freiheit von Personen im Formulieren, Testen und Beurteilen von Theorien voraussetzt. Deshalb können Personen nicht ihrerseits im wissenschaftlichen Weltbild verortet werden. Folglich gibt uns die Wissenschaft Informationen über die Welt, aber keine Normen – weder für die individuelle Lebensgestaltung noch für die Gesellschaft. Wissenschaft befreit uns, indem sie zeigt, dass wir die Freiheit haben, die Normen für unser Denken und Handeln – sowohl als Individuen als auch in der Gesellschaft – selbst zu setzen, damit aber auch die Verantwortung für unsere Gedanken und Handlungen tragen.

Was ist Wissenschaft? Die Wissenschaft ist zumindest durch die folgenden drei Merkmale von anderen menschlichen Unternehmungen einschließlich anderer intellektueller Aktivitäten unterschieden:

– *Objektivität*: Was die Wissenschaft über die Welt aussagt, hängt von keinem spezifischen Standpunkt ab. Es ist unabhängig von Geschlecht, Rasse, Religion und geographischer oder zeitlicher Position. Wissenschaftliche Theorien beziehen einen Standpunkt von nirgendwo und nirgendwann. Natürlich haben die Theorien einen bestimmten Ursprung, aber ihr Geltungsanspruch ist davon unabhängig. Jeder kann Teil der wissenschaftlichen Gemeinschaft werden. Es gibt keine chinesische Mathematik, Physik oder Biologie im Unterschied zu einer amerikanischen. Dasselbe gilt für die Philosophie, insofern sie ein argumentatives Unternehmen ist, das nach Wissen über die Welt und uns selbst strebt.

– *Systematizität*: Eine wissenschaftliche Theorie versucht, so viele Phänomene wie möglich mit einem so einfachen Gesetz wie möglich zu erfassen. Bekannte Beispiele sind das Gesetz der natürlichen Auslese in der Evolutionsbiologie und das Gravitationsgesetz in der Physik. Letzteres ist ein ideales Beispiel für ein Naturgesetz, weil es sich auf alles im Universum bezieht.

– *Bestätigung durch Beobachtung und Experiment*: Jede wissenschaftliche Behauptung muss durch Indizien bestätigt werden können, die unabhängig von der betreffenden Behauptung sind. Das heißt: Die betreffende Behauptung muss es ermöglichen, Voraussagen abzuleiten, die bestätigt werden können, ohne auf die betreffende Behauptung angewiesen zu sein. Zum Beispiel sagt Albert Einsteins Theorie der Gravitation voraus, dass Licht von entfernten Sternen durch das Gravitationsfeld der Sonne abgelenkt wird. Diese Ablenkung kann man bei einer Sonnenfinsternis beobachten (erstmals geschehen 1919). Die Beobachtung dieses Phänomens ist unabhängig von den theoretischen Behauptungen der allgemeinen Relativitätstheorie über die Struktur von Raum und Zeit und das Verhalten des Gravitationsfeldes. Wie dieses Beispiel zeigt, erfordert Bestätigung nicht immer einen Eingriff in das Naturgeschehen durch Experimente. Entscheidend ist die Beobachtung neuer Phänomene, welche die Theorie voraussagt und erklärt.

Diese Merkmale als Kennzeichen von Wissenschaft herauszustellen, wird gewöhnlich mit dem Standpunkt verbunden, der als wissenschaftlicher Realismus bekannt ist: Die Wissenschaft deckt den Aufbau der natürlichen Welt auf. Wenn überhaupt ein menschliches Unternehmen dieses leisten kann, dann sicher nur die Wissenschaft. Insofern steht dieses Buch zum wissenschaftlichen Realismus. Entscheidend in unserem Zusammenhang ist aber dies: Diese Merkmale von Wissenschaft anzuerkennen, verhindert nicht, uns der Grenzen von Wissenschaft bewusst zu werden und insbesondere zu realisieren, wie Wissenschaft Freiheit ermöglicht, statt sie zu verhindern.

In einem größeren Zusammenhang gesehen ist dieses Buch ein Essay über das Zusammenspiel dessen, was Wilfrid Sellars (1962) das *wissenschaftliche Weltbild* und das *manifeste Weltbild* nennt. Das manifeste Weltbild ist dabei allerdings nicht der Alltagsverstand. Die Frage nach dem Verhältnis dieser beiden Weltbilder ist dementsprechend nicht dadurch beantwortet, dass man zeigt, wie man vom wissenschaftlichen Weltbild aus die uns vertrauten makroskopischen Gegenstände und deren Verhalten verstehen kann. Sellars zufolge ist das manifeste Weltbild vielmehr die philosophisch reflektierte Sicht der Welt, die Personen in den Mittelpunkt stellt, ja als unhintergehbar und damit als ontologisch primitiv anerkennt. Das ist deshalb für das wissenschaftliche Weltbild wichtig, weil dieses nur formuliert, akzeptiert und gerechtfertigt werden kann, indem man auf die Ressourcen des manifesten Weltbildes zurückgreift.

Das Verhältnis zwischen dem wissenschaftlichen und dem manifesten Weltbild kann man auf drei verschiedene Weisen denken:

(i) *Das wissenschaftliche Weltbild ist vollständig*: Personen können ebenso wie alles andere, das nicht explizit in den Naturwissenschaften vorkommt, durch funktionale Definitionen auf die Ontologie der Naturwissenschaften reduziert werden. Letztlich ist dies die Ontologie der Physik. Das heißt: Die Personen, die es in der Welt gibt, sind mit bestimmten Materiekonfigurationen und deren Verhalten unter bestimmten Umweltbedingungen identisch. Aus einer vollständigen physikalischen Beschreibung der Welt könnten im Prinzip auch alle wahren Aussagen über Personen abgeleitet werden, einschließlich der Aussagen über deren Denken und Handeln.

(ii) *Das manifeste Weltbild ist vollständig*: Alles was es in der Welt gibt, wird dadurch korrekt erfasst, dass man es in gewisser Weise in Analogie zu Personen denkt. Wissenschaftliche Theorien, welche von diesen personenanalogen Zügen absehen, haben dementsprechend nur einen instrumentellen Wert: Sie ermöglichen effiziente Voraussagen, decken aber nicht die Essenz dessen auf, was es in der Welt gibt.

(iii) *Dualismus von wissenschaftlichem und manifestem Weltbild*: Das wissenschaftliche Bild ist wahr in Bezug auf die Welt ohne die Merkmale, die Personen charakterisieren. Diese Merkmale sind ontologisch ebenso primitiv wie Materie in Bewegung.

Dieses Buch folgt Kants Aufklärungsphilosophie und Sellars' Plädoyer für eine synoptische Sicht der beiden Weltbilder, indem es für eine bestimmte Version von Position (iii) argumentiert: Das wissenschaftliche Weltbild – ebenso wie jede wissenschaftliche Theorie – setzt die Freiheit von Personen voraus, Begriffe zu bilden und Theorien zu entwickeln. Eine Person zu sein, ist jedoch kein zur Materie hinzukommendes Ding, keine zusätzliche Tatsache oder Eigenschaft. Es ist eine Einstellung, die man in Bezug auf sich selbst und andere einnimmt. Indem man diese Einstellung entwickelt, bringt man sich selbst hervor als ein Wesen, welches Bedeutung schafft und damit Regeln für das Denken und Handeln setzt und welches infolgedessen das, was es denkt und tut, rechtfertigen muss.

Auf dieser Grundlage argumentiert das Buch für eine zweigliedrige Konzeption der Freiheit: Da ist zunächst Freiheit in dem Sinne, dass naturwissenschaftliche Gesetze, selbst wenn sie deterministisch sind, weder unser Verhalten noch die Bewegungen irgendwelcher anderen Objekte vorherbestimmen. Erst kommt nämlich die Bewegung der Objekte, dann kommen die Theorien und Gesetze, die kontingente Muster und Regularitäten in dieser Bewegung aufdecken. Falls das wissenschaftliche Weltbild vollständig wäre, gäbe es nur diese Art von Freiheit. Wenn man sich jedoch vor Augen führt, dass das wissenschaftliche Weltbild von Personen in normativen

Einstellungen des Gebens und Fragens nach Gründen formuliert, akzeptiert und gerechtfertigt wird, dann sieht man, dass es auch noch eine Freiheit gibt, die charakteristisch für Personen ist. Diese Freiheit besteht darin, selbst Normen für das Denken und Handeln zu setzen (bzw. setzen zu müssen). Von Seiten der Wissenschaften gibt es nichts, was uns daran hindert, aus dieser Freiheit heraus unser Handeln zu gestalten.

Das Buch ist in drei Teile oder Kapitel gegliedert. Das erste Kapitel ist eine philosophische Darstellung dessen, was die Naturwissenschaft in Bezug auf den Aufbau der Welt herausgefunden hat. Der Schwerpunkt liegt auf den fundamentalen und universellen Theorien der Physik von der Newton'schen Mechanik bis zur heutigen Quantenphysik. Das Kapitel beantwortet folgende Frage: Welches sind die minimalen ontologischen Festlegungen, die man akzeptieren muss, um zu verstehen, was die Naturwissenschaften über die Welt aussagen? Das Ziel dieses Kapitel ist allerdings keine allgemeinverständliche Darstellung der Physik, obwohl einige physikalische Details zur Sprache kommen werden. Das Ziel ist es, die philosophischen (Stand-)Punkte herauszuarbeiten, die unerlässlich sind, um zu verstehen, wieso die naturwissenschaftlichen Theorien nicht in Konflikt mit der menschlichen Freiheit kommen. Kapitel 2 beschreibt auf dieser Grundlage die Leistungen ebenso wie die Grenzen naturwissenschaftlicher Erklärungen und Gesetze. Es führt zu einem Argument dafür, dass diese Erklärungen und Gesetze die menschliche Freiheit unterstützen, statt sie auszuhebeln. Am Ende von Kapitel 2 werden wir ein Argument dafür gewonnen haben, dass es keine grundlegenden Konflikte zwischen dem wissenschaftlichen und dem manifesten Weltbild in Bezug auf Zeit und Willensfreiheit gibt (die beide zusammenhängen: ohne Veränderungen und Zeit als deren Maß gibt es keine Freiheit). Solche Konflikte sind, mit Rudolf Carnap (1928) gesprochen, Scheinprobleme: Sie ergeben sich aus einem fehlgeleiteten Verständnis der ontologischen Festlegungen wissenschaftlicher Theorien. Auf dieser Grundlage wendet sich Kapitel 3 dem zentralen Punkt des Konfliktes zwischen dem wissenschaftlichen und dem manifesten Weltbild zu, nämlich der Normativität, die nicht erst das Handeln, sondern bereits das Denken durchdringt. Dieses Kapitel arbeitet heraus, wie beide Weltbilder zu menschlicher Freiheit führen, entwickelt die erwähnte zweigleisige Konzeption von Freiheit und erörtert ihre Konsequenz: Es gibt kein Wissen – weder wissenschaftliches noch Wissen anderen Ursprungs –, welches diese Freiheit aushebeln könnte. Am Schluss steht eine Zusammenfassung der wesentlichen Thesen des Buches.

Für hilfreiche Kommentare und Diskussionen danke ich meinen Mitarbeiter*innen und den Teilnehmer*innen meines Forschungsseminars in Lausanne im akademischen Jahr 2018/19 – insbesondere Guillaume Köstner und Christian Sachse –, den Mitarbeiter*innen des Forschungskollegs »Imaginarien der Kraft« an der Universität Hamburg – insbesondere Frank Fehrenbach und Cornelia Zumbusch für die Einladung im Sommersemester 2019 – sowie Andreas Hüttemann, Ingvar Johansson, Barry Loewer, Anna Marmodoro, Daniel von Wachter und Gerhard Wagner. Vor allem gilt mein Dank Jan-Erik Strasser vom Suhrkamp Verlag für zahlreiche Vorschläge zur Verbesserung des Textes.

1. Materie in Bewegung:
das wissenschaftliche Weltbild

1.1 Atomismus von Demokrit bis Feynman

Die Naturwissenschaft in der abendländischen Kultur hat ihren Ursprung bei den vorsokratischen Naturphilosophen. Zu diesen gehören auch Leukipp und Demokrit, die ersten Atomisten. Gemäß der Überlieferung durch Plutarch behauptet Demokrit:

In dem Leeren zerstreut bewegten sich Substanzen, der Zahl nach unendlich wie auch unteilbar und unterschiedslos und ohne Qualität und für Einwirkung unempfänglich; wenn sie sich einander näherten oder zusammenstießen oder verflöchten, so träten einige dieser Anhäufungen als Wasser, andere als Feuer, andere als Pflanze und wieder andere als Mensch in Erscheinung.[1]

Ähnlich schreibt Isaac Newton am Ende der *Optik*:

Nach allen diesen Betrachtungen ist es mir wahrscheinlich, daß Gott im Anfange der Dinge die Materie in massiven, festen, harten, undurchdringlichen und beweglichen Partikeln erschuf. [...] Keine Macht von gewöhnlicher Art würde im Stande sein, das zu zertheilen, was Gott selbst bei der ersten Schöpfung als Ganzes erschuf. [...] Damit also die Natur von beständiger Dauer sei, ist der Wandel der körperlichen Dinge ausschliesslich in die verschiedenen Trennungen, neuen Vereinigungen und Bewegungen dieser permanenten Theilchen zu verlegen.[2]

Wenn wir uns der heutigen Physik zuwenden, so schreibt Richard Feynman am Beginn der berühmten *Feynman-Vorlesungen*:

Wenn in einer Sintflut alle wissenschaftlichen Kenntnisse zerstört würden und nur ein Satz an die nächste Generation von Lebewesen weitergereicht werden könnte, welche Aussage würde die größte Information in den wenigsten Worten enthalten? Ich bin überzeugt, dass diese die *Atomhypothese* (oder welchen Namen sie auch immer hat) wäre, die besagt, *dass alle Dinge*

---

1 Fragment Diels-Kranz 68 A57, zitiert gemäß Mansfeld (1986), Fragment Demokrit 49, S. 281.
2 Newton (1898), Band 2, S. 143.

aus Atomen aufgebaut sind – aus kleinen Teilchen, die in permanenter Bewegung sind, einander anziehen, wenn sie ein klein wenig voneinander entfernt sind, sich aber gegenseitig abstoßen, wenn sie aneinandergepresst werden. In diesem einen Satz werden Sie mit ein wenig Phantasie und Nachdenken eine *enorme* Menge an Information über die Welt entdecken.[3]

Das ist der Atomismus, dessen Siegeszug der Erfolgsgeschichte der modernen Naturwissenschaft den Boden bereitet. Aus den obigen Zitaten geht hervor, wieso der Atomismus so vielversprechend ist: Auf der einen Seite ist er ein Vorschlag für eine Theorie über das, was es im Universum gibt, die sowohl allumfassend als auch sparsam ist. Auf der anderen Seite gibt er eine klare und einfache Erklärung des Gegenstandsbereichs, der uns in der Erfahrung unmittelbar zugänglich ist. Alle Gegenstände dieses Bereichs sind aus einer großen Anzahl kleinster Teilchen zusammengesetzt. Alle Unterschiede zwischen diesen Gegenständen – sowohl zu einer bestimmten Zeit als auch über die Zeit hinweg – werden auf die räumliche Anordnung dieser Teilchen und die Veränderungen in dieser Anordnung zurückgeführt.

Diese Sichtweise wird in der klassischen Mechanik umgesetzt. Sie erobert den gesamten Bereich der Physik durch die statistische Mechanik (die zum Beispiel Wärme auf die Bewegung von Molekülen zurückführt), die Chemie über das Periodensystem der Elemente, die Biologie in Form der Molekularbiologie (die zum Beispiel die molekulare Zusammensetzung der DNA aufdeckt) und schließlich die Neurowissenschaft; Neuronen bestehen aus Atomen, und die Neurowissenschaft ist Physik, die auf das Gehirn angewendet wird. Kurz gesagt: Die Naturwissenschaft ist vor allem deshalb so erfolgreich, weil sie alles in Elementarteilchen zerlegt und es dann von den Interaktionen dieser Teilchen aus erklärt.

Um zu verstehen, wie die Teilchen interagieren, benötigt man Gesetze, die deren Bewegung beschreiben. Deshalb kommt der Atomismus in der Antike nicht über den Status einer interessanten, aber spekulativen Hypothese hinaus und wird erst in der Neuzeit zur Naturwissenschaft; denn erst die moderne Physik formuliert Bewegungsgesetze für die Atome. Nichtsdestoweniger hängt die Attraktivität des Atomismus nicht davon ab, wie diese Gesetze genau aussehen. Seine Attraktivität ist unabhängig von bestimmten

3 Feynman et al. (2007), Kap. 1.2.

physikalischen Theorien. Sie besteht in diesen beiden Ideen: Alles ist aus kleinsten Teilchen zusammengesetzt, und alle Unterschiede in der Welt bestehen in Unterschieden in dieser Zusammensetzung. Es gibt eine direkte, intuitive Verbindung von dieser Idee zu den beobachtbaren, makroskopischen Gegenständen.

Diese Verbindung ist direkt und intuitiv, weil alles, was wir in wissenschaftlichen Experimenten und im Alltag beobachten, die relativen Lagen diskreter Gegenstände und die Veränderung dieser Lagen sind – mit anderen Worten: die unterschiedlichen Abstände, die Objekte zueinander haben, und die Veränderung dieser Abstände. Dementsprechend werden alle Messergebnisse als relative Positionen diskreter Objekte aufgezeichnet, wie zum Beispiel Zeigerpositionen oder digitale Anzeigen auf einem Bildschirm. John Bell formuliert es so: »In der Physik sind die einzigen Beobachtungen, die wir in Betracht ziehen müssen, Ortsbeobachtungen, und seien es die Orte der Zeiger von Instrumenten.«[4] Die Einschränkung »in der Physik« ist angebracht, weil Alltagswahrnehmungen typischerweise Farben, Töne oder Gerüche räumlich angeordneter Gegenstände involvieren. Die Orte von Gegenständen werden durch diese Sinnesqualitäten unterschieden. Sinnesqualitäten treten aber – zumindest explizit – in keiner physikalischen Theorie auf (darauf werde ich in Kapitel 3.1 eingehen).

Dessen ungeachtet ist alle Evidenz, die wir in der Naturwissenschaft zur Verfügung haben, die Evidenz von Lagen diskreter Gegenstände relativ zu anderen diskreten Gegenständen. Sogar im Fall der 2016 durch LIGO (Laser Interferometer Gravitational-Wave Observatory) entdeckten Gravitationswellen besteht alle experimentelle Evidenz in der Beobachtung der Veränderung der relativen Lagen diskreter Objekte, die letztlich Teilchen sind. Diese Veränderung wird dann mathematisch in Begriffen einer Welle beschrieben, die durch das Gravitationsfeld zieht. Diese Tatsache bestätigt die direkte Verbindung zwischen der experimentellen Evidenz und der Idee des Atomismus: Es handelt sich um relative Lagen diskreter Objekte, von den makroskopischen Gegenständen hinunter bis zu den kleinsten Teilchen und von den kleinsten Teilchen hinauf bis zu den makroskopischen Gegenständen. Folglich gilt: Wenn eine Theorie die raum-zeitliche Anordnung der Teil-

4 Bell (2004), S. 166; Übersetzung M. E.

chen richtig darstellt, dann hat sie alles richtig dargestellt, was jemals experimentell überprüft werden kann. Zwei mögliche Welten, die in Bezug auf die raum-zeitliche Anordnung der Teilchen gleich sind, können durch keine naturwissenschaftlichen Mittel voneinander unterschieden werden.

Mithin sind für die Erklärung der beobachtbaren makroskopischen Objekte und der Unterschiede zwischen ihnen nur die relativen Lagen der Teilchen und die Veränderung dieser Lagen relevant; eine intrinsische Natur, Form oder Essenz der Atome spielt überhaupt keine Rolle. Das steht im Gegensatz zum Hauptstrom der antiken und mittelalterlichen Metaphysik. Dort liegt der Fokus auf einer inneren Form (*eidos*) der Gegenstände, auf etwas, das dem jeweiligen Gegenstand unabhängig von allen anderen Gegenständen zukommt und das ihn von allen anderen Gegenständen (oder zumindest von allen Arten anderer Gegenstände) unterscheidet. Aristoteles' *Kategorien* und seine *Metaphysik* sind die klassischen Referenzwerke für diese Sichtweise. Gemäß dem Atomismus sind hingegen kleinste Teilchen (Atome) die Substanz der Welt. Sie sind beständig: Weder entstehen noch vergehen sie. Aber sie sind Substanzen nur in dem Sinne permanenter Existenz, keine Substanzen im Sinne von Gegenständen, die eine innere Form haben. Atome haben keine inneren, charakteristischen Merkmale. Ihr gesamtes Sein besteht in ihrer räumlichen Anordnung – das heißt in ihren relativen Lagen oder Abständen zueinander – und der Veränderung dieser Abstände.

René Descartes ist der zentrale Denker, der den Paradigmenwechsel vollzog von aristotelischen Formen in der mittelalterlichen, scholastischen Naturphilosophie zu einer Essenz der materiellen Gegenstände, die nur in deren Ausdehnung – das heißt deren relativen Lagen oder Abständen – und Bewegung (das heißt der Veränderung dieser Abstände) besteht. Für ihn ist die Natur lediglich *res extensa*. Descartes stellte darüber hinaus auch Bewegungsgesetze auf. Diese erwiesen sich allerdings als nicht korrekt, insbesondere weil er die Interaktion der materiellen Gegenstände als direkten Kontakt konzipierte und damit Mechanik wörtlich als Druck und Stoß verstand. Interaktionsgesetze, die in der Physik Bestand hatten, gehen auf Newton zurück mit dem Gravitationsgesetz als paradigmatischem Beispiel. Die Newton'sche Schwerkraft ist Wechselwirkung ohne direkten Kontakt, wie zum Beispiel die Anziehung der Erde durch die Sonne. Schauen wir uns nun das Zusammenspiel zwischen Objekten und Gesetzen genauer an.

1.2 Primitive Ontologie

Die Atome des Atomismus können nicht in noch kleinere Objekte zerlegt werden, weil sie nicht mehr ausgedehnt sind: Sie sind Punktteilchen. Alle Ausdehnung entstammt den räumlichen Beziehungen, in denen sie stehen und durch die sie eine Konfiguration von Punktteilchen aufbauen. Soweit es die Naturwissenschaften betrifft, ist dieses das Fundament des Universums. Man kann in der naturwissenschaftlichen Forschung nicht weiter zurückgehen als zu nicht ausgedehnten Punktteilchen, die räumlich angeordnet sind und deren räumliche Anordnung sich ändert. Diese Teilchen und deren Anordnung sind der finale Bezugspunkt der naturwissenschaftlichen Theorien, das, wovon diese Theorien letztlich handeln. Führen wir hierfür den philosophischen Begriff der *primitiven Ontologie* ein. Ontologie handelt von dem, was es gibt, was ist oder existiert (*to on* – das Seiende – im Altgriechischen). Die primitive Ontologie bezieht sich auf das, was als ursprünglich, grundlegend oder schlechthin existierend angenommen werden muss in dem Sinne, dass es nicht von irgendetwas anderem abgeleitet oder durch seine Funktion für etwas anderes eingeführt werden kann. Was dieses Etwas ist, hängt von der Theorie ab: Die Hypothese der naturwissenschaftlichen Theoriebildung lautet, dass das Universum letztlich aus räumlich angeordneten Punktteilchen besteht. Wenn diese Hypothese richtig ist, dann ist die Teilchenkonfiguration des Universums die Grundlage – das, was schlechthin existiert.

Gibt es Alternativen zum Atomismus? Die vorsokratischen Naturphilosophen sind nicht alle Atomisten wie Leukipp und Demokrit. Ihnen voraus gingen Thales, Anaximander, Anaximenes und Anaxagoras, die nach dem Stoff suchten, aus dem alles besteht. Für Thales war dieser Stoff das Wasser, während die nachfolgenden Naturphilosophen etwas Abstrakteres im Auge hatten. In jedem Fall steht die Theorie eines grundlegenden Stoffes dem Atomismus entgegen: Statt einer Vielzahl diskreter, unteilbarer Objekte (der Atome) gibt es einen kontinuierlichen Stoff, der sich über das gesamte Universum erstreckt. Ein Problem für diese Theorie besteht darin, dass die Annahme eines reinen, eigenschaftslosen Stoff-Substrats der Materie mysteriös anmutet. Ferner muss dann als primitive Tatsache angenommen werden, dass dieses Stoff-Substrat verschiedene Dichtegrade hat: In manchen Gebieten des Raumes gibt es mehr Stoff als in anderen Gebieten. Kurz gesagt: Es gibt in der Theorie eines primitiven Stoffes nichts, was materielle Gegenstände individuiert und damit voneinander unterscheidet. Im Atomismus hingegen unterscheiden die räumlichen Relationen – ihre relativen Lagen – die Atome voneinander.

Viel wichtiger als diese Bedenken ist jedoch, dass es unklar ist, wie die Stoff-Theorie der Materie den uns vertrauten Bereich makroskopischer Gegenstände erklären könnte. Es gibt in dieser Theorie nämlich nichts, was der Theorie der Zusammensetzung aus kleinsten Teilchen im Atomismus entspricht: Dort bauen die räumlich angeordneten Punktteilchen zunächst das auf, was heute als »Atome« im Sinne der chemischen Elemente bezeichnet wird. Diese wiederum bauen die Moleküle auf, die schließlich die uns bekannten makroskopischen Gegenstände bilden. So ist etwa – anders als Thales glaubte – Wasser kein kontinuierlicher, primitiver Stoff. Man denke an die antike Sichtweise der vier Elemente Erde, Wasser, Luft und Feuer, die alle als einfache, kontinuierliche Stoffe angesehen wurden. Es besteht vielmehr aus Molekülen, die aus Wasserstoff- und Sauerstoffatomen zusammengesetzt sind, welche wiederum aus Protonen, Neutronen und Elektronen bestehen … bis man schließlich zu den Punktteilchen der theoretischen Physik gelangt.

Die primitive Ontologie ist somit keine Frage philosophischer Spekulation. Was auch immer die physikalische Grundlage des Universums bildet: Es wird sehr weit von den Gegenständen entfernt sein, die uns im Alltag vertraut sind. Nichtsdestoweniger muss es eine klar nachvollziehbare Verbindung von den grundlegenden Zügen des Universums zu den uns im Alltag vertrauten Gegenständen geben, wie zum Beispiel die Verbindung von Punktteilchen zu makroskopischen Gegenständen durch Zusammensetzung im Atomismus. Entscheidend ist allerdings nicht allein die Idee der Zusammensetzung, wie nachvollziehbar oder sogar intuitiv diese Idee auch immer sein mag. Entscheidend ist vielmehr, das Versprechen einzulösen, alle Unterschiede in den makroskopischen Gegenständen durch Unterschiede in deren Zusammensetzung durch räumlich angeordnete Punktteilchen und die Veränderung in dieser Zusammensetzung zu erklären. Hierfür sind Bewegungsgesetze für die Atome unerlässlich. Deshalb wird dieses Versprechen erst durch die moderne Naturwissenschaft eingelöst. Folglich bleiben sowohl der Atomismus als auch die Sicht der Materie als kontinuierlicher Stoff vor der neuzeitlichen Naturwissenschaft spekulativ. Letztere löst dann das Versprechen des Atomismus ein, indem sie Bewegungsgesetze für die Teilchen formuliert. Mit diesen Gesetzen kann man dann die Unterschiede in den makroskopischen Gegenständen durch die Unterschiede in der räumlichen Zusammensetzung durch die Punktteilchen und deren Bewegung erklären.

Hieran wird deutlich, dass die intuitive Verbindung von räumlich angeordneten Punktteilchen zu makroskopischen Gegenständen durch Zusammensetzung nicht das stärkste Argument für die primitive Ontologie des Atomismus ist – genauso wenig wie die Tatsache, dass alles, was im Alltag wie in den Wissenschaften beobachtet wird, die räumliche Anordnung diskreter Objekte und deren Veränderung ist. Diese Tatsache und diese intuitive Verbindung legen es nahe, eine primitive Ontologie vorzuschlagen, die Punktteilchen postuliert, die alleine durch ihre relativen Lagen und die Veränderung dieser Lagen gekennzeichnet sind. Das entscheidende Argument für diese Ontologie ist dann aber ihre Erklärungskraft, nämlich die Weise, wie man mit dieser sparsamen Ontologie alle beobachteten Unterschiede in den makroskopischen Gegenständen durch Bewegungsgesetze der Teilchen erklären kann.

Selbst wenn für die wissenschaftlichen Beobachtungen und Erklärungen allein die relativen Lagen der Punktteilchen und deren Veränderung relevant sind, kann man sich fragen, ob das Sein der Punktteilchen nicht in mehr als deren räumlicher Anordnung bestehen muss, damit sie die Substanz der Welt ausmachen können. Anders gesagt: Selbst wenn eine innere Form der Atome irrelevant und unzugänglich für die Naturwissenschaft ist, so muss es eine solche vielleicht geben, damit die Punktteilchen die grundlegenden Dinge der Natur sein können. Und auch wenn es keine innere Form jedes einzelnen Atoms gibt, so scheint es doch eine allgemeine Stoff-Essenz der Materie geben zu müssen – etwas über die räumlichen Relationen hinaus, aufgrund dessen die Punktteilchen *materielle* Gegenstände sind. Wenn in der naturwissenschaftlichen Forschung von der Materie nur die Geometrie räumlicher Abstände zwischen einfachen Punktteilchen und die Veränderung dieser Abstände übrig bleibt, verschwindet deren materielle Natur bei genauem Hinsehen dann nicht einfach? Diese Bedenken sind allerdings fehlgeleitet.

Wenn mehrere Gegenstände vorhanden sind, dann muss es etwas geben, das diese individuiert: Es muss etwas geben, das die Frage beantwortet, was die Gegenstände voneinander unterscheidet, so dass mehr als nur ein Gegenstand vorhanden ist. Des Weiteren muss es jedoch auch etwas geben, das diese Gegenstände miteinander verbindet, so dass sie eine Welt aufbauen. Es muss eine weltbildende Relation geben, das heißt eine Relation, die alle (und nur diejenigen) Gegenstände miteinander verbindet, die zusammen in einer Welt existieren. Es ist offensichtlich, dass die Abstandsrelation diese Aufgabe erfüllt. Alle und nur diejenigen Objekte, die räumlich miteinander verbunden sind – von denen es Sinn ergibt zu fragen, wie weit sie voneinander entfernt sind –, bilden eine Welt. Sollte es Objekte geben, die in keinem Abstand voneinander stehen, gehören diese verschiedenen Welten an. Wenn sie durch einen Abstand miteinander verbunden sind, dann (und nur dann) gehören sie ein und derselben Welt an.[5]

Darüber hinaus individuieren die Abstandsbeziehungen die Objekte, und nur sie tun dies: Das, was ein Objekt in einer Konfiguration von Objekten von allen anderen Objekten unterscheidet, ist die Lage, die es relativ zu den anderen Objekten einnimmt. Selbst wenn eine Konfiguration teilweise symmetrisch ist, gibt es immer mindestens ein Objekt außerhalb dieser Symmetrie, in Bezug auf das man alle anderen Objekte voneinander unterscheiden kann. So kann zum Beispiel Bewegung letztlich immer auf die Fixsterne bezogen werden als dasjenige Bezugssystem, relativ auf das die anderen Objekte in Bewegung sind und in Bezug auf das sie sich durch ihre Abstände und deren Veränderung unterscheiden. Vollständig symmetrische Konfigurationen mögen vorstellbar sein (sofern man implizit die Anschauung eines absoluten Raumes zugesteht, in den sie eingebettet sind); aber gemäß dem Leibniz'schen Prinzip der Identität des Ununterscheidbaren stellen sie keine mögliche Welt dar, weil es nichts in solchen Konfigurationen gibt, was ihre Elemente individuiert. Folglich ist es eine Illusion zu glauben, man

5 Siehe Lewis (1986a), Kap. 1.6.

habe es in einem solchen Fall mit einer Vielzahl von Elementen oder Objekten (und folglich mit einer Konfiguration) zu tun.[6]

Parameter, die den Objekten in naturwissenschaftlichen Theorien über ihre relativen Orte hinaus zugeschrieben werden – wie zum Beispiel Masse oder Ladung –, können diese nicht unterscheiden. Diese Parameter lassen zwar eine Unterscheidung zwischen verschiedenen Arten von Teilchen zu, wie zum Beispiel den verschiedenen Teilchenarten im heutigen Standardmodell der Physik, können aber nicht zwischen den einzelnen Teilchen derselben Art unterscheiden. Alle Teilchen einer Art – wie zum Beispiel alle Elektronen – haben die gleichen Werte von Masse, Ladung usw. Folglich gibt es keine qualitativen Eigenschaften, welche die Teilchen individuieren könnten. Hieran bestätigt sich: Die Frage danach, was die physikalischen Objekte individuiert, wird durch die Abstandsrelationen beantwortet, und nur durch diese. Das Ergebnis dieser Überlegung ist also: Es ist nichts weiter erforderlich als Abstandsrelationen, um sowohl die Objekte zu individuieren als auch eine Relation zur Verfügung zu haben, welche die Objekte miteinander verbindet, so dass sie eine Welt bilden. Diese Einsicht ist eine der Kernthesen der Position, die in der heutigen Metaphysik als »ontischer Strukturenrealismus« bekannt ist.[7]

Genügt dies jedoch wirklich, um die Teilchen als *materielle* Objekte zu kennzeichnen? Wie oben erwähnt, definiert Descartes die Materie als *res extensa*, und das ist in der Tat das, was die Materie gemäß der Naturwissenschaft ist. Alles, was die Materie ausmacht, besteht in Ausdehnung im Sinne von Abstandsrelationen zwischen Punktteilchen und deren Veränderung. Es gibt insbesondere keine Stoff-Essenz der Materie, und es ist auch völlig unklar, was eine solche Stoff-Essenz sein könnte. Auch die Undurchdringlichkeit der Materie wird durch die Individuation der materiellen Objekte durch die Abstandsrelationen erfasst: Damit es zwei materielle Objekte gibt, muss es einen Abstand zwischen ihnen geben, also eine Distanz, die nicht verschwindet (das heißt nicht null wird). Folglich kann kein Objekt ein anderes durchdringen.

Ferner ist die Definition der Materie durch Abstandsrelationen gehaltreich; sie grenzt materielle von nicht-materiellen Gegenstän-

---

6 Vgl. Hacking (1975), Belot (2001).
7 Siehe Ladyman (1998), French und Ladyman (2003), Esfeld (2004), Esfeld und Lam (2008) und French (2014).

den ab. Descartes definiert die Materie als *res extensa* und den Geist als *res cogitans*.[8] Das besagt: Punkte sind Materiepunkte (Punktteilchen) genau dann, wenn sie in Abstandsrelationen stehen. Geistpunkte (im Sinne von *mens*) sind Punkte hingegen dann und nur dann, wenn sie in Denkrelationen stehen. Mit diesen Definitionen allein ist nicht gesagt, dass es tatsächlich auch fundamentale Denkrelationen und fundamentale Geistpunkte gibt. Alles mag materiell sein. Das ist eine Frage wissenschaftlicher und philosophischer Argumente, die ich in Kapitel 3 erörtern werde. An dieser Stelle ist nur wichtig, sich darüber im Klaren zu sein, dass Abstandsrelationen eine nichttriviale und operationelle Definition der Materie ermöglichen, die das Materielle vom Nichtmateriellen abgrenzt (unabhängig davon, ob es tatsächlich Nichtmaterielles gibt).

Zusammenfassend können wir die primitive Ontologie des Atomismus durch die folgenden beiden Axiome oder Prinzipien auf den Punkt bringen:

(1) *Es gibt Abstandsrelationen, die einfache Objekte, nämlich Punktteilchen (Materiepunkte), individuieren;*

(2) *Die Punktteilchen sind beständig, während die Abstände zwischen ihnen sich ändern.*[9]

1.3 Dynamische Struktur

Kann es Abstandsrelationen ohne einen Raum geben, in den diese Relationen eingebettet sind? Und kann es Veränderungen dieser Relationen geben ohne eine Zeit, in welcher diese Veränderungen stattfinden? Isaac Newton verneint das; ihm zufolge gibt es einen absoluten Raum und eine absolute Zeit. Raum und Zeit existieren somit unabhängig von der Materie. Man kann sie sich wie einen Container vorstellen, in den die Konfiguration der Materie eingebettet ist und in welchem sich ihre Entwicklung entfaltet.[10] Gottfried Wilhelm Leibniz greift Newton an dieser Stelle an. Sein Argument ist, in heutigen Begriffen ausgedrückt, dass es sich bei

8 Siehe Descartes, *Prinzipien der Philosophie*, insbesondere Teil 1, § 53.

9 Esfeld und Deckert (2017), Kap. 2, präsentiert eine detaillierte Darstellung dieser Axiome.

10 Siehe insbesondere Newton, *Mathematische Grundlagen der Naturphilosophie* (1687), »Scholium« zu den Definitionen.

Raum und Zeit um eine *Surplus-Struktur* handelt: Ein absoluter Raum und eine absolute Zeit lassen viel mehr Möglichkeiten zu als diejenigen, welche empirisch unterscheidbar sind. Wenn zum Beispiel die gesamte Konfiguration der Materie des Universums in einen absoluten Raum eingebettet wäre, dann könnte sie in diesem Raum als Ganze verschoben oder gedreht werden. Keine solche Verschiebung oder Rotation würde jedoch einen empirischen Unterschied ergeben: Alle Relationen zwischen den materiellen Objekten blieben gleich. Es handelte sich sozusagen um einen Unterschied (unterschiedliche Positionen aller Objekte im absoluten Raum), der keinen Unterschied macht.[11]

Leibniz zufolge ist der Raum die Ordnung dessen, was zusammen existiert – das heißt Teilchen, die durch Abstandsrelationen miteinander verbunden sind und dadurch eine Welt aufbauen. Es gibt also nur räumliche Relationen. Der Raum selbst existiert nicht; er ist nur ein Mittel, um zu repräsentieren, wie diese Relationen die Objekte zusammenbinden, so dass sie zusammen existieren. Die Objekte sind Punktteilchen und folglich ausdehnungslos. Die Ausdehnung besteht ausschließlich in den Abstandsrelationen zwischen ihnen. Diese sind aus nichts zusammengesetzt, insbesondere nicht aus Punkten. Ebenso wenig wie einen Raum gibt es Raumpunkte. Die Zeit ist die Ordnung der Abfolge: Die Abstände zwischen den Objekten verändern sich. Die Zeit ist das Mittel, um diese Veränderung zu repräsentieren in dem Sinne, ihr eine Metrik aufzuerlegen. Grundlegend ist mithin die Veränderung, und die Zeit ist von ihr abgeleitet.[12]

Die Abstandsrelation hat mehrere Merkmale. Sie ist irreflexiv: Nichts kann einen Abstand zu sich selbst haben. Sie ist symmetrisch: Wenn Punktteilchen i einen bestimmten Abstand zu Punktteilchen j hat, dann hat j denselben Abstand zu i. Sie verbindet alle Objekte: Beliebige zwei Objekte in einer Konfiguration stehen in einer Abstandsrelation zueinander. Sie erfüllt die Dreiecks-Ungleichung: Für beliebige Punktteilchen i, j und k gilt, dass die Summe der Abstände zwischen i und j und j und k größer, als der oder gleich dem Abstand zwischen i und k ist. Es kommt alleine auf

---

11 Siehe Leibniz, dritter Brief an Newton-Clarke, § 5, in Leibniz (1890), S. 363 f.; deutsche Übersetzung Leibniz (1991).

12 Siehe Leibniz, dritter Brief an Newton-Clarke, § 4, vierter Brief, § 41, und fünfter Brief §§ 29, 47 und 104, in Leibniz (1890), S. 363, 376 f., 395 f., 400-402, 415.

die Verhältnisse oder Proportionen zwischen den Abständen an – nicht darauf, wie weit i von j absolut entfernt ist, sondern wie weit i von j entfernt ist im Vergleich dazu, wie weit i von k entfernt ist und k von j. Um solche Vergleiche durchzuführen, benötigt man Zahlen – genauer gesagt die reellen Zahlen – als Darstellungsmittel. Aber durch den Gebrauch von Zahlen wird nichts Neues oder gar Unendliches in die Ontologie eingeführt, Zahlen sind lediglich ein Repräsentationsmittel. Die Ontologie des Universums besteht aus sehr vielen Punktteilchen. Wenn es N Punktteilchen gibt (mindestens 3), dann gibt es endlich viele Abstandsrelationen, nämlich $1/2N(N-1)$ Abstandsrelationen.

Es ist offensichtlich, dass die Abstandsrelationen, die es im Universum gibt, noch mehr Merkmale aufweisen, als lediglich die Dreiecks-Ungleichung zu erfüllen, die das minimale Kriterium für eine metrische Ordnung ist.[13] Aber man kann alles, was diese Relationen ausmacht, in einer Weise darstellen, die keine absoluten Größen (wie zum Beispiel absolute Längen) erfordert. Wie gesagt: Nur die Verhältnisse zwischen den Abständen gehören zur Ontologie, zu dem, was es in der Welt gibt. Dementsprechend ist der am besten ausgearbeitete Vorschlag, die Physik allein auf der Basis von Abstandsrelationen zwischen Objekten zu verstehen, die relationale Mechanik, die von Julian Barbour und seinen Mitarbeitern seit den 1970er Jahren entwickelt wird.[14] Diese Theorie ist auch als Dynamik geometrischer Figuren (*shape dynamics*) bekannt, denn alles, was die Punktteilchen ausmacht, ist in der Figur der Teilchenkonfiguration enthalten. Dazu ist es erforderlich, Abstände und Winkel, welche die Figur definieren, als primitiv anzuerkennen, aber man benötigt keine absoluten Größen. Es ergibt also keinen Sinn zu fragen, wie weit ein Teilchen von anderen Teilchen in einem absoluten Sinne entfernt ist, sondern nur, in welchem Verhältnis die Entfernungen der Teilchen zueinander stehen. Die Theorie ist somit invariant in Bezug auf Streckungen oder Stauchungen der geometrischen Figuren (*scale invariance*).

13 Hierauf weist Lazarovici (2018b) zu Recht hin.
14 Siehe Barbour (2012) und Mercati (2018) zu einer Übersicht.

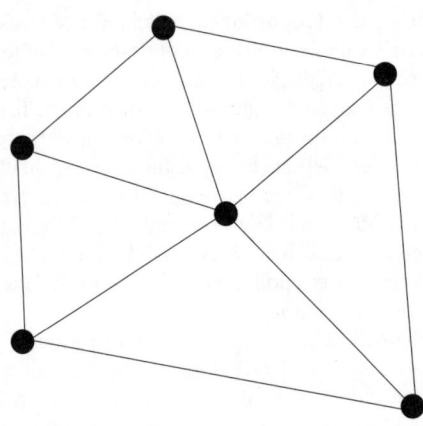

Abbildung 1.1: Konfiguration von Punktteilchen, die durch ihre relativen Lagen individuiert werden.

Leibniz' Sicht der Zeit als Ordnung der Abfolge ist eine Form dessen, was als kausale Theorie der Zeit bekannt ist: Veränderung ist eine primitive Tatsache, die mithin auf nichts anderes zurückgeführt werden kann. Auf dieser Grundlage ist dann Zeit das Maß der Veränderung, also ein Mittel, um die Veränderung zu repräsentieren. Der Begriff »kausale Theorie der Zeit« ist jedoch insofern irreführend, als es hier nicht um Ursachen der Veränderung geht. Es geht hier nur darum, dass Veränderung in der räumlichen Konfiguration der Materie primitiv ist, ohne dass es eine Zeit gibt, in welcher diese Veränderung stattfindet. Nichtsdestoweniger ist Veränderung gerichtet: Sie führt im Ausgang von einer bestimmten Konfiguration von Abstandsbeziehungen zu einer anderen bestimmten Konfiguration von Abstandsbeziehungen innerhalb der Teilchenkonfiguration des Universums. Folglich gibt es eine objektive Entwicklung oder Geschichte des Universums, nämlich eine bestimmte Abfolge, in der sich die Abstandsbeziehungen zwischen den Teilchen im Universum ändern.

Es ergibt jedoch keinen Sinn zu fragen, wie lange eine bestimmte Entwicklung der Konfiguration der Materie des Universums dauert. Die Idee, dass die Dynamik des Universums sich gemäß

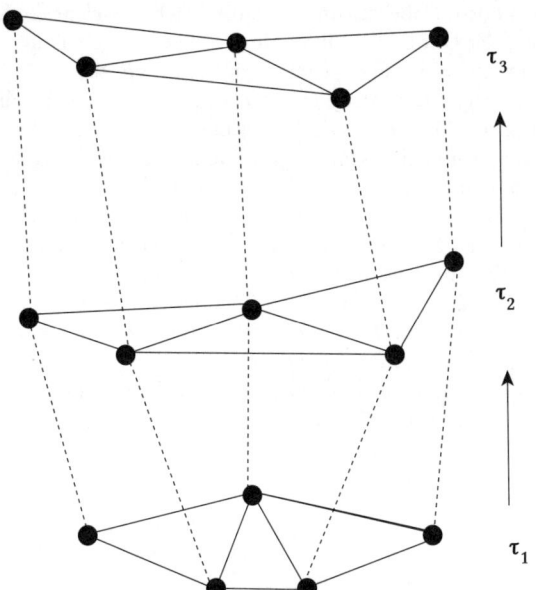

τ_3

τ_2

τ_1

Abbildung 1.2: Abfolge sich verändernder Abstandsrelationen zwischen einer festen Anzahl permanenter Punktteilchen mit einer objektiven Ordnung τ dieser Abfolge. Diese Abbildung ist jedoch in der Hinsicht irreführend, dass sie die Veränderung als diskret statt kontinuierlich darstellt.

einem externen Zeitmaß entfaltet, hat keine physikalische Bedeutung. Wenn das gesamte Universum sich gemäß verschiedenen externen Zeitmaßen entwickeln könnte, wären alle diese Entwicklungen physikalisch ununterscheidbar: Sie würden alle in exakt der gleichen Abfolge sich verändernder Abstandsrelationen zwischen Punktteilchen bestehen. Deshalb impliziert die Annahme einer absoluten Zeit, genauso wie die Annahme eines absoluten Raumes, die Festlegung auf eine Surplus-Struktur. Zeit kann man als Maß der Veränderung nur dadurch einsetzen, dass man eine Unterkonfiguration von Abstandsrelationen innerhalb der Konfiguration der Punktteilchen des Universums auswählt, die als eine Uhr fungiert, in Bezug auf die man die Veränderung in den anderen Abstandsrelationen misst. Dabei zeichnen sich die Teilchen, welche die Konfiguration der Uhr bilden, durch ihre besonders regelmäßige Bewegung im Vergleich zu der gemessenen Bewegung aus.

So konzipiert, verdeutlicht der Leibniz'sche Relationalismus die primitive Ontologie des Atomismus. Im Unterschied zu dem Eindruck, den man gewinnen kann, wenn man nur Newtons Aussagen im berühmten »Scholium« zu den Definitionen in den *Mathematischen Grundlagen der Naturphilosophie* liest, gilt auch in der Newton'schen Mechanik, dass Raum und Zeit nicht Teil der primitiven Ontologie sind. Wie aus dem Kontext hervorgeht, in dem Newton die Begriffe des absoluten Raumes und der absoluten Zeit einführt, benötigt er diese Konzepte für die Dynamik der Materie, nämlich um die drei Bewegungsgesetze zu formulieren.

Newton führt einen Referenzzustand zur Beschreibung der Teilchenbewegung ein, in Bezug auf den er dann alle anderen Bewegungszustände konzipiert. Diesen Referenzzustand formuliert er in seinem ersten Bewegungsgesetz:

Jeder Körper verharrt in seinem Zustand der Ruhe oder der gleichförmig-geradlinigen Bewegung, sofern er nicht durch eingedrückte Kräfte zur Änderung seines Zustands gezwungen wird.[15]

Das ist der Zustand der Inertialbewegung, das heißt der Bewegung ohne Veränderung der Geschwindigkeit oder der Richtung. Mit eingedrückten Kräften sind dann einwirkende Kräfte gemeint, die diesen Bewegungszustand ändern. Aber die Frage ist: Ruhe oder gleichförmig-geradlinige Bewegung in Bezug auf was? Was definiert die Ruhe, die gerade Linie und die konstante Geschwindigkeit? Hierfür benötigt Newton den absoluten Raum: Das erste Gesetz formuliert Ruhe und Inertialbewegung als Bewegung in Bezug auf diesen. Newton braucht mithin den absoluten Raum, damit er in seiner Theorie einen Referenzzustand zur Beschreibung der Bewegung der Materie zur Verfügung hat.

Es ist jedoch offensichtlich, dass man Bewegung in Bezug auf den absoluten Raum nicht messen kann. Ferner gibt es keine vollständig gleichförmig-geradlinige Bewegung im Universum. In der Physik benutzt man Körper als Bezugssysteme, die der Inertialbewegung so nahe wie möglich kommen, wie zum Beispiel die Fix-

---

15 Newton (1988), S. 53.

sterne in der Astronomie. Nichtsdestoweniger ist Newton auf die Begriffe des absoluten Raumes und der absoluten Zeit angewiesen, um seine Bewegungsgesetze formulieren zu können. Hieran bestätigt sich, dass der absolute Raum und die absolute Zeit in Newtons Theorie nicht als Teil der primitiven Ontologie eintreten, sondern durch ihre dynamische Rolle, nämlich durch die Rolle, die sie für die Beschreibung der Bewegung der Materie spielen. Kurz gesagt: Leibniz hat darin Recht, dass Raum und Zeit nicht zur primitiven Ontologie gehören; andernfalls würde man eine Surplus-Struktur in die Ontologie aufnehmen – Unterschiede, die keinen Unterschied machen. Newton hat darin Recht, dass die Begriffe des absoluten Raumes und der absoluten Zeit für die Formulierung der Dynamik benötigt werden.

Allerdings ist es möglich, eine Dynamik für die klassische Mechanik auszuarbeiten, indem man nur mit der geometrischen Figur von Teilchenkonfigurationen arbeitet, ohne diese Konfigurationen so darzustellen, dass sie in einen absoluten Raum und eine absolute Zeit eingebettet sind – das heißt, ohne absolute Größen (wie zum Beispiel absolute Beschleunigung) zu verwenden.[16] Die Möglichkeit, sogar die Dynamik rein relational zu formulieren, bestätigt wiederum, dass die primitive Ontologie sich nur auf Abstandsrelationen und deren Veränderung zu beziehen braucht. Jedoch ist die rein relationale Formulierung der Dynamik der klassischen Mechanik komplizierter als Newtons Formulierung mit absoluten Größen. Zusammenfassend lässt sich daher sagen: Absoluter Raum und absolute Zeit und auf diese bezogene Größen sind nützlich, um die Dynamik zu formulieren, weil sie diese vereinfachen. Aber sie führen zu Problemen und Missverständnissen, wenn man sie in die Ontologie aufnimmt – das heißt annimmt, dass sie in der Welt existieren.

Gegeben einen Bezugszustand in der Form von Inertialbewegung, konzipiert Newton dann alle anderen Bewegungen als Abweichungen von der Inertialbewegung, die durch Kräfte bedingt sind. Die Wirkungsweise von Kräften ist im zweiten Bewegungsgesetz beschrieben:

---

16 Siehe Barbour und Bertotti (1982), Barbour (2003) und Mercati (2018), Teil II.

Die Bewegungsänderung ist der eingedrückten Bewegungskraft proportional und geschieht in der Richtung der geraden Linie, in der jene Kraft eindrückt.[17]

Das dritte Gesetz ergänzt dann, dass jeder Aktion einer Kraft auf einen Körper eine Reaktion dieses Körpers entspricht:

Der Einwirkung ist die Rückwirkung immer entgegengesetzt und gleich, oder: die Einwirkungen zweier Körper aufeinander sind immer gleich und wenden sich jeweils in die Gegenrichtung.[18]

Diese drei Gesetze sind ein Rahmen, in dem konkrete Bewegungsgesetze formuliert werden können. Solange man nicht spezifiziert, welche Kräfte in der Natur wirksam sind, kann man keine Gesetze formulieren, die es erlauben, die Bewegung von Objekten zu berechnen. Die einzige Kraft, die Newton in dieser Hinsicht behandelt, ist die Schwerkraft. Newtons Gravitationsgesetz ist ein Meilenstein der Physik, weil es Mechanik und Astronomie miteinander vereint: Das Gesetz findet auf der Erde – zum Beispiel für die Äpfel, die im Herbst von den Bäumen vor Newtons Arbeitszimmer fallen – ebenso Anwendung wie auf die Sonne, die Erde und alle anderen Himmelskörper. Um die Bewegungsänderung eines Objekts aufgrund der Einwirkung einer Kraft zu berechnen, muss man den Ort und die Geschwindigkeit des Objekts als Anfangsbedingungen kennen. Ferner ist die Kraft an mindestens einen weiteren Parameter gebunden, der den Objekten zugeschrieben wird; im Fall der Schwerkraft ist das die Masse.

Zusätzlich zu Ort und Geschwindigkeit haben die Teilchen in der Newton'schen Mechanik eine Masse – differenziert in Ruhemasse und schwere Masse, deren Werte die gleichen sind und immer konstant bleiben für jedes Teilchen. Das bedeutet jedoch nicht, dass die Masse eine intrinsische Eigenschaft der Teilchen ist – etwas, das jedem Teilchen für sich genommen und unabhängig von allen anderen Teilchen zukommt. Masse ist ein dynamischer Parameter, der durch seine Funktion für die Bewegung der Teilchen definiert ist: Widerstand gegen Beschleunigung im Fall der Ruhemasse und beschleunigte, anziehende Bewegung im Fall der schweren Masse. Ernst Mach (1897, S. 239 f.) drückt diese Tatsache in seinem Kommentar zu Newtons *Mathematischen Grund-*

17 Newton (1988), S. 53.
18 Ebd., S. 54.

lagen der Naturphilosophie so aus: »Die wahre Definition der Masse kann nur aus den dynamischen Beziehungen der Körper abgeleitet werden.« Masse ist mithin ein Parameter, der nicht den Körpern je für sich genommen als etwas ihnen Innewohnendes zukommt. Er drückt vielmehr eine dynamische Beziehung zwischen den Körpern aus durch die Rolle, die er in den Bewegungsgesetzen spielt.

Wenn der Masse-Parameter gegeben ist, dann wird kein weiterer Kraft-Parameter im Gravitationsgesetz benötigt. Die gravitationelle Anziehung zwischen zwei beliebigen Körpern zu einer beliebigen Zeit ist durch die relativen Orte dieser Körper, ihre Massen und die Gravitationskonstante sowie die relativen Geschwindigkeiten als Anfangsbedingung festgelegt. Dabei nimmt die gravitationelle Anziehung mit dem Quadrat des Abstandes ab. Generell gilt: Die Veränderung der Geschwindigkeit aller Objekte im Universum zu einer beliebigen Zeit ist festgelegt durch deren Orte, Geschwindigkeiten und Massen sowie die Gravitationskonstante. Wenn man diese Werte kennt, dann kennt man die Veränderung der Geschwindigkeit der Objekte. Dasselbe gilt für alle anderen Kräfte: Sie alle sind von einem spezifischen dynamischen Parameter abgeleitet, der den Objekten zugeschrieben wird, sowie von deren Orten und Geschwindigkeiten als Anfangsbedingungen und zusätzlich weiteren Naturkonstanten. Im Fall der gravitationellen Interaktion ist der spezifische dynamische Parameter die schwere Masse; im Fall der elektromagnetischen Interaktion ist er die Ladung der Teilchen. Daraus folgt: Der Begriff der Kraft in der Newton'schen Mechanik ist ein Platzhalter für Parameter, die den Teilchen zugeschrieben werden in Begriffen von deren spezifischer Funktion für die Bewegungsänderung der Teilchen, wie zum Beispiel Masse und Ladung.

Diese Tatsache verdeutlicht, dass es ein Irrtum ist anzunehmen, dass Kräfte physikalische Akteure sind, die tatsächlich auf die Teilchen einwirken und sie in eine bestimmte Richtung antreiben. Eine solche Sicht ist ein Relikt der mechanistischen Konzeption von Wechselwirkung als direktem Kontakt zwischen den Objekten: Wenn es eine physikalische Tatsache ist, dass es eine Wechselwirkung zwischen Objekten ohne direkten Kontakt gibt – wie im Fall der Gravitation –, dann, so das mechanistische Vor- bzw. Fehlurteil, muss es eine Kraft geben, die sich von dem einen Objekt zu dem anderen Objekt erstreckt, wenn beide miteinander interagieren. Die Physik lehrt uns jedoch, dass Interaktion abstrakter ist als jede Form direkten Kontakts: *Interaktion ist miteinander verbundene und damit korrelierte Veränderung der Bewegung von Objekten*, wie zum Beispiel zwei Objekte, die sich in gravitationeller Anziehung aufeinander zubewegen. Diese korrelierte Veränderung führt die Physik auf Parameter zurück, die den Objekten zugeschrieben werden (wie Masse und Ladung), sowie auf bestimmte Konstanten (wie die Gravitationskonstante). Diese Parameter und Konstanten werden in Begriffen ihrer funktionalen Rolle für die Bewegung der Objekte eingeführt. Aber es gibt nichts in der Natur, das diese Verbindung oder Korrelation hervorbringt, indem es zwischen den Objekten übermittelt wird.

In der Newton'schen Physik wird dieser Sachverhalt in der Regel dadurch ausgedrückt, dass man von *Fernwirkung* spricht: Die Orte, Geschwindigkeiten und Massen zweier Körper zu einem beliebigen Zeitpunkt legen die Beschleunigung dieser Körper *zu diesem Zeitpunkt* fest. Es bleibt folglich keine Zeit, um eine Kraft von dem einen auf den anderen Körper zu übertragen. Der Begriff »Fernwirkung« kann jedoch irreführend sein, wenn er zu der Annahme verleitet, dass etwas instantan über beliebige räumliche Distanzen hinweg auf etwas anderes einwirkt.[19]

Alle Parameter, die eine physikalische Theorie über diejenigen Parameter hinaus einführt, welche die primitive Ontologie definieren, kann man als die *dynamische Struktur* der Theorie bezeichnen. Die primitive Ontologie ist durch diejenigen Parameter gegeben, die nicht durch ihre Funktion für etwas anderes innerhalb der Theorie eingeführt werden können. Diese Parameter beschreiben daher dasjenige, was gemäß der Theorie ursprünglich oder grundlegend in der Welt existiert. Der Ort ist nicht nur das Paradebeispiel für einen solchen Parameter, sondern auch das einzige eindeutige Beispiel. So besteht gemäß dem Atomismus die primitive Ontologie in Punktteilchen, die durch ihren relativen Ort in einer Konfiguration von Punktteilchen individuiert werden und deren Orte sich verändern, so dass die Teilchen sich bewegen. Jedoch enthält eine momentane Konfiguration von Punktteilchen, die durch ihre relativen Orte definiert sind, keinerlei Information über die Entwicklung dieser Orte: Einer Konfiguration (wie der in Abbildung 1.1 dargestellten) lässt sich nicht ansehen, wie sie sich verändern wird;

19 Siehe Lange (2002), Kap. 1, zu einer ausführlichen Diskussion.

relative Orte zu einer Zeit enthalten keine Information über Bewegung. Wenn man daher die primitive Ontologie so ansieht, dass sie die Kinematik einer Theorie definiert, dann erlaubt die Kinematik keine Schlussfolgerungen in Bezug auf die Dynamik (abgesehen davon, dass die Anzahl der Teilchen und damit deren Individuation durch die Abstandsrelationen erhalten werden muss: Die Entwicklung zu einer vollständig symmetrischen Konfiguration ist im Leibniz'schen Relationalismus ausgeschlossen).

Gegeben die Tatsache der Veränderung, ist es die Aufgabe der Naturwissenschaft, Muster oder Regularitäten in der Veränderung der relativen Orte der Teilchen aufzudecken. Nur solche Regularitäten ermöglichen es dann, die Unterschiede in den beobachtbaren makroskopischen Gegenständen durch Unterschiede in der Anordnung der mikroskopischen Teilchen, aus denen sie bestehen, zu erklären und so das Versprechen des Atomismus einzulösen. Diese Muster oder Regularitäten sind Interaktionen der Teilchen im Sinne korrelierter Bewegungen. Um korrelierte Bewegungen in einer Theorie zu repräsentieren, benötigt die Theorie mehr Parameter als relative Orte und Ortsveränderung – die in Form von Geschwindigkeit ausgedrückt werden kann, der ersten zeitlichen Ableitung des Ortes. Die Frage ist daher diese: Was legt die Geschwindigkeit und ihre Veränderung fest?

Alles dasjenige, was in die Antwort eingeht, die eine physikalische Theorie auf diese Frage gibt, kann man als die dynamische Struktur der Theorie ansehen. Wenn es nur relative Abstände und keinen absoluten Raum gibt, dann können Muster oder Regularitäten in der Bewegung der Teilchen nur Korrelationen in ihrer Bewegung sein, das heißt Interaktionen der Teilchen. Folglich bezieht sich der Begriff »Struktur« in »dynamischer Struktur« auf Korrelationen, die in Begriffen dynamischer Parameter über den Objekten (das heißt den Teilchen) definiert werden, so dass diese Korrelationen eine Einschränkung der möglichen Bewegungen der Teilchen repräsentieren. Grob gesagt: Wenn die Teilchen eine schwere Masse haben, dann sind nur bestimmte anziehende Bewegungen möglich; wenn sie Ladung haben, dann sind nur bestimmte anziehende und abstoßende Bewegungen möglich.

Die Aufgabe besteht also darin, Parameter einzuführen, die durch ihre funktionale Rolle für die Entwicklung der Orte der Teilchen (die primitive Ontologie) definiert werden. Die funktionale

Rolle ist auch als kausale Rolle bekannt. Der Begriff »kausal« kann allerdings irreführend sein, weil es hier nicht um das Hervorbringen von etwas geht, sondern um das Erfassen von Bewegungsmustern im Sinne korrelierter Bewegungen. Diese Parameter ermöglichen es, Gesetze der Ortsveränderung der Teilchen zu formulieren. Paradebeispiel ist wiederum das Gravitationsgesetz mit den Parametern der Masse und der Gravitationskonstante.

Das Erfassen von Bewegungsmustern kann in Form einer mathematischen Theorie erster Ordnung geschehen – mit Parametern, welche die Geschwindigkeit der Teilchen fixieren, gegeben deren Ort als Anfangsbedingung (erste Ordnung, weil die Geschwindigkeit die erste zeitliche Ableitung des Ortes ist). Die Wellenfunktion auf dem Konfigurationsraum in der Quantenmechanik ist ein Beispiel für einen solchen Parameter. Das kann aber auch in Form einer mathematischen Theorie zweiter Ordnung geschehen, welche über den Ort hinaus eine Geschwindigkeit als Anfangsbedingung fordert und deren dynamische Parameter dann die Veränderung der Geschwindigkeit fixieren (zweite Ordnung, weil die Beschleunigung die zweite zeitliche Ableitung des Ortes ist). Paradebeispiel hierfür ist die Newton'sche Mechanik mit Inertialbewegung (konstante Geschwindigkeit) als Grundzustand und mit Kräften als den Platzhaltern für diejenigen Parameter, welche in Begriffen ihrer Funktion für die Veränderung der Geschwindigkeit der Teilchen eingeführt werden (wie zum Beispiel die Masse).

Eine Theorie kann beliebige dynamische Parameter formulieren, sofern sie zu dem Ziel einer einfachen Repräsentation der Teilchenbewegung beitragen. Das können konstante Parameter sein wie zum Beispiel Masse, Ladung, Gesamtenergie, Naturkonstanten; es können aber auch Parameter mit einem bestimmten Anfangswert sein, der sich in der Zeit ändert, wie zum Beispiel Impuls, Felder, Wellenfunktionen. Das Kriterium ist alleine, dass diese Parameter zur Formulierung von Bewegungsgesetzen führen, die die zeitliche Entwicklung einer Materiekonfiguration liefern, wenn diese Konfiguration als Anfangsbedingung gegeben ist. Die Geometrie dient ebenfalls diesem Ziel. So ist zum Beispiel die Geometrie eines absoluten, euklidischen Raumes und einer absoluten Zeit ein Mittel, um die Newton'schen Bewegungsgesetze zu formulieren. Die Geometrie, die dynamischen Parameter und die Bewegungsgesetze bilden ein Gesamtpaket: Die genaue funktionale

Definition der dynamischen Parameter involviert das Gesetz; das Gesetz seinerseits wird formuliert, indem man die dynamischen Parameter und die Geometrie benutzt. Aber es handelt sich hierbei um keine bedrohliche Zirkularität: Eine Theorie legt in einem Wurf einen Vorschlag für Geometrie, dynamische Parameter und Gesetze vor; sie beinhaltet immer eine Idee für alle drei zusammen. Diese Idee wird dann ausgeführt, indem man die Geometrie und die dynamischen Parameter im Hinblick auf die Rolle spezifiziert, die beide in den Gesetzen spielen.

Physikalisch fundamental sind diejenigen physikalischen Theorien, die man nicht mehr auf andere naturwissenschaftliche Theorien zurückführen kann. Diese Theorien beziehen sich immer auf das Universum als Ganzes. Genauer gesagt, verbinden die Gesetze solcher Theorien den Zustand des gesamten Universums zu einer Zeit mit dem Zustand des gesamten Universums zu anderen Zeiten, das heißt, sie betreffen die Veränderung der *gesamten* Materiekonfiguration im Universum. Obwohl zum Beispiel in der Newton'schen Mechanik die gravitationelle Anziehung zu einer Zeit für je zwei Körper berechnet wird, hängt die Veränderung der Geschwindigkeit jedes Objekts im Universum genau genommen von den Orten, Geschwindigkeiten und Massen *aller* anderen Objekte im Universum zu dieser Zeit ab; denn strikt genommen interagieren immer alle Teilchen im Universum miteinander, wie schwach die Interaktion weit voneinander entfernter Objekte auch immer sein mag.

Auch diesen Sachverhalt bringt Pierre Simon de Laplace in der folgenden berühmten Aussage auf den Punkt:

Wir müssen daher den gegenwärtigen Zustand des Weltalls als die Wirkung seines vorigen Zustandes und die Ursache des noch folgenden ansehen. Gäbe es einen Verstand, der für einen gegebenen Augenblick alle die Natur belebenden Kräfte und die gegenseitige Lage der sie zusammensetzenden Wesen kennte und zugleich umfassend genug wäre, diese Data der Analysis zu unterwerfen, so würde ein solcher die Bewegungen der größten Weltkörper und des kleinsten Atoms durch eine und dieselbe Formel ausdrücken; für ihn wäre nichts ungewiß; vor seinen Augen ständen Zukunft und Vergangenheit.[20]

Folglich verbindet die dynamische Struktur einer fundamentalen physikalischen Theorie den Zustand des Universums zu einer Zeit

20 Laplace (1819), S. 3 f.

mit dem Zustand des Universums zu anderen Zeiten. Der Verstand, von dem Laplace hier spricht, könnte jedoch nicht innerhalb des Universums situiert sein. Kein Beobachter innerhalb des Universums kann die genauen Anfangsbedingungen aller Objekte im Universum einschließlich seiner selbst kennen.[21]

Wir sind daher mit folgendem Paradox konfrontiert: Auf der einen Seite ist die dynamische Struktur einer fundamentalen physikalischen Theorie für das Universum als Ganzes definiert. Auf der anderen Seite ist es für ein Wesen innerhalb des Universums nicht möglich, Anfangsbedingungen für das Universum als Ganzes zu bestimmen. Kein Wesen innerhalb des Universums könnte daher jemals eine Lösung für dynamische Gleichungen einer physikalischen Theorie ausrechnen, welche das Universum als Ganzes betreffen.

Der Ausweg aus diesem Paradox besteht in den folgenden drei Schritten: (1) Die dynamische Struktur einer fundamentalen physikalischen Theorie, die für das Universum als Ganzes definiert ist, muss auch auf Untersysteme innerhalb des Universum anwendbar sein, und zwar insbesondere auf solche Systeme, zu denen wir einen kognitiven Zugang haben. (2) Um die dynamische Struktur erfolgreich auf Untersysteme anwenden zu können, müssen in der Umwelt dieser Systeme bestimmte stabile Bedingungen bestehen; dabei ist die Umwelt letztlich der gesamte Rest des Universums, abgesehen von dem betrachteten Untersystem. (3) Die Dynamik der betrachteten Untersysteme reagiert nicht auf geringfügige Veränderungen der Anfangsbedingungen. Nur wenn diese drei Bedingungen erfüllt sind, ermöglicht das Laplace'sche Ideal eines deterministischen Gesetzes – das heißt eines Gesetzes, das (gegeben die Anfangsbedingungen) die gesamte Zeitentwicklung eines Systems festlegt – auch deterministische Voraussagen.

Die erste Bedingung kann einfach durch Konstruktion der Theorie erfüllt werden. Indem man die dynamische Struktur einer physikalischen Theorie formuliert, kann man sicherstellen, dass diese Struktur sich nicht nur auf das Universum als Ganzes bezieht, sondern auch auf Untersysteme innerhalb des Universums anwendbar ist. Zumindest kann man eine Vorgehensweise formulieren, wie man von der dynamischen Struktur für das gesamte Universum zur Behandlung spezifischer Untersysteme gelangt. Betrachten wir

---

21 Siehe dazu zum Beispiel Popper (1950a, b) und Breuer (1995).

dazu wiederum die Newton'sche Gravitationstheorie: Diese Theorie besagt, dass die gravitationelle Beschleunigung jedes Objekts im Universum zu jeder Zeit von den Orten, Geschwindigkeiten und Massen aller anderen Objekte im Universum zu der betreffenden Zeit abhängt. Aber sie formuliert diese Abhängigkeit in mathematischen Begriffen korrelierter Bewegungen jeweils von Paaren von Objekten.

Wenn man jedoch das Gravitationsgesetz auf Paare von Objekten anwendet, dann setzt man voraus, dass nichts außerhalb des betreffenden Paares in dessen Interaktion in einer signifikanten Weise eingreift. Anders gesagt, man setzt voraus, dass man den Einfluss des restlichen Universums vernachlässigen kann. Es ist keine Frage der Theoriekonstruktion, ob diese Bedingung erfüllt ist; es handelt sich hierbei um eine substantielle Annahme über die Beschaffenheit der Welt. Im Universum ist es in der Regel glücklicherweise so, dass keine sehr schweren Objekte mit sehr großer Geschwindigkeit aus weiter Entfernung im Weltraum die Bahn signifikant beeinflussen, welche die Erde um die Sonne zieht, oder die Bahn, der ein Stein folgt, wenn er auf der Erde zu Boden fällt. Ferner werden diese Bahnen durch geringfügige Variationen in den Anfangsbedingungen der Orte und Geschwindigkeiten der jeweiligen Paare von Objekten nicht signifikant beeinflusst. Deshalb handelt es sich hierbei um paradigmatische Beispiele dafür, wie man aus dem deterministischen Gravitationsgesetz für das Universum als Ganzes deterministische Voraussagen für das Verhalten einzelner Objekte im Universum ableiten kann, obwohl man den Rest des Universums nicht kennt und man in der Praxis die Anfangsbedingungen nicht exakt bestimmen kann.

Während die zweite Bedingung – kein signifikanter Einfluss weit entfernter Objekte im Universum – in der Regel erfüllt ist, gilt dieses für die dritte Bedingung nur in sehr speziellen Fällen. In den allermeisten Fällen ist es so, dass kleine Veränderungen in den Anfangsbedingungen große Folgen für die weitere Entwicklung der betrachteten Objekte haben. In diesem Fall ermöglichen deterministische Gesetze keine deterministischen Voraussagen. Deshalb benötigen wir über eine primitive Ontologie und eine dynamische Struktur hinaus als drittes Element Wahrscheinlichkeiten, um den Erfolg der modernen Naturwissenschaft zu verstehen.

1.4 Wahrscheinlichkeiten und die Richtung der Zeit

Seit dem Altertum sind Regularitäten in der Bewegung der Planeten bekannt. In der Antike wurde jedoch nicht realisiert, dass dieselben Regularitäten auch für Bewegungen auf der Erde gelten, zum Beispiel für die Bahnen von Steinen, die geworfen werden, oder für Äpfel, die auf den Boden fallen. Solche Regularitäten sind die Evidenz, auf deren Grundlage die neuzeitliche Naturwissenschaft Naturgesetze wie das Gravitationsgesetz konzipiert. Diese Regularitäten sind paradigmatische Beispiele dafür, wie man Gesetze anwenden kann, um deterministische Voraussagen zu machen, die durch Beobachtungen bestätigt werden. Es gibt jedoch auch Evidenz für Regularitäten, die sich nicht auf je einzelne Fälle beziehen, sondern erst offensichtlich werden, wenn man eine große Anzahl ähnlicher Fälle betrachtet. Statt eines Steines oder Apfels denke man an eine Münze, die geworfen wird. Im Fall des Münzwurfs ist das Ergebnis von geringfügigen Variationen in den Anfangsbedingungen abhängig. Eine minimale Änderung des anfänglichen Orts oder der Geschwindigkeit der Münze führt häufig zu einem vollständig anderen Ergebnis: Die Münze zeigt Kopf statt Zahl. Es ist daher praktisch unmöglich, das Ergebnis eines einzelnen Münzwurfs vorauszusagen. Nichtsdestoweniger erfüllt der Münzwurf das Gravitationsgesetz in genau derselben Weise wie der Steinwurf oder die Planetenbewegung. Der Unterschied besteht nur in den Konsequenzen minimaler Veränderungen der Anfangsbedingungen.

Auch im Fall des Münzwurfs besteht eine beobachtbare Regularität, nämlich eine statistische Regelmäßigkeit: Wenn man eine große Anzahl von Münzwürfen unter gleichen Bedingungen ausführt, dann tendiert diese Serie typischerweise zu einer Gleichverteilung der Ergebnisse »Kopf« und »Zahl«. Das ist die Grundlage für die statistische Voraussage, dass die Wahrscheinlichkeit für das Ergebnis »Kopf« und die Wahrscheinlichkeit für das Ergebnis »Zahl« jeweils 0,5 beträgt. Man kann diese Wahrscheinlichkeiten allerdings nicht allein aus der klassischen Mechanik gewinnen, man benötigt dazu ein Wahrscheinlichkeitsmaß. Eine lange Serie von Münzwürfen, die auch nicht annäherungsweise eine Gleichverteilung der Ergebnisse »Kopf« und »Zahl« aufweist, widerspricht weder den Gesetzen der klassischen Mechanik noch denen der Wahrscheinlichkeitstheorie. Sie ist lediglich atypisch. Wenn man sagt, dass eine

Folge von Münzwürfen typischerweise zu einer Gleichverteilung der Ergebnisse »Kopf« und »Zahl« konvergiert, je länger die Serie ist, dann meint man, dass für die weitaus größte Zahl der möglichen Anfangsbedingungen von Münzwürfen eine solche Konvergenz zu einer Gleichverteilung eintritt. Betrachten wir als weiteres Beispiel ein Gas in einem Behälter mit einer Barriere in der Mitte, so dass das Gas in der einen Hälfte des Behälters konzentriert ist. Wenn man die Barriere entfernt, wird das Gas sich typischerweise im gesamten Behälter verteilen. Es entwickelt sich hin zu einem thermodynamischen Gleichgewichtszustand, in dem die Moleküle gleichmäßig in dem Behälter verteilt sind. »Typischerweise« besagt, dass eine solche Entwicklung unter den weitaus meisten möglichen Anfangsbedingungen der Moleküle eintreten wird.

Um solche Aussagen zu formulieren, muss man ein Mittel haben, alle möglichen Anfangsbedingungen der betrachteten Objekte in einem mathematischen Raum zu repräsentieren. Auf diesem Raum definiert man dann ein Typizitätsmaß. Das ist ein Maß, welches eine Aussage darüber trifft, was für die weitaus überwiegende Mehrheit der möglichen Anfangsbedingungen der betrachteten Systeme gilt. Dies wurde im 19. Jahrhundert erreicht, als die Newton'sche Mechanik durch William Rowan Hamilton in eine Formulierung gebracht wurde, in der man Teilchenkonfigurationen und deren Entwicklung im Phasenraum darstellen kann. Für N Teilchen hat der mathematische Phasenraum $6N$ Dimensionen, drei für den Anfangsort und drei weitere für die Anfangsgeschwindigkeit jedes Teilchens. Jeder Punkt des $6N$-dimensionalen Phasenraumes repräsentiert auf diese Weise eine mögliche Konfiguration von N Teilchen im dreidimensionalen physikalischen Raum. Man benutzt das Lebesgue-Maß als Wahrscheinlichkeits- oder Typizitätsmaß auf dem Phasenraum. Auf dieser Grundlage kann man dann Aussagen formulieren wie die, dass Gase sich typischerweise zu einem Zustand thermodynamischen Gleichgewichts entwickeln, welche dann Voraussagen über die statistische Verteilung von Messergebnissen ermöglichen.[22]

Das Wahrscheinlichkeits- oder Typizitätsmaß ist nicht in den Gesetzen enthalten; es muss aber eng mit ihnen verbunden sein. Die Aufgabe der Gesetze ist es, beobachtbare Regularitäten zu er-

22 Siehe Dürr et al. (2017) zu einer ausführlichen Darstellung.

fassen. Diese sind oft statistische Regularitäten. Es ergibt aber keinen Sinn, eine einfache und elegante Theorie zu haben, die mit einem Typizitätsmaß verbunden ist, dem zufolge das, was in der Welt geschieht, atypisch ist. Die Theorie würde die beobachteten statistischen Regularitäten dann nicht verständlich machen. Folglich sind Gesetze und Anfangsbedingungen miteinander verbunden. Wenn es keinen Weg von den Gesetzen zu deterministischen Voraussagen gibt, weil die Entwicklung der Objekte durch geringfügige Variationen in den Anfangsbedingungen stark beeinflusst wird, dann müssen die Gesetze die Definition eines Wahrscheinlichkeits- oder Typizitätsmaßes erlauben, das auf die allermeisten Anfangsbedingungen zutrifft. Auf diese Weise ermöglicht das Gesetz dann statistische Voraussagen und macht die beobachteten statistischen Regularitäten verständlich.

Diese Überlegung bestätigt, dass Wahrscheinlichkeiten objektiv und unverzichtbar sind, selbst wenn die Entwicklung des Universums durch deterministische Gesetze beschrieben werden kann. Wahrscheinlichkeiten sind objektiv, da es statistische Regularitäten gibt; diese Regularitäten bestehen in der Welt – sie hängen nicht davon ab, was Personen über die Welt glauben. Es ist zum Beispiel eine Tatsache in der Welt, dass die übergroße Mehrheit von Gasen sich zu einem Gleichgewichtszustand mit Gleichverteilung der Moleküle entwickelt. Wenn die Gesetze deterministisch sind, treten Wahrscheinlichkeiten in die Theorie durch unsere Ignoranz der exakten Anfangsbedingungen der betrachteten spezifischen Systeme im Universum ein. Dessen ungeachtet sind die Wahrscheinlichkeiten objektiv, weil sie statistische Regularitäten erfassen, die in der Welt unabhängig von den Überzeugungen von Personen bestehen.

Die physikalische Theorie, die sich mit Wahrscheinlichkeiten befasst, ist die statistische Mechanik. Diese wurde im 19. Jahrhundert auf der Grundlage der Hamilton-Formulierung der klassischen Mechanik entwickelt. Die statistische Mechanik leistet einen wesentlichen Beitrag zur Überzeugungskraft des Atomismus, indem sie thermodynamische Phänomene wie Wärme durch Teilchenbewegung erklärt. Thermodynamische Phänomene sind darüber hinaus ein paradigmatisches Beispiel für makroskopische Prozesse, die irreversibel sind. Gase entwickeln sich typischerweise zu einem Zustand thermodynamischen Gleichgewichts und verharren dann in diesem Zustand: Wenn man kalte Milch in einen heißen Kaffee schüttet, dann verteilt sich die Milch rasch im gesamten Kaffee, die Temperatur des Kaffees ist bald überall gleich, und der Kaffee bleibt in diesem Gleichgewichtszustand; es gibt keinen heißen Teil am Boden der Kaffeetasse und einen kalten Teil mit der Milch oben. Es findet auch nicht wieder eine Entwicklung zu einem solchen Zustand statt. Um noch ein anderes Beispiel zu erwähnen: Wenn ein Glas vom Tisch zu Boden fällt, dann ist und bleibt es zerbrochen. Die Glassplitter fügen sich nicht von selbst wieder zu einem Glas zusammen.

In der Thermodynamik kommen solche Phänomene unter das zweite Gesetz, welches eine Zunahme der Entropie postuliert. Die Entropie ist, grob gesagt, ein Maß der Unordnung im Sinne unkoordinierter Bewegung. Die statistische Mechanik erklärt diese Phänomene in Begriffen von Teilchenbewegung: Die Gesetze der klassischen Mechanik erlauben im Prinzip die Umkehr aller Prozesse. Die sehr spezifischen Anfangsbedingungen für eine Umkehr der genannten Prozesse sind jedoch quasi niemals erfüllt. Wenn man die möglichen Anfangsbedingungen im Phasenraum betrachtet, stellt man fest, dass die weit übergroße Mehrheit der Anfangsbedingungen so ist, dass die Teile des zerbrochenen Glases getrennt bleiben, dass die Milchmoleküle sich rasch mit den Kaffeemolekülen vermischen und mit diesen vermischt bleiben usw. Gegeben das Lebesgue-Maß auf dem Phasenraum, stellen sich diese Prozesse als typisch heraus. Man kann dann Wahrscheinlichkeiten für die Entwicklung der Objekte berechnen, ohne deren genaue Anfangsbedingungen zu kennen.

Diese Überlegungen wurden im Wesentlichen von Ludwig Boltzmann (1896/98) ausgearbeitet. Sie trugen signifikant zum Siegeszug des Atomismus bei. Denn zum ersten Mal wurde eine physikalische Theorie, die sich mit makroskopischen Phänomenen beschäftigt und nicht in Begriffen des Atomismus formuliert ist – nämlich die Thermodynamik mit Begriffen wie Temperatur, Wärme und Entropie – auf eine fundamentale Theorie reduziert, die atomistisch ist, nämlich zunächst auf die statistische Mechanik und dann auf die klassische Mechanik.

Es gibt jedoch eine Schwachstelle in diesen Überlegungen. Die Teile eines zerbrochenen Glases kommen nicht von alleine wieder zusammen und bilden ein Glas, weil dieses eine atypische Koordination der Orte und Geschwindigkeiten dieser Teile erfordern würde. Aber wie kann es dann sein, dass es überhaupt Gläser gibt, die zerbrechen können und dadurch zu einer Zunahme der Entropie führen? Generell gesagt: Wenn es eine Zunahme der Entropie gibt, dann muss es zunächst einmal einen Zustand niedriger Entropie geben. Wenn wir Boltzmanns statistische Überlegung allein auf der Grundlage der Gesetze der klassischen Mechanik anwenden würden, die keine Zeitrichtung auszeichnen, dann müsste es eine Zunahme an Entropie (unkoordinierte Orte und Geschwindigkeiten der Teilchen) nicht nur in Richtung Zukunft geben, sondern ebenso in Richtung Vergangenheit. Mithin würde sich der gegenwärtige Zustand vergleichsweise niedriger Entropie mit Gläsern auf Tischen usw. als eine spontane Fluktuation aus einem Zustand vergangener wie zukünftiger Unordnung herausstellen. Er wäre nicht das Ergebnis einer Entwicklung, die von Zuständen noch niedrigerer Entropie in der Vergangenheit aus zu dem gegenwärtigen Zustand vergleichsweise niedriger Entropie führt. Alle Indizien für eine solche Vergangenheit des Universums würden uns in die Irre führen.

Um dieses Paradox zu vermeiden, muss man die Zunahme der Entropie auf einen Anfangszustand des Universums mit extrem niedriger Entropie zurückführen. Die Annahme einer solchen Anfangsbedingung wurde von David Albert (2000, Kap. 4) als *Vergangenheitshypothese* bezeichnet. Der Sache nach geht sie auf das zurück, was Boltzmann (1897) »Annahme *A*« nennt. Wenn der Anfangszustand des Universums ein Zustand hochgradig koordinierter Orte und Geschwindigkeiten der Teilchen ist, dann und nur dann kann man die Zunahme der Entropie im Universum – und damit die faktische Irreversibilität der meisten uns vertrauten makroskopischen Prozesse – durch die genannte statistische Überlegung erklären. Genauer gesagt postuliert die Vergangenheitshypothese eine Randbedingung des Universums in Form eines Makrozustandes extrem niedriger Entropie. Dieser Makrozustand kann immer noch durch viele verschiedene Mikrozustände der Teilchenbewegung realisiert werden, die alle in einer hochgradigen Koordination der Anfangsorte und -geschwindigkeiten übereinkommen. Unter der Annahme einer gleichförmigen Wahrscheinlichkeitsverteilung über alle diese möglichen Mikrozustände gelangt man dann zu dem Resultat, dass die übergroße Mehrheit dieser Mikrozustände zu einer Entwicklung weniger koordinierter Orte und Geschwindigkeiten führt und damit zu einer Entwicklung zu Makrozuständen mit zunehmender Entropie (genau wie die übergroße Mehrheit der Zustände mit zerbrochenen Gläsern zu einer Entwicklung führt, in der diese Gläser zerbrochen bleiben). In diesen Makrozuständen zunehmender Entropie im Laufe der Entwicklung des Universums treten dann auch Organismen auf, die einen irreversiblen Prozess von der Geburt zum Tod durchlaufen. Insofern ist die Vergangenheitshypothese auch unverzichtbar, um die Entwicklung von Leben im Universum zu erklären.

David Albert (2000) und insbesondere Barry Loewer (2012) vertreten auf dieser Grundlage eine naturphilosophische Position, die auf folgenden drei Postulaten beruht: (i) den fundamentalen dynamischen Gesetzen; (ii) der Vergangenheitshypothese; (iii) einer gleichförmigen Wahrscheinlichkeitsverteilung über alle möglichen Mikrozustände des Universums, die einen Makrozustand realisieren, welcher der Vergangenheitshypothese entspricht. In dieser Position fehlt allerdings eine primitive Ontologie. Es bleibt somit offen, worauf sich die dynamischen Gesetze, die Vergangenheitshypothese und die Gleichverteilung möglicher Mikrozustände überhaupt beziehen.

Man mag den Eindruck haben, dass die genannte Schwachstelle in dieser Position fortbesteht: Die Vergangenheitshypothese gibt eine Erklärung dafür, wieso es Gläser auf Tischen gibt, deren Teile nicht von selbst wieder Gläser bilden, wenn sie einmal zerbrochen sind, indem sie einen Anfangszustand des Universums postuliert, der mindestens so speziell ist wie ein Zustand, in dem sich die verstreuten Teile eines zerbrochenen Glases wieder von selbst zu einem Glas zusammenfügen. Der Anfangszustand geringer Entropie des Universums ist in der Tat in dem Sinne speziell, dass diese Erklärung einen Anfangszustand eines bestimmten Typs postuliert, statt auf beliebige denkbare Anfangszustände anwendbar zu sein.

Der Anfangszustand geringer Entropie des Universums ist jedoch nicht atypisch. Man kann kein Typizitätsmaß auf die Anfangsbedingungen des gesamten Universums anwenden; denn es gibt nur ein Universum und nur eine Entwicklung des Universums. Naturwissenschaftliche Theorien mit ihrem gesamten Apparat sind dazu da, diese eine Entwicklung zu erfassen (statt über andere angeblich mögliche Universen zu spekulieren). Eine naturwissenschaftliche Theorie kann nur durch Beobachtungen über die Entwicklung dieses einen Universums bestätigt oder falsifiziert werden. Folglich ist der Grund dafür, ein Typizitätsmaß einzuführen, dieser: Man möchte zu Aussagen über bestimmte Systeme innerhalb des Universums gelangen, nämlich zu Aussagen über eine große Anzahl wiederholbarer, ähnlicher Situationen (wie eine große Anzahl langer Serien von Münzwürfen, eine große Anzahl von Tassen mit heißem Kaffee, in die Milch geschüttet wird, eine große Anzahl von Gläsern, die zu Boden fallen, usw.). Indem man alle möglichen Anfangsbedingungen solcher wiederholbarer Situationen betrachtet, will man zu Aussagen darüber gelangen, was für die übergroße Mehrheit solcher wiederholbarer Situationen gilt, um statistische Voraussagen über das Verhalten dieser Systeme zu erreichen.

Die Annahme über einen bestimmten Anfangszustand des Universums in Gestalt eines Zustands niedriger Entropie wird von Albert (2000) und Loewer (2012) auch eingesetzt, um die Richtung der Zeit zu erklären. Sie führen diese auf eine Ordnung in der Abfolge der Bewegungszustände der Materiekonfiguration des Universums zurück, die ihren Ausgang von einer Randbedingung extrem niedriger Entropie nimmt. Wenn man von dieser Randbedingung ausgeht, ergibt sich eine Ordnung, die zu Zuständen immer weiter zunehmender Entropie führt. Diese Ordnung erklärt auch den Unterschied in unserer Erfahrung zwischen einer Vergangenheit, die feststeht (wegen der niedrigeren Entropie), und einer Zukunft, die offen ist.

Die Ordnung der Zustände des Universums von niedriger zu höherer Entropie berücksichtigt jedoch nicht, dass die letzteren Zustände erst in der Entwicklung des Universums entstehen. Mit anderen Worten: Die Reduktion der Richtung der Zeit auf diese Ordnung lässt das zeitliche Werden aus. Man kann daher diese Reduktion der Zeitrichtung bestreiten: Die Vergangenheit steht nicht wegen niedrigerer Entropie fest, sondern weil sie vergangen ist; und die Zukunft ist nicht wegen höherer Entropie offen – in dem Sinne, dass wir keine Erinnerung an die Zukunft haben –, sondern weil sie noch nicht existiert. Man kann deshalb auch für eine ursprüngliche und damit primitive Richtung der Zeit argumentieren, wie es in der Philosophie der Physik insbesondere Tim Maudlin (2002) tut.

Wenn man die Reduktion der Zeitrichtung auf den Entropieanstieg aus diesen Gründen zurückweist, dann ist man nicht automatisch auf die Annahme der Existenz einer absoluten Zeit festgelegt. Wie ich am Anfang von Kapitel 1.3 ausgeführt habe, hat Leibniz ein starkes Argument gegen die absolute Zeit, nämlich die Festlegung auf eine Surplus-Struktur. Nichtsdestoweniger definiert er Zeit als die Ordnung der Abfolge. Er vertritt damit, dass Veränderung als solche gerichtet ist. Der Zeitparameter dient dazu, die Veränderung der relativen Lagen der Objekte im Universum messen zu können. Die Veränderung verläuft von einer Konfiguration von Relationen räumlichen Abstands zu anderen solchen Konfigurationen mit einer eindeutigen, objektiven Ordnung der Abfolge. Veränderung ist mithin gerichtet unabhängig davon, wie der Anfangszustand und die nachfolgenden Zustände der Konfiguration der Materie des Universums beschaffen sind.

Die Annahme gerichteter Veränderung reicht hin, um die Entwicklung des Universums im Sinne zeitlichen Werdens zu berücksichtigen. Man braucht dazu nicht die Festlegung auf eine absolute Zeit. Diese Annahme reicht insbesondere hin, um eine offene Zukunft annehmen zu können im Sinne einer Zukunft, die erst entsteht und die (zum Teil) durch unseren freien Willen gestaltet ist. Ich werde darauf in Kapitel 1.6 zurückkommen und in Kapitel 2.4 detailliert eingehen. Halten wir an dieser Stelle Folgendes fest: Die ausgeführte primitive Ontologie des Atomismus erreicht eine Balance zwischen parmenideischem Sein und heraklitischem Wandel. Ebenso wie die Punktteilchen permanent sind, ist die ständige Veränderung ihrer relativen Lage eine ursprüngliche oder primitive Tatsache.

Zusammenfassend haben wir in diesem Unterkapitel und den vorigen Unterkapiteln vier Bestandteile identifiziert, die eine physikalische Theorie ausmachen: (1) eine primitive Ontologie im Sinne einer Annahme darüber, was schlechthin in der Welt existiert; (2) eine dynamische Struktur, bestehend in einer Geometrie und dynamischen Parametern, die durch ihre funktionale Rolle für die Entwicklung der Elemente der primitiven Ontologie eingeführt werden, so dass die Theorie Bewegungsgesetze für diese Elemente formuliert; (3) ein Verfahren, wie man von den Gesetzen zu Wahrscheinlichkeiten gelangt, die statistische Voraussagen über den Ablauf wiederholbarer Prozesse im Universum erlauben, wenn wir die exakten Anfangsbedingungen dieser Prozesse nicht kennen und wenn deren Ergebnisse sehr stark von leichten Variationen in den Anfangsbedingungen abhängen; (4) schließlich eine Annahme über einen bestimmten Anfangszustand des Universums.

1.5 Jenseits der klassischen Mechanik: die klassische Feldtheorie

Es gibt mehr fundamentale Theorien in der klassischen Physik als die Newton'sche Mechanik. Insbesondere ist mehr zu Interaktionen zu sagen als das, was durch Newtons Kraftgesetze gegeben ist. Das Gravitationsgesetz stellt die Beschleunigung jedes Teilchens zu einer gegebenen Zeit so dar, dass diese Beschleunigung durch die Orte, Geschwindigkeiten und Massen letztlich aller Teilchen im Universum zu der betreffenden Zeit determiniert ist, modulo der Gravitationskonstante. Es gibt mithin korrelierte Bewegung der Teilchen. Es gibt aber kein Medium im Raum, durch das diese Korrelation etabliert wird, weshalb man von Fernwirkung spricht. Newton selbst weist Fernwirkungen jedoch zurück. In einem berühmten Brief an Bentley bezeichnet er die Idee einer Fernwirkung, durch die Objekte ohne ein Medium aufeinander einwirken, das den Kontakt zwischen ihnen herstellt, als vollkommen absurd.[23]

Obwohl sich Newton darüber im Klaren ist, dass es in der Welt Interaktion zwischen Objekten ohne direkten Kontakt zwischen diesen Objekten gibt, verlangt er also, dass es etwas im Raum geben muss, das die Interaktion vermittelt. Seine eigene Theorie der Gravitation lässt jedoch keinen Spielraum für ein Medium, sondern konzipiert die Interaktion als instantan ablaufend: Die gravitationelle Beschleunigung jedes Objekts zu jedem Zeitpunkt ist durch Parameter festgelegt, die den Objekten zu diesem Zeitpunkt zukommen. Es bleibt daher keine Zeit für ein Medium, um die Interaktion voneinander entfernter Objekte zu vermitteln.

Es gibt aber noch mehr Arten von Interaktion als nur die Gravitation. Insbesondere ist der Elektromagnetismus zu nennen, der ebenfalls in makroskopischen Größenordnungen relevant ist. Eine stichhaltige Theorie der Elektrodynamik, welche die Phänomene der Elektrizität und des Magnetismus vereinigt, wurde im 19. Jahr-

---

23 Brief 406 an Bentley, 25. Februar 1692/3, abgedruckt in Newton (1961), S. 253 f.

hundert durch James Clerk Maxwell und Hendrik Lorentz formuliert. Auf den ersten Blick sieht diese Theorie wie eine Newton'sche Krafttheorie aus, wobei die Kraft nunmehr die elektromagnetische ist und der Parameter, der den Teilchen zugeschrieben wird und auf den diese Kraft zurückgeht, deren Ladung ist. Die Ladung kann positiv oder negativ sein, die daraus resultierende Beschleunigung ist Abstoßung gleich geladener und Anziehung entgegengesetzt geladener Teilchen.

Dessen ungeachtet gibt es einen bedeutenden Unterschied zur Newton'schen Gravitation: Die elektromagnetische Interaktion ist nicht instantan, sondern verzögert. Das heißt: Um die elektromagnetische Beschleunigung eines gegebenen Teilchens zu einer bestimmten Zeit zu berechnen, muss man nicht die Verteilung der geladenen Teilchen im Raum zu dieser Zeit kennen, sondern die Verteilung der geladenen Teilchen in der Vergangenheit. Weil die Interaktion verzögert ist, besteht nunmehr die Möglichkeit, ein Medium anzusetzen, das diese Interaktion vermittelt. Solch ein Medium wird in der Tat in Form des elektromagnetischen Feldes eingeführt. Der gängigen Darstellung der Elektrodynamik zufolge erzeugt ein geladenes Teilchen durch seine Ladung ein Feld um sich herum, das sich mit einer sehr großen, aber endlichen Geschwindigkeit (nämlich der Lichtgeschwindigkeit) ausbreitet. Die von den einzelnen Teilchen erzeugten Felder fließen dann in einem einzigen elektromagnetischen Feld zusammen, das sich über den gesamten Raum ausbreitet. Die elektromagnetische Interaktion der Teilchen erfolgt durch dieses Feld, weshalb diese Interaktion verzögert ist. Sie wird als lokal angesehen statt als Fernwirkung, weil sie sich mit einer bestimmten Geschwindigkeit ausbreitet.

Diese Darstellung befriedigt Newtons intuitives Verlangen danach, dass sich etwas von einem Objekt zum anderen ausbreiten muss, wenn beide miteinander interagieren. Es gibt jedoch starke Gründe dafür, diese Darstellung der Elektrodynamik nicht wörtlich zu nehmen. Das erste, mathematisch offensichtliche Problem ist dieses: Wenn jedes geladene Teilchen ein Feld um sich herum erzeugt oder zu einem gemeinsamen Feld beiträgt, dann wirkt dieses Feld nicht nur auf die anderen Teilchen ein, sondern es wirkt auch auf das Teilchen an seiner Quelle zurück. Diese Wechselwirkung mit sich selbst führt jedoch dazu, dass die Feldstärke an dem Punkt unendlich ist, an dem dieses Teilchen sich befindet. Die

Theorie bricht somit zusammen, sobald man die Interaktion des Teilchens mit dem Feld, das es erzeugt oder zu dem es beiträgt, berücksichtigt. Strikt genommen ist daher die Maxwell-Lorentz-Theorie der Elektrodynamik mathematisch inkonsistent: Man kann die Maxwell-Gleichungen benutzen, um zu berechnen, wie geladene Teilchen das elektromagnetische Feld verändern; und man kann die Lorentz-Gleichung benutzen, um den Einfluss eines äußeren elektromagnetischen Feldes auf die Bewegung eines gegebenen geladenen Teilchens zu berechnen. Aber man kann diese Gleichungen nicht in einer mathematisch konsistenten Theorie zusammenbringen.

Ferner breitet sich das elektromagnetische Feld ins Unendliche aus und damit weit darüber hinaus, wo es Teilchenbewegung beeinflussen könnte. Es sieht daher nach einer Surplus-Struktur aus, wenn man es als etwas ansieht, das in der Natur zusätzlich zu den Teilchen und deren Bewegungen existiert. Der Eindruck einer Surplus-Struktur verstärkt sich, wenn man fragt, was für eine physikalische Entität das elektromagnetische Feld sein könnte: Ist es eine Art von Stoff, der den gesamten Raum ausfüllt? Aber was soll man dann in Bezug auf die Punkte und Gebiete der Raum-Zeit sagen, in denen der Feldwert null ist? Gibt es keinen Feld-Stoff in diesen Gebieten? Oder ist der Feld-Stoff überall und wirkt nur nicht in diesen Gebieten? Generell gefragt: Wieso sollte es zwei Arten von Materie geben, Teilchen und Felder? Deren Interaktion ist physikalisch und mathematisch unklar, wie aus dem genannten Problem der Selbst-Interaktion des Teilchens mit dem von ihm erzeugten Feld hervorgeht. Ferner ist alle Evidenz, die wir haben, die von Teilchenbewegungen. Wie bereits in Kapitel 1.1 ausgeführt wurde, ist alles, was im Alltag und in wissenschaftlichen Experimenten beobachtet wird, die Veränderung der relativen Lagen diskreter Objekte. Felder werden eingeführt, um bestimmte Muster in der Bewegung diskreter Objekte zu erfassen, wie zum Beispiel die anziehende und abstoßende Bewegung, die für Elektrizität und Magnetismus charakteristisch ist.

Die andere Möglichkeit, das elektromagnetische Feld in die Ontologie aufzunehmen, besteht darin, es nicht als Objekt (wie einen Stoff) zu konzipieren, sondern als eine Eigenschaft, nämlich als Eigenschaft von Punkten der Raum-Zeit. Das Feld wird an Punkten der Raum-Zeit ausgewertet in Form mathematischer Größen, die diesen Punkten zugeschrieben werden. Wenn man das Feld als Eigenschaft dieser Punkte konzipiert, ist man jedoch auf die Existenz von Punkten der Raum-Zeit zusätzlich zu den Punktteilchen festgelegt und muss somit die Existenz einer absoluten Raum-Zeit akzeptieren. Das so genannte Feld-Argument, formuliert von dem Philosophen Hartry Field, besagt in der Tat, dass wir eine absolute Raum-Zeit anerkennen sollen, weil physikalische Felder an den Punkten der Raum-Zeit ausgewertet werden.[24] Es würde sich hierbei allerdings um ziemlich sonderbare Eigenschaften von Punkten der Raum-Zeit handeln. Wenn Punkte der Raum-Zeit existieren, dann haben sie metrische Eigenschaften, so dass eine Geometrie der Raum-Zeit besteht. Aber man kann mit guten Gründen vertreten, dass es keinen Sinn ergibt, darüber hinaus einigen Punkten der Raum-Zeit elektromagnetische Feldeigenschaften zuzuschreiben (nämlich den Punkten, an denen die Feldwerte nicht null sind). Die Tatsache, dass die gravitationelle Interaktion alle Materie umfasst – im Unterschied zur elektromagnetischen Interaktion, die nur die geladenen Teilchen betrifft –, ermöglicht es Einstein, in der allgemeinen Relativitätstheorie das gravitationelle Feld mit dem metrischen Feld der Raum-Zeit zu identifizieren. Aber eine solche Identifikation ist im Fall des elektromagnetischen Feldes nicht möglich.[25]

Feynman bringt diese Vorbehalte gegen die Existenz des elektromagnetischen Feldes in seiner Nobelpreisrede auf den Punkt:

Wenn alle Ladungen dazu beitragen, ein einziges gemeinsames Feld aufzubauen, und wenn dieses gemeinsame Feld auf die Ladungen zurückwirkt, dann muss jede Ladung auf sich selbst zurückwirken. An dieser Stelle liegt der Fehler: Es gibt kein Feld. Es ist lediglich so: Wenn man auf eine Ladung einwirkt, dann wirkt sich das später auf eine andere Ladung aus. Es gibt eine direkte Interaktion zwischen Ladungen, allerdings mit einer Verzögerung […]. Diese Sicht hat den Vorzug, dass sie beide Probleme auf einen Schlag löst. Zunächst kann ich sofort sagen, dass ich das Elektron nicht auf sich selbst einwirken lasse, ich lasse dieses auf jenes einwirken, und folglich gibt es keine Selbst-Energie! Zweitens gibt es nicht unendlich viele Freiheitsgrade in dem Feld. Es gibt überhaupt gar kein Feld.[26]

24 Siehe Field (1980), Kap. 4, insbesondere S. 35.
25 Siehe Lazarovici (2018a) zu einer Ausarbeitung dieser Argumente.
26 Feynman (1966), S. 699 f.; Übersetzung M. E.

Auf die in diesem Buch verwendeten Begriffe gebracht, sagt Feynman damit aus, dass das Feld nicht zur primitiven Ontologie gehört, sondern zur dynamischen Struktur. In der Natur existieren Teilchen. Deren Bewegung ist in einer solchen Weise miteinander korreliert, dass zumindest einige signifikante Bewegungsmuster zeitlich verzögerte Korrelationen sind, die man als elektromagnetische Anziehung und Abstoßung beschreiben kann. Um diese verzögerte Interaktion mathematisch zu repräsentieren, führt man das elektromagnetische Feld ein. Es gibt jedoch in der Natur kein Feld, das sich im Raum ausbreitet und die Interaktion zwischen den Teilchen vermittelt. Die Interaktion ist – im Unterschied zur Newton'schen Gravitation – verzögert, aber es gibt keinen Mediator der Interaktion.

Weil jedoch Felder wie konkrete physikalische Entitäten aussehen, die auf einer Stufe mit den Teilchen zu stehen scheinen, ist es – wie im Fall der Geometrie eines absoluten Raumes und einer absoluten Zeit – nützlich, Folgendes zeigen zu können: Die Position, welche Felder nicht in die Ontologie aufnimmt, wird bestärkt, wenn man nachweisen kann, dass es im Prinzip möglich ist, die Dynamik des klassischen Elektromagnetismus zu formulieren, ohne dass Feldgrößen im mathematischen Formalismus auftreten (und damit vermeidet man auch das mathematische Problem der Rückwirkung des Feldes auf die Ladung, die es erzeugt). Eine solche mathematische Theorie wurde von John Wheeler und Richard Feynman (1945) entwickelt. Diese Theorie arbeitet nicht nur mit zeitlich verzögerten, sondern auch mit zeitlich vorgezogenen, direkten Interaktionen zwischen geladenen Teilchen. Das heißt, nicht nur die Verteilung der vergangenen Ladungen, sondern auch die Verteilung der zukünftigen Ladungen ist relevant, um die elektromagnetische Beschleunigung eines gegebenen geladenen Teilchens zu berechnen.

In der Tat: Wenn die dynamische Struktur einer physikalischen Theorie keine instantanen Interaktionen enthält, dann ist zu erwarten, dass Parameter in den dynamischen Gesetzen der Theorie auftreten, die sich sowohl auf die vergangene als auch auf die zukünftige Zeitentwicklung der Objekte beziehen. Wieso sollte man in einer fundamentalen physikalischen Theorie nur Parameter zulassen, die sich auf die Vergangenheit beziehen, und dadurch die zeitliche Symmetrie der Gesetze brechen? Solche Parameter in die dynamische Struktur einer Theorie aufzunehmen, um die Bewegung eines gegebenen Teilchens zu berechnen, heißt ja nicht, dass es etwas in der Natur gibt, das sich wörtlich genommen von der Vergangenheit oder der Zukunft her ausbreitet.

Dessen ungeachtet ist es offensichtlich, dass es ein Problem für die Anwendung einer jeden derartigen Theorie gibt, selbst wenn die Interaktion nur zeitlich verzögert und nicht auch noch zeitlich vorgezogen ist: Man findet Lösungen dynamischer Gleichungen, indem man Anfangsbedingungen in diese einsetzt. So ist zum Beispiel in der Newton'schen Gravitation die wesentliche Anfangsbedingung, um die Beschleunigung eines gegebenen Teilchens zu berechnen, die Verteilung der anderen Massen zu der betreffenden Zeit. Wenn jedoch die Interaktion verzögert (und möglicherweise auch vorgezogen) ist, statt instantan zu sein, dann ist unklar, was genau die Anfangsbedingungen sind, um die dynamischen Gleichungen zu lösen: Welche vergangenen (und möglicherweise auch zukünftigen) Bahnen geladener Teilchen fließen genau in die Anfangsbedingungen ein? An dieser Stelle zeigt sich die mathematische Eleganz von Feldern im Formalismus: Felder erlauben es, präzise Anfangsbedingungen zu formulieren; denn alles, was für die Berechnung der Beschleunigung eines gegebenen geladenen Teilchens relevant ist, sind die Feldwerte in seiner unmittelbaren raum-zeitlichen Nachbarschaft. Folgendes ist jedoch ebenfalls klar: Um diese Feldwerte zu kennen, muss man die Bahnen der geladenen Teilchen in der Vergangenheit kennen, welche diese Feldwerte festlegen. Mithin sind die Feldwerte letztlich keine unabhängigen Freiheitsgrade; das Problem, wie man Anfangswerte finden kann, stellt sich auch in einer dynamischen Struktur mit Feldern.[27] In jeder Theorie mit verzögerter Interaktion ist Wissen über die Vergangenheit erforderlich, um die gegenwärtige Teilchenbewegung zu berechnen.

Zusammenfassend können wir festhalten, dass man zwischen zwei Dingen unterscheiden muss: Ist die physikalische Interaktion instantan, oder ist sie zeitlich verzögert (und möglicherweise auch zeitlich vorgezogen)? Ist die physikalische Interaktion direkt, oder gibt es ein Medium, das sich im Raum ausbreitet (so dass es zur

---

27 Dieser Punkt wird von Deckert und Hartenstein (2016) ausgearbeitet. Zu einer Bewertung seiner philosophischen Konsequenzen siehe zusätzlich zu Lazarovici (2018a) auch Hartenstein und Hubert (2019).

Ontologie gehört, statt lediglich ein mathematisches Instrument zu sein)? Newtons oben zitierte Forderung nach einem solchen Medium kann man mit guten Gründen zurückweisen: Diese Forderung ist Ausdruck des anthropozentrischen Vorurteils, dass Interaktion durch direkten Kontakt erfolgen muss. Hierin liegt auch das grundsätzliche Motiv für den Skeptizismus in Bezug darauf, Felder in die Ontologie aufzunehmen. Dieses Motiv erweist sich dann durch die mathematischen und philosophischen Probleme als wohlbegründet, die eine ontologische Festlegung auf Felder mit sich bringt. Rufen wir uns in Erinnerung, wie Bertrand Russell die Newton'sche Theorie der Gravitation beschreibt:

In den Bewegungen wechselseitig gravitierender Körper gibt es nichts, was eine Ursache genannt werden kann, und nichts, was eine Wirkung genannt werden kann; es gibt nur eine Formel. Man kann bestimmte Differentialgleichungen finden, die zu jedem Zeitpunkt für jedes Teilchen des Systems gelten und die, gegeben die Konfiguration und die Geschwindigkeiten zu einem Zeitpunkt, oder die Konfigurationen zu zwei Zeitpunkten, die Konfiguration zu jedem früheren oder späteren Zeitpunkt theoretisch berechenbar machen. Das heißt, die Konfiguration zu jedem Zeitpunkt ist eine Funktion dieses Zeitpunkts und der Konfigurationen zu zwei gegebenen Zeitpunkten. Diese Aussage gilt für die gesamte Physik und nicht nur für den Einzelfall der Gravitation.[28]

Der Begriff der Kausalität, den Russell hier im Sinn hat, ist der von etwas, das sich wörtlich genommen im Raum ausbreitet. Wie er betont, ist eine solche Ansicht für die gesamte Physik verfehlt.

1.6 Von der Feldtheorie zur Relativitätsphysik

Wenn die Interaktion verzögert ist, dann gibt es eine endliche Geschwindigkeit für die Übertragung von Wirkungen; instantane Wechselwirkungen sind dann nicht möglich. Die Höchstgeschwindigkeit für die Übertragung von Wirkungen ist die Lichtgeschwindigkeit. Weil die Interaktion verzögert ist, hängt die Dynamik nicht von Informationen darüber ab, was anderswo im Raum zur selben Zeit geschieht. In der Newton'schen Mechanik sind hinge-

28 Russell (1912), S. 14; Übersetzung M. E.

gen beliebig hohe Geschwindigkeiten zulässig. Da die Interaktion instantan ist, muss es ferner eine objektive Gleichzeitigkeit von Ereignissen geben, die absolut ist in dem Sinne, dass sie unabhängig von der Wahl eines Bezugssystems ist. Der Grund ist, dass das, was an einem Punkt im Raum geschieht, durch das determiniert ist, was anderswo im Raum zur gleichen Zeit existiert.

Man kann objektive Gleichzeitigkeit im Rahmen einer rein relationalen physikalischen Theorie denken: Im Leibniz'schen Relationalismus sind instantane Konfigurationen eindeutig bestimmt durch die Verhältnisse zwischen den Abstandsbeziehungen (und den Winkeln, wie in der relationalen Mechanik, siehe oben Kapitel 1.3). Eindeutig bestimmte, objektive Gleichzeitigkeit von Ereignissen setzt somit keinen externen Zeitparameter voraus. Genauer gesagt gibt es aufgrund der objektiven Gleichzeitigkeit eine eindeutige zeitliche Ordnung aller Ereignisse im Universum: Für je zwei beliebige Ereignisse gilt, dass sie entweder gleichzeitig sind oder eines der beiden Ereignisse vor dem anderen geschieht. Aber wenn es keinen externen Zeitparameter gibt, dann ergibt es keinen Sinn, verschiedene mögliche Zeitentwicklungen des Universums miteinander zu vergleichen und zu fragen, was gemäß diesen Zeitentwicklungen zu einer bestimmten Zeit geschieht. Denn die bestimmte Zeit, welche für verschiedene mögliche Zeitentwicklungen des Universums die gleiche wäre, gibt es in einer relationalen Dynamik nicht.

Die Newton'sche Mechanik arbeitet mit der Annahme eines absoluten Raumes und einer absoluten Zeit. Jede Interaktion zwischen den Teilchen ist instantan. Folglich benötigt die Newton'sche Mechanik die objektive Gleichzeitigkeit von Ereignissen. Jede messbare Geschwindigkeit kann jedoch relativ auf ein bestimmtes Bezugssystem sein. Ferner kann man beliebig hohe Geschwindigkeiten zulassen. Wenn hingegen die Interaktion verzögert ist und es folglich eine Höchstgeschwindigkeit für die Ausbreitung von Wirkungen gibt, dann ist diese Geschwindigkeit absolut in dem Sinne, dass sie in allen Bezugssystemen gleich ist (nämlich die Lichtgeschwindigkeit). Man braucht dann keine objektive Gleichzeitigkeit mehr, man kann dann jede Gleichzeitigkeit von zwei oder mehr Ereignissen so ansehen, dass sie relativ auf die Wahl eines bestimmten Bezugssystems ist. In diesem Fall gibt es keine eindeutige (also vom Bezugssystem unabhängige) zeitliche Ordnung der Ereignisse im Universum. Folglich entfallen in diesem Fall der absolute Raum und die absolute Zeit. Es bleibt jedoch eine absolute Raum-Zeit.

So gesehen impliziert der Wechsel von einer dynamischen Struktur, die Interaktion als instantan konzipiert (Newton'sche Gravitation), zu einer dynamischen Struktur, die Interaktion als verzögert konzipiert (Elektrodynamik), dass man auch die Geometrie von Raum und Zeit ändern muss. Diese Änderung bringt Einstein in der speziellen Relativitätstheorie 1905 auf den Punkt. Das Wort »Relativität« bezieht sich auf die Tatsache, dass in dieser Theorie die Gleichzeitigkeit – und damit die zeitliche Ordnung der Ereignisse – relativ auf die Wahl eines bestimmten Bezugssystems ist. Der Sache nach ist jedoch die Relativitätsphysik nicht relativer als die Newton'sche Physik. Es sind lediglich verschiedene Größen relativ und absolut. In der Newton'schen Physik ist jede messbare Geschwindigkeit relativ auf ein Bezugssystem, und Gleichzeitigkeit ist absolut. In der Relativitätsphysik gibt es eine absolute Geschwindigkeit (die Lichtgeschwindigkeit), und Gleichzeitigkeit ist relativ auf ein Bezugssystem.

Zentral für die Geometrie der relativistischen Raum-Zeit ist die Lichtkegel-Struktur.[29] Für jedes Ereignis e, das an einem Punkt der Raum-Zeit auftritt, gibt es einen Zukunfts-Lichtkegel, der alle und nur diejenigen Ereignisse umfasst, die von e aus durch ein Signal erreicht werden können, das sich höchstens mit Lichtgeschwindigkeit ausbreitet; und es gibt einen Vergangenheits-Lichtkegel, der alle und nur diejenigen Ereignisse umfasst, von denen aus e mit einem Signal erreicht werden kann, das sich höchstens mit Lichtgeschwindigkeit ausbreitet. Hieraus folgt, dass es Ereignisse gibt, die außerhalb des Vergangenheits- und des Zukunfts-Lichtkegels von e liegen. Für diese Ereignisse ist keine zeitliche Ordnung definiert – es sei denn, man wählt ein Bezugssystem. Deshalb ist die Gleichzeitigkeit relativ auf ein Bezugssystem.

Wenn man von einem Bezugssystem zu einem anderen wechselt, muss man berücksichtigen, dass die Lichtgeschwindigkeit die Höchstgeschwindigkeit für die Ausbreitung von Wirkungen ist. Deshalb kann man nicht länger die Galilei-Transformationen benutzen, die in der Newton'schen Mechanik Anwendung finden, sondern muss die Lorentz-Transformationen verwenden. Diese

---

29 Siehe Maudlin (2012), Kap. 4-5, zu einer exzellenten Darstellung.

transformieren sowohl die dreidimensionalen, räumlichen Abstände als auch das eindimensionale, zeitliche Intervall, wenn man von einem Bezugssystem zu einem anderen wechselt, lassen aber den vierdimensionalen, raum-zeitlichen Abstand zwischen zwei beliebigen Ereignissen unverändert. Deshalb sagt man, dass der Raum und die Zeit in der speziellen Relativitätstheorie zu einer vierdimensionalen Raum-Zeit vereinigt werden. Diese Raum-Zeit ist genauso absolut wie Raum und Zeit für Newton: Man geht in der Relativitätstheorie davon aus, dass sie schlechthin existiert. Die absolute Raum-Zeit ist eine Art Behälter, in dem die Materiekonfiguration des Universums existiert.

Die allgemeine Relativitätstheorie, vollendet von Einstein im Jahre 1915, fügt zur speziellen Relativitätstheorie eine Feldtheorie der Gravitation hinzu, die auf der vierdimensionalen Raum-Zeit basiert. Gravitation wird nun nicht mehr als Fernwirkung konzipiert, wie in der Newton'schen Mechanik. Aber es gibt kein spezielles Feld in der Raum-Zeit für die gravitationelle Interaktion, wie es ein spezielles Feld für die elektromagnetische Interaktion gibt. Das Gravitationsfeld ist das metrische Feld der Raum-Zeit, welches die Geometrie der vierdimensionalen Raum-Zeit definiert. Infolge dieser Gleichsetzung ist die Geometrie der Raum-Zeit nicht mehr diejenige Euklids, sondern diejenige Riemanns: Die Raum-Zeit ist gekrümmt, ihre Krümmung wird durch die Verteilung der Massen beeinflusst, und die Krümmung der Raum-Zeit wirkt dann ihrerseits auf die Bewegung der Massen. Das ist der Kern von Einsteins Konzeption der Gravitation als lokaler Interaktion im Unterschied zur Newton'schen Fernwirkung.

Das Gravitationsfeld ist jedoch nicht durch die Massen als seine Quelle bestimmt, wie das elektromagnetische Feld durch die Ladungen als seine Quelle bestimmt ist (es gibt keinerlei Grund dafür, in der Elektrodynamik fundamentale Felder ohne Quellen anzunehmen, obwohl man in der Praxis mit äußeren Feldern rechnet, ohne deren Quellen zu berücksichtigen). Dieses ist so, weil das Gravitationsfeld mit dem metrischen Feld identisch ist. Der Abstand zwischen materiellen Objekten ist nicht durch Parameter festgelegt, die diesen Objekten je einzeln zugeschrieben werden (wie die Masse). Nur dann, wenn man zunächst eine Metrik (Krümmung) der Raum-Zeit als Anfangsbedingung sowie eine anfängliche Verteilung der Massen festlegt, ist die weitere Entwicklung sowohl des metrischen Feldes der Raum-Zeit als auch der Bewegung der Massen durch die Einstein'schen Feldgleichungen gegeben. Ferner bestätigt die Gleichsetzung des Gravitationsfeldes mit dem metrischen Feld der Raum-Zeit, dass die Gravitation eine Interaktion ist, die alle materiellen Objekte umfasst. Die elektromagnetische Interaktion betrifft hingegen nur die geladenen Teilchen.

Jedes Modell oder jede Lösung der Einstein'schen Feldgleichungen, die geeignet ist, das Universum zu beschreiben, ist so beschaffen, dass sie eine Zerlegung der vierdimensionalen Raum-Zeit in dreidimensionale, räumliche Hyperflächen zulässt, die in der eindimensionalen Zeit angeordnet sind. Das bedeutet, dass die Bahn jedes materiellen Objekts jede solche Hyperfläche nur einmal kreuzt; es gibt keine geschlossenen zeitartigen Kurven.

Es gibt aber keine Experimente, die es uns erlauben würden, eine bestimmte, im Universum privilegierte Zerlegung der vierdimensionalen Raum-Zeit in dreidimensionale, räumliche Hyperflächen aufzudecken. Selbst wenn man den Begriff einer kosmischen Zeit benutzt und ein Alter des Universums seit dem Urknall angibt, bedeutet dies nicht, dass man ein universell bevorzugtes Bezugssystem oder eine objektiv bevorzugte Zerlegung der Raum-Zeit entdeckt hat. Im Prinzip gibt es viele verschiedene Bezugssysteme oder Zerlegungen der Raum-Zeit, die man verwenden kann und die alle eine korrekte Beschreibung des Universums liefern. Die Geometrie der Raum-Zeit der allgemeinen Relativitätstheorie ist somit invariant in Bezug auf verschiedene Zerlegungen in Raum und Zeit.

Aus diesem Grund scheint die primitive Ontologie des Leibniz'schen Relationalismus an die vor-relativistische Physik gebunden zu sein: Diese Ontologie setzt Abstände und damit räumliche Relationen ein, um Teilchen zu individuieren. Sie konzipiert eine Dynamik für die Veränderung dieser Relationen. Wenn diese Relationen in der Relativitätsphysik jedoch nicht invariant sind, dann scheint man in der Ontologie von grundlegenden räumlichen zu grundlegenden raum-zeitlichen Relationen wechseln zu müssen. Es gibt jedoch zumindest drei Vorbehalte, die gegen einen solchen Wechsel sprechen.

(1) An erster Stelle ist zu erwähnen, dass Interaktionstheorien in Begriffen von Feldern interne Konsistenzprobleme aufweisen, etwa das Problem der Selbst-Interaktion von Elektronen mit dem von ihnen erzeugten Feld in der Elektrodynamik. In der allgemeinen

Relativitätstheorie repräsentiert man die Materie als einen kontinuierlichen Teilchenstrom, weil diese Theorie gewöhnlich nicht auf der Ebene einzelner Teilchen zur Anwendung kommt. Dieses ist aber lediglich eine grobkörnige Beschreibung. Die Materie besteht aus Punktteilchen. Das Problem, dass das Punktteilchen das Feld beeinflusst und dass das Feld, insofern es von dem Teilchen beeinflusst ist, wiederum auf das Teilchen zurückwirkt, wird in der allgemeinen Relativitätstheorie nicht gelöst. Es würde sich erneut stellen, wenn man bis zu Punktteilchen hinunterginge. Dieses Problem ist zusammen mit den weiteren, im vorigen Unterkapitel angesprochenen Problemen eine Warnung davor, Feldern – einschließlich des metrischen Feldes der allgemeinen Relativitätstheorie – einen ontologischen Status zuzusprechen.

(2) Ferner ist die weit verbreitete Meinung nicht richtig, dass die spezielle und die allgemeine Relativitätstheorie die Zeit wie eine vierte Dimension des Raumes behandeln. Wenn die Zeit wie eine weitere Dimension des Raumes betrachtet werden würde, dann wäre die Theorie nicht in der Lage, die lokale zeitliche Ordnung der Ereignisse zu berücksichtigen, die wir beobachten. Es gibt einen objektiven Unterschied zwischen den Ereignissen, die innerhalb der Lichtkegel eines gegebenen Ereignisses liegen, und den Ereignissen, die außerhalb der Lichtkegel liegen. Die Lichtkegelstruktur ermöglicht es, für jedes Ereignis eine lokale zeitliche Ordnung zu definieren mit einer Menge von Ereignissen, die in dessen Vergangenheit liegen, welches Bezugssystem auch immer man wählt, und einer Menge von Ereignissen, die in dessen Zukunft liegen, welches Bezugssystem auch immer man wählt. Anders ausgedrückt: Die raum-zeitlichen Relationen erlauben es, Ereignisse so zu individuieren, dass es einen absoluten Unterschied gibt zwischen Ereignissen, die zeitartig voneinander getrennt sind, und Ereignissen, die raumartig voneinander getrennt sind. Ereignisse sind zeitartig voneinander getrennt, wenn sie innerhalb der Lichtkegel eines gegebenen Ereignisses liegen; sie sind dann in Bezug auf dieses Ereignis entweder vergangen oder zukünftig. Ereignisse sind raumartig voneinander getrennt, wenn sie außerhalb der Lichtkegel liegen. Folglich ist dann keine zeitliche Ordnung für diese Ereignisse definiert.

Man kann jedoch mit guten Gründen in Frage stellen, ob eine nur lokale zeitliche Ordnung von Ereignissen ausreicht, um Veränderung zu berücksichtigen. Wenn man in der Ontologie von fundamentalen räumlichen zu fundamentalen raum-zeitlichen Relationen wechselt, dann kann man Teilchen und deren Bahnen als Folgen von Punktteilchen-Ereignissen konzipieren, die kontinuierliche Linien bilden, nämlich Weltlinien. Diese Ereignisse und Linien werden durch die raum-zeitlichen Relationen zwischen ihnen individuiert. Aber diese Relationen verändern sich nicht. Sie sind raum-zeitlich. Deshalb ist diese Ontologie als Blockuniversum bekannt: Alle Ereignisse über die gesamte Entwicklung des Universums hinweg existieren schlechthin und sind durch raum-zeitliche Relationen voneinander unterschieden.

Wenn man die vierdimensionale Raum-Zeit in dreidimensionale, räumliche Hyperflächen zerlegt und diese Hyperflächen miteinander vergleicht, dann kann man Veränderung in Begriffen der Unterschiede in der Materieverteilung auf diesen Hyperflächen definieren: Die Materiekonfiguration verändert sich im – kontinuierlichen – Übergang von einer Hyperfläche zu anderen Hyperflächen. Es gibt jedoch keine objektive Zerlegung der vierdimensionalen Raum-Zeit in dreidimensionale, räumliche Hyperflächen. Veränderung in diesem Sinne bezieht sich somit nur auf ein Beschreibungsinstrument. Sie betrifft nicht dasjenige, was gemäß dieser Theorie in der Natur existiert, nämlich der vierdimensionale Block. Der Einwand lautet daher, dass die Ontologie des Blockuniversums nicht zwischen Variation innerhalb einer Konfiguration und Veränderung dieser Konfiguration unterscheiden kann. Variation besteht innerhalb einer Materiekonfiguration in den verschiedenen relativen Abständen, in denen die Objekte, die die Konfiguration aufbauen, zueinander stehen. Veränderung besteht darin, dass die Abstände sich ändern, woraus sich eine Zeitentwicklung der Materiekonfiguration ergibt. Wenn es keine objektive Zeitentwicklung der Konfiguration gibt, dann gibt es auch keine Veränderung der Abstände im Unterschied zu deren Variation innerhalb einer feststehenden Materiekonfiguration. Peter Geach (1965, S. 323) bringt diesen Einwand anhand des Beispiels eines Schürhakens im Kamin auf den Punkt: Der Schürhaken ist an dem einen Ende heiß und an dem anderen Ende kalt; das ist Variation innerhalb einer Materiekonfiguration. Im Unterschied dazu ist Veränderung, dass der Schürhaken sich erwärmt. Das Blockuniversum enthält Variation, aber nicht Veränderung.

Innerhalb des Blockuniversums gibt es Variation in Form der verschiedenen raum-zeitlichen Relationen, welche die Punktereignisse und die Bahnen der Punktteilchen (Weltlinien) individuieren. Ferner kann man das Blockuniversum so gestaltet denken, dass es an einem Ende einen Zustand sehr niedriger Entropie aufweist und am anderen Ende einen Zustand thermischen Gleichgewichts. Das ist aber immer noch nichts anderes als Variation innerhalb einer gegebenen Konfiguration von Punktteilchen, die durch die Abstände zwischen ihnen individuiert werden; die Abstände sind hier lediglich vierdimensional. Eine Konfiguration von Punktteilchen kann zum Beispiel so beschaffen sein, dass an dem einen Ende viele Punktteilchen konzentriert sind, wohingegen die Punktteilchen an dem anderen Ende der Konfiguration sehr weit voneinander entfernt sind. Es gibt hier keine Veränderung von einem Zustand niedriger zu einem Zustand hoher Entropie, ebenso wenig wie es in der genannten Konfiguration eine Veränderung von kleinen zu großen Abständen zwischen den Punktteilchen gibt. Das ist die korrekte Grundlage des Einwandes, der inkorrekt dadurch ausgedrückt wird, dass man sagt, dass die spezielle und die allgemeine Relativitätstheorie die Zeit als eine weitere Dimension des Raumes behandeln (sofern man die Schlussfolgerung der Ontologie des Blockuniversums aus diesen Theorien zieht).

Man kann die Struktur innerhalb des Blockuniversums mit einem Zustand niedriger Entropie an dem einen Ende und einem Zustand hoher Entropie an dem anderen Ende benutzen, um einfach zu stipulieren, dass diese Struktur eine Zeitachse definiert und es somit Veränderung von dem einen zu dem anderen Zustand gibt. Der genannte Einwand lässt sich aber nicht durch eine Begriffssetzung beseitigen. Die Frage ist, ob das, was in die primitive Ontologie aufgenommen wird, hinreichend ist, um die Behauptung zu rechtfertigen, dass diese Ontologie imstande ist, zwischen Variation innerhalb einer Konfiguration und Veränderung der Konfiguration zu unterscheiden. Der Einwand ist, dass es in dieser Ontologie nichts gibt, was diese Unterscheidung ermöglicht; diese Ontologie enthält nämlich nur Abstände zwischen Punktereignissen auf Weltlinien, wobei diese Abstände als vierdimensionale Intervalle konzipiert werden, die alle gemeinsam im Blockuniversum existieren. Folglich gibt es Variation innerhalb des Blockuniversums, aber keine Veränderung von irgendetwas.

Die Konsequenz hieraus ist, dass die Ontologie des Blockuniversums zeitliches Werden nicht berücksichtigen kann. Hermann Weyl schreibt:

> Die objektive Welt *ist* schlechthin, sie *geschieht* nicht. Nur vor dem Blick des in der Weltlinie meines Leibes emporkriechenden Bewußtseins »lebt« ein Ausschnitt dieser Welt »auf« und zieht an ihm vorüber als räumliches, in zeitlicher Wandlung begriffenes Bild.[30]

Veränderung und Geschehen werden also in das Bewusstsein von Personen ausgelagert. Sie gehören nicht zur physikalischen Welt. Man provoziert auf diese Weise in Bezug auf Zeit und Veränderung einen Konflikt zwischen dem wissenschaftlichen Bild der Welt, konzipiert in Begriffen eines Blockuniversums, und dem manifesten Bild der Welt.

(3) Selbst wenn man diese Einwände unberücksichtigt lässt, zwingt uns die Relativitätsphysik nicht dazu, in der Ontologie von primitiven räumlichen zu primitiven raum-zeitlichen Relationen zu wechseln. Die Situation ist hier die gleiche wie im Fall des absoluten Raumes und der absoluten Zeit in der Newton'schen Mechanik und des elektromagnetischen Feldes in der Elektrodynamik. Der wissenschaftliche Realismus in Bezug auf die Physik verpflichtet uns nicht dazu, diese Dinge in die Ontologie aufzunehmen, auch wenn sie wie konkrete physikalische Entitäten auf demselben Niveau wie die Teilchen aussehen. Um diese Behauptung zu untermauern, ist es wiederum nützlich, sich vor Augen zu führen, dass man die dynamische Struktur der physikalischen Theorien auch formulieren kann, ohne auf diese Dinge Bezug zu nehmen – so wie man eine rein relationale klassische Mechanik und eine feldfreie Elektrodynamik formulieren kann.

Für die allgemeine Relativitätstheorie ist diesbezüglich Folgendes relevant: Die Theorie ist invariant in Bezug auf Zerlegungen der Raum-Zeit (*refoliation invariant*). Sie wählt keine instantane Konfiguration der Materie in Begriffen einer dreidimensionalen Geometrie aus. Anders gesagt: Die Theorie kennt keine privilegierte Zerlegung der vierdimensionalen Raum-Zeit in dreidimensionale räumliche Hyperflächen, die in der eindimensionalen Zeit angeordnet sind. Aber die Theorie ist nicht invariant in Bezug auf

---

30 Weyl (2009), S. 150; Originalausgabe 1927.

Skalierungen (nicht *scale invariant*): Die raum-zeitlichen Abstände zwischen den Punktereignissen sind absolute Längen im Unterschied zu Größen, bei denen nur ihre Verhältnisse zueinander relevant sind (wie im Fall der Abstandsrelationen, die eine instantane Konfiguration definieren). Wenn man daher in der Ontologie von Abstandsrelationen als den Relationen, die eine Welt aufbauen, zu raum-zeitlichen Relationen wechselt, dann muss man voraussetzen, dass es absolute raum-zeitliche Intervalle zwischen Punktereignissen als eine primitive Tatsache gibt. Ansonsten hätte man nicht die Lichtkegelstruktur der Raum-Zeit zur Verfügung. Man würde dann auch die oben erwähnte, je lokale zeitliche Ordnung von Ereignissen verlieren.

Diese Tatsache legt folgende Einschätzung nahe: Man kann entweder eine Theorie der Gravitation formulieren, die keine instantane Konfiguration der Materie auszeichnet (*refoliation invariance*); diese Theorie muss dann aber mit absoluten Längen in Form absoluter raum-zeitlicher Intervalle arbeiten; sie ist invariant in Bezug auf die Zerlegung der Raum-Zeit, aber nicht invariant in Bezug auf Skalierungen (keine *scale invariance*). Oder man kann eine Theorie der Gravitation formulieren, die nur relationale Größen verwendet; diese Theorie arbeitet mit einer Dynamik für instantane Konfigurationen und setzt somit absolute Gleichzeitigkeit voraus; sie ist invariant in Bezug auf Skalierungen (*scale invariance*), aber nicht invariant in Bezug auf die Unterscheidung in Raum im Sinne der Ordnung des zusammen Existierenden und Zeit im Sinne der Ordnung der Abfolge (keine *refoliation invariance*).

In der Tat kann man die relationale Mechanik oder Dynamik geometrischer Figuren (*shape dynamics*) von Barbour als Geometrie einer relationalen Theorie der Gravitation ausarbeiten, die somit eine Alternative zu der Geometrie einer absoluten Raum-Zeit in der allgemeinen Relativitätstheorie darstellt.[31] In diesem Fall akzeptiert man eine Abfolge wohldefinierter dreidimensionaler, geometrischer Konfigurationen und damit absolute Gleichzeitigkeit. Anders gesagt: Man akzeptiert eine absolute Unterscheidung zwischen dem Raum als der Ordnung dessen, was zusammen existiert, und der Zeit als der Ordnung der Abfolge. Aber man benutzt nur

---

31 Siehe Gomes et al. (2011), Gomes und Koslowski (2013), Mercati (2018), Kap. 7. Siehe ferner Gryb und Thébault (2016), insbesondere S. 692-697, zu einer philosophischen Diskussion.

relationale Größen in der dynamischen Struktur. Eine solche Theorie ist wiederum eine prinzipielle Möglichkeit und keine praktische Anweisung für Berechnungen. Nichtsdestoweniger kann die Angelegenheit zweier verschiedener, möglicher dynamischer Strukturen für eine Theorie der Gravitation nicht durch Beobachtung und Experiment entschieden werden: Beide machen die gleichen Voraussagen für die Teilchenbahnen gegeben bestimmte Einschränkungen (wie die Einschränkung in der allgemeinen Relativitätstheorie auf vierdimensionale Geometrien, die eine Zerlegung in dreidimensionale, räumliche Hyperflächen und eindimensionale Zeit erlauben). Man kann weder die absoluten Größen einer Geometrie der vierdimensionalen Raum-Zeit noch die absolute Gleichzeitigkeit einer dreidimensionalen Konfiguration des Universums beobachten.

Diese Tatsache bestätigt, dass die primitive Ontologie eine Sache ist und die dynamische Struktur eine andere. Es gibt keinen stichhaltigen Grund, infolge der dynamischen Struktur der allgemeinen Relativitätstheorie die Unterscheidung zwischen Variation innerhalb einer Konfiguration und Veränderung der Konfiguration aufzugeben. Man braucht in Bezug auf Veränderung und zeitliches Werden keinen Konflikt zwischen dem wissenschaftlichen und dem manifesten Weltbild zu provozieren.

1.7 Von der statistischen Mechanik zur Quantenmechanik

Für Einstein hätte das, was die Physik über die Welt aussagt, mit der Behandlung der Gravitation als lokaler Interaktion in der allgemeinen Relativitätstheorie abgeschlossen sein können. Dann erfolgte jedoch der Übergang von der klassischen zur Quantenmechanik in den 1920er Jahren. Man kann diesen Übergang von der statistischen Mechanik aus betrachten; denn die Quantenmechanik lässt in der Regel nur statistische Voraussagen über die Verteilung von Messergebnissen zu. Nehmen wir einmal an, wir leben in einem Universum, in dem die klassische Mechanik gilt. In diesem Universum sollen aber die Bewegung der Planeten oder das Werfen eines Steines auf die Erde nicht als paradigmatische Beispiele zur Verfügung stehen, um aus deterministischen Gesetzen deterministische Voraussagen zu gewinnen. Stattdessen seien alle

Prozesse dem Münzwurf gleich: Nur Voraussagen über die statistische Verteilung der Ereignisse sind möglich, aber keine deterministischen Voraussagen einzelner Ereignisse. Eine Welt der klassischen Mechanik kann so beschaffen sein, wenn die Zeitentwicklung aller Systeme signifikant auf kleinste Abweichungen in ihren Anfangsbedingungen reagiert.

Nichtsdestoweniger sind die Gesetze der klassischen Mechanik auch in einer solchen Welt von Nutzen. Obwohl die Gesetze dann nicht verwendet werden können, um deterministische Voraussagen zu gewinnen, sind sie nichtsdestoweniger die Basis, von der aus man statistische Voraussagen erzielt. Ferner beantworten sie die Frage, was in den einzelnen Prozessen geschieht, wie zum Beispiel dem einzelnen Münzwurf vom Werfen der Münze bis zu ihrem Auftreffen auf dem Boden. Es wäre vollkommen absurd, in Bezug auf eine solche Welt zu vertreten, dass die Münze keine Bahn hat oder dass sie irgendwie über alle möglichen Bahnen »verschmiert« ist oder dass sie sogar nach ihrem Wurf verschwindet und beim Auftreffen auf dem Boden gleichsam aus dem Nichts wieder auftritt, nur weil es nicht möglich ist, ihre genaue Bahn zu berechnen und vorauszusagen.

Was den Status von Wahrscheinlichkeiten betrifft, so kann die Welt der Quantenphysik in der Tat so verstanden werden wie eine klassische Welt voller Münzwürfe. Mehr noch, wenn man die Quantenphysik so versteht, dann lösen sich ihre Paradoxien und Verständnisprobleme auf, wie im Verlauf dieses Unterkapitels deutlich werden wird. Dessen ungeachtet gibt es eine Reihe wichtiger Unterschiede zwischen der klassischen und der Quantenmechanik. An erster Stelle ist hier zu nennen, dass die Beschränkung unseres Wissens in Bezug auf die exakten Anfangsbedingungen in der klassischen Mechanik nur eine praktische ist: Es ist praktisch unmöglich, die anfänglichen Orte und Geschwindigkeiten der Teilchen so genau zu messen, dass man die Bahn einer bestimmten geworfenen Münze berechnen könnte. Von der Theorie her ist dies aber zulässig.

In der Quantenmechanik ist diese Beschränkung hingegen eine prinzipielle, die in der Theorie selbst enthalten ist: Die Heisenberg'schen Unsicherheitsrelationen schließen es aus, dass man sowohl den Ort als auch die Geschwindigkeit (den Impuls) eines Teilchens zusammen mit beliebiger Genauigkeit messen kann.

Da die Zeitentwicklung der Teilchen in der Quantenphysik in der Regel sehr stark auf kleinste Variationen in den Anfangsbedingungen reagiert, folgt dann, dass im Allgemeinen nur Voraussagen über die statistische Verteilung von Messergebnissen möglich sind. Nichtsdestoweniger handelt es sich hierbei nur um eine Einschränkung unseres Zugangs zu den Quantenobjekten. Es gibt nichts in den Heisenberg'schen Unsicherheitsrelationen als solchen, was die Schlussfolgerung rechtfertigen könnte, dass die Quantenobjekte nicht zugleich einen genauen Ort und eine exakte Geschwindigkeit haben. Dieses wäre eine ontologische Schlussfolgerung in Bezug auf die Quantenobjekte selbst. Eine solche kann aber nicht allein aus einer epistemischen Prämisse über Beschränkungen unseres Zugangs zu Quantenobjekten in Messprozessen gezogen werden. Anders gesagt: Es ist unbestritten, dass die Heisenberg'schen Unsicherheitsrelationen der Möglichkeit, Anfangsbedingungen zu messen, eine prinzipielle Beschränkung auferlegen. Es ist jedoch umstritten und erfordert in jedem Fall weitere Prämissen, diesen Unsicherheitsrelationen eine Bedeutung in Bezug auf das Sein und das Verhalten der Quantenobjekte selbst zuzusprechen.

Im Grunde ist es nicht erstaunlich, dass unserem Wissen von einzelnen Sachverhalten Grenzen gesetzt sind. Damit eine Konfiguration von Teilchen Informationen über Teilchen in einer anderen Konfiguration enthalten kann, muss es eine Korrelation zwischen den beiden Konfigurationen geben, die stabil und reproduzierbar ist. Solche Korrelationen muss es zwischen Teilchenkonfigurationen in menschlichen Gehirnen und Teilchen außerhalb der Gehirne geben, damit wir Informationen über die Natur erlangen können. Vorausgesetzt ist hierbei, dass alles Wissen, das Personen durch Wahrnehmung erlangen, durch Prozesse in deren Gehirnen läuft (im Sinne einer notwendigen, nicht unbedingt einer hinreichenden Bedingung). Allein aus Gründen, welche die Bedingungen für unseren Erwerb von Wissen über die Natur betreffen, ist daher zu erwarten, dass deterministische Voraussagen eher die glückliche Ausnahme sind und wir in der Regel nur hoffen können, statistische Voraussagen machen zu können. In diesem Lichte betrachtet ist die klassische Mechanik eine Idealisierung, und die Quantenmechanik hebt zunächst nur eine sowieso zu erwartende Begrenzung unseres Wissens über einzelne Vorgänge heraus. Mit dieser Feststellung möchte ich nicht den Weg für eine transzendentale, *apriorische* Ableitung der Heisenberg'schen Unsicherheitsrelationen aus allgemeinen Bedingungen der Möglichkeit der Erkenntnis bereiten. Es geht mir hier nur darum herauszustellen, dass eine prinzipielle Grenze für unser Wissen von einzelnen Sachverhalten – wie den genauen Anfangsbedingungen physikalischer Objekte – zu erwarten ist.

Betrachten wir das berühmte Doppelspalt-Experiment. Dieses besteht in einer Versuchsanordnung, in der Teilchen von einer Quelle ausgesendet werden, anschließend auf eine Wand mit zwei Spalten treffen, die die Teilchen durchlassen, und schließlich auf einem Schirm aufgefangen werden. Man kann die Teilchen je einzeln durch diese experimentelle Anordnung senden. Wenn beide Spalten geöffnet sind und viele Teilchen nacheinander von der Quelle ausgesendet werden, dann weist die Verteilung der Teilchen auf dem Schirm typischerweise ein Interferenzmuster auf. Dieses Muster steht im Gegensatz zu dem, was man von der klassischen Mechanik her erwarten würde. Ein solches Muster tritt jedoch nicht auf, wenn nur ein Spalt offen ist. Wie im Fall des klassischen Münzwurfes kann man nicht voraussagen, wo ein einzelnes Teilchen am Ende auftreffen wird. Wenn beide Spalten offen sind, kann man also nicht sagen, durch welchen Spalt das einzelne Teilchen hindurchgeht. Die einzige Voraussage, die man in der Quantenmechanik machen kann, ist diese: Wenn das Experiment mit vielen Teilchen durchgeführt wird, dann weist die Verteilung der Teilchen am Ende typischerweise ein Interferenzmuster auf.

Nichtsdestoweniger ist die Frage berechtigt, was mit jedem einzelnen Teilchen geschieht. Wie gelangt es von der Quelle des Experiments zu dessen Ende? Die Lehrbuchdarstellungen der Quantenmechanik beantworten diese Frage nicht. Der Formalismus, der in den Lehrbüchern gegeben wird, ist ein Algorithmus, um statistische Verteilungen von Messergebnissen zu berechnen. Es handelt sich nicht um Physik im Sinne einer Theorie, die uns sagt, was es in der Natur gibt und wie es sich verhält. Wenn man versucht, diesen Formalismus als eine solche Theorie zu lesen, dann gelangt man zu den bekannten Paradoxien wie dem Messproblem, das durch Schrödingers Katze sehr schön illustriert wird.[32] Gemäß der Zeitentwicklung der Wellenfunktion nach der Schrödinger-Gleichung

32 Siehe Maudlin (1995) zu einer präzisen Formulierung.

befindet sich die Katze in einem Zustand der Überlagerung: Sie ist *sowohl* lebendig *als auch* tot. Wenn man die Katze misst, dann findet man sie jedoch in einem bestimmten Zustand vor: Sie ist *entweder* lebendig *oder* tot. Die Frage ist dann, wie die Theorie Messergebnisse berücksichtigen kann, die darin bestehen, dass Objekte an einem bestimmten Ort sind, und wie sie die Zeitentwicklung einzelner Objekte darstellen kann (seien es Punktteilchen oder Katzen), die zu Messergebnissen führt.

In der gegenwärtigen Forschung zu den Grundlagen der Quantenphysik gibt es zwei verschiedene Ansätze, die man verfolgen kann, um zu einer Quantentheorie zu gelangen, die diese Frage beantwortet.[33] Der eine Ansatz besteht darin, die Wellenfunktion der Quantenmechanik als Wegweiser für die physikalische Realität zu nehmen und verständlich zu machen, wie man mit den sich daraus ergebenden Konsequenzen leben kann. Die auffallendste Konsequenz ist, dass dann alles, was in der Zeitentwicklung der Wellenfunktion gemäß der – linearen und deterministischen – Schrödinger-Gleichung möglich ist, in der Tat zur physikalischen Wirklichkeit gehört. Auf Schrödingers Katze bezogen bedeutet das, dass dieselbe Katze sowohl lebendig als auch tot ist, allerdings in verschiedenen Zweigen des Universums, die nicht miteinander interferieren. Deshalb existieren gemäß diesem Ansatz viele Zweige des Universums – »viele Welten« – parallel zueinander.

Dieser Ansatz geht auf Hugh Everett (1957) zurück. Prominente zeitgenössische Ausarbeitungen finden sich in David Wallace (2012) und David Albert (2015, Kap. 6-7). Die Herausforderung für diesen Ansatz ist, zu erklären, wieso wir den Eindruck haben, dass nur ein solcher Zweig existiert. Ferner ist es eine offene Frage, welchen Status Wahrscheinlichkeiten haben, wenn alles, was gemäß der Theorie möglich ist, in einem Zweig des Universums wirklich wird und alle Zweige des Universums in gleicher Weise existieren. Mithin existiert auch jede Person in vielen Zweigen und durchlebt alle ihre möglichen zukünftigen Entwicklungen, ohne dass diese Entwicklungen miteinander interferieren.

Der andere Ansatz besteht darin, der Wellenfunktion nur einen dynamischen Status zuzusprechen; sie ist nicht der Wegweiser zur physikalischen Realität. Diese besteht in einer primitiven Onto-

---

33 Siehe Friebe et al. (2015) zu einem allgemeinen Überblick.

logie von Objekten im dreidimensionalen physikalischen Raum (oder der vierdimensionalen Raum-Zeit). Diese Objekte muss man dann im Formalismus durch einen Parameter zusätzlich zur Wellenfunktion darstellen. Anders gesagt: Der Quantenzustand oder die Wellenfunktion ist nicht die primitive Ontologie in dem weiten Sinne, in dem ich diesen Begriff in diesem Buch benutze (er steht für was auch immer gemäß einer Theorie grundlegend in der Welt existiert). Die Wellenfunktion ist nur ein dynamischer Parameter. Es gibt verschiedene Möglichkeiten für eine primitive Ontologie im physikalischen Raum und die Zeitentwicklung der Wellenfunktion als dynamischen Parameter. Cowan und Tumulka (2016) haben bewiesen, dass in jeder solchen Theorie die primitive Ontologie – also die Verteilung der Materie im physikalischen Raum – einem Beobachter in der Welt nicht vollständig zugänglich ist; andernfalls ergäben sich Paradoxien wie die, Signale mit Überlichtgeschwindigkeit senden zu können.

Mithin gilt: Wenn man eine Konfiguration der Materie im Raum anerkennt – die unter anderem definite Messergebnisse bildet –, dann folgt in jedem Fall, dass es eine Grenze für die epistemische Zugänglichkeit dieser Konfiguration gibt. Um einen Begriff zu verwenden, der weit verbreitet ist: Eine solche Konfiguration ist in jedem Fall ein »verborgener Parameter«, und zwar unabhängig davon, ob man in der Dynamik eine sprunghafte Entwicklung der Wellenfunktion (Kollaps) zulässt oder nicht, und damit auch unabhängig davon, ob die Dynamik indeterministisch ist (Kollaps) oder nicht. Im Gegensatz zu dem, was viele Darstellungen der Quantenphysik suggerieren, ist die Situation also diese: Wenn man eine Theorie haben möchte, welche die oben genannten Fragen beantwortet, dann muss man entweder »viele Welten« oder »verborgene Parameter« akzeptieren. Einen anderen Weg gibt es nicht. Diese Begriffe sind allerdings beide irreführend: »Viele Welten« sind viele Zweige des einen Universums, und »verborgene Parameter« sind gerade das, was in den Experimenten offensichtlich wird, nämlich die Materieverteilung im Raum (wohingegen die Wellenfunktion, wenn sie denn existieren sollte, nie offensichtlich ist).

Jeder Formalismus der nicht-relativistischen Quantenmechanik arbeitet mit einer bestimmten, festen Anzahl von Punktteilchen. Dementsprechend ist der erste und am besten ausgearbeitete Vorschlag für eine primitive Ontologie räumlicher Objekte in der

Quantenphysik derjenige einer Ontologie von Punktteilchen, die lediglich durch ihre räumlichen Lagen gekennzeichnet sind. Eine solche Theorie wurde bereits von Louis de Broglie (1928) vorgeschlagen, später von David Bohm (1952) formuliert und von John Bell (2004, insbesondere Kap. 4, 7, 17) verbreitet. Heute ist diese Theorie als Bohm'sche Mechanik bekannt.[34] Sie beschreibt die Zeitentwicklung der Orte der Teilchen durch ein Gesetz, das als Führungsgleichung bekannt ist. Dieses Gesetz ist so beschaffen, dass – gegeben die Orte der Teilchen zu einer Zeit – das Gesetz die Geschwindigkeit der Teilchen zu dieser Zeit mittels der Wellenfunktion bestimmt. Es ist deterministisch.

Diese Tatsache macht diese Theorie besonders relevant für das Projekt dieses Buches: Man kann die menschliche Freiheit mit der Physik nicht einfach aussöhnen, indem man sich darauf bezieht, dass die Quantenmechanik eine angeblich indeterministische, fundamentale physikalische Theorie ist. Die Quantenmechanik kann als eine vollkommen deterministische Theorie formuliert werden und dennoch nur auf eine (immer bestimmte) Konfiguration der Materie im physikalischen Raum festgelegt sein (das heißt, um den Determinismus zu erhalten, braucht man nicht »viele Welten« anzunehmen, in denen jede mögliche Konfiguration realisiert ist). Jeder Versuch, die Freiheit mit der Physik zusammenzubringen, muss auch in Bezug auf eine solche Formulierung der Quantenmechanik Bestand haben.

Über die Führungsgleichung hinaus, welche die Bahnen der Teilchen mit Hilfe der Wellenfunktion festlegt, gibt es in der Bohm'schen Mechanik ein weiteres Gesetz, das die Zeitentwicklung der Wellenfunktion selbst beschreibt, nämlich die Schrödinger-Gleichung. Die Schrödinger-Entwicklung der Wellenfunktion kann man verwenden, um Wahrscheinlichkeiten für Messergebnisse zu berechnen. Dazu benötigt man ein Wahrscheinlichkeitsmaß. In der Bohm'schen Mechanik ist dieses Maß als Quantengleichgewicht bekannt. Aus diesem Maß folgt dann der Algorithmus der Lehrbücher, um Statistiken für Messergebnisse zu berechnen. In der Bohm'schen Mechanik haben mithin die Wahrscheinlichkeiten genau den gleichen Status wie in der klassischen, statistischen

---

34 Siehe Dürr et al. (2013). Siehe Goldstein (2017) zu einer Übersicht und Dürr (2001) zu einer ausführlichen Darstellung im Format eines Lehrbuchs.

Mechanik: Sie werden aus deterministischen Gesetzen mittels eines Wahrscheinlichkeitsmaßes abgeleitet.[35]

Das ist anders in einer Quantentheorie, die eine sprunghafte Entwicklung der Wellenfunktion zum Beispiel im Messprozess – ihren Kollaps – in die dynamischen Gesetze aufnimmt. Der Kollaps wird als ein irreduzibel stochastischer Prozess angesetzt. Die am besten ausgearbeitete derartige Dynamik ist diejenige von Ghirardi, Rimini und Weber (1986), die als GRW-Theorie bekannt ist. In dieser Theorie sind Wahrscheinlichkeiten fundamental. Nichtsdestoweniger werden auch dort die Wahrscheinlichkeiten für die statistische Verteilung von Messergebnissen aus den fundamentalen Wahrscheinlichkeiten für den Kollaps der Wellenfunktion abgeleitet. Ferner benötigt auch diese Theorie ein Gesetz, das die Entwicklung der Wellenfunktion mit der primitiven Ontologie einer Materieverteilung im physikalischen Raum und deren Entwicklung verbindet.[36]

Der große Vorteil dessen, den Lehrbuchformalismus der Quantenmechanik zur Berechnung von Statistiken von Messergebnissen in eine Theorie einzubetten, welche die Frage beantwortet, was auf der Ebene der einzelnen Teilchen im physikalischen Raum geschieht, ist dieser: Die üblichen Paradoxien der Quantenmechanik treten nicht auf; insbesondere wird das Messproblem vermieden. Wenn die Teilchen sich immer auf bestimmten Bahnen bewegen – wie gemäß der Bohm'schen Mechanik –, dann ist es kein Rätsel, wieso man sie immer an bestimmten Orten findet, wenn man sie misst. Es gibt hier schlicht und einfach kein Paradox dessen, wie sie an diese Orte gelangen. Das ist vollkommen transparent, unabhängig davon, dass wir diese Bahnen im Einzelfall nicht berechnen können, weil wir die genauen Anfangsbedingungen nicht kennen. In der gleichen Weise ist Schrödingers Katze immer entweder in der Teilchenkonfiguration einer lebendigen Katze oder in der Teilchenkonfiguration einer toten Katze. Es ist allerdings so, dass wir die wirkliche Teilchenkonfiguration nicht kennen, ohne sie zu beobachten.

Alle Messergebnisse bestehen in Beobachtungen und Registrierungen der relativen Lagen diskreter Objekte. Insbesondere John

35 Siehe Dürr et al. (2013), Kap. 2, zu Details.
36 Siehe dazu zum Beispiel Cowan und Tumulka (2016).

Bell streicht diese Tatsache heraus, wenn er (wie zum Teil schon in Kapitel 1.1 zitiert) sagt:

In der Physik sind die einzigen Beobachtungen, die wir in Betracht ziehen müssen, Ortsbeobachtungen, und seien es die Orte der Zeiger von Instrumenten. Es ist das große Verdienst des deBroglie-Bohm-Bildes, uns zu zwingen, diese Tatsache in Betracht zu ziehen.[37]

Die Bohm'sche Mechanik behandelt in der Tat die Operatoren oder Observablen der Lehrbuch-Quantenmechanik als mathematische Mittel, um statistische Voraussagen darüber zu treffen, wie sich die Teilchen in bestimmten Kontexten bewegen. Sie sind also vom Ort abgeleitet als dem einzigen Parameter, der die Teilchen definiert, sowie dem Gesetz für die Veränderung der Orte der Teilchen. Folglich sind die Operatoren oder Observablen keine Eigenschaften von irgendetwas, auch nicht kontextuelle Eigenschaften von experimentellen Situationen.[38] Das gilt auch für den Spin. Wiederum bringt Bell diesen Sachverhalt auf den Punkt, indem er sagt: »Das Elektron braucht sich nicht als kleine gelbe Kugel herauszustellen, die sich dreht.«[39] Der Spin ist keine intrinsische Eigenschaft physikalischer Objekte, sondern ein Bewegungsmuster, das in bestimmten experimentellen Kontexten auftritt.

Folglich sind alle Parameter außer dem Ort auf der Ebene der Wellenfunktion angesiedelt. Sie tragen dazu bei, die Zeitentwicklung der Orte der Teilchen festzulegen. Die Wellenfunktion ist in dieser Hinsicht der zentrale dynamische Parameter. Man kann sie als eine Art mathematischen Apparat ansehen, der, gegeben die Orte der Teilchen als Eingabe, deren Geschwindigkeiten und damit deren Bahnen ausgibt. Im Unterschied zur klassischen Mechanik bestehen die Anfangsbedingungen somit nicht in den Orten und den Geschwindigkeiten der Teilchen, sondern nur in den Orten zusammen mit einer anfänglichen Wellenfunktion. Die Wellenfunktion ist keine klassische Kraft und auch kein klassisches Feld. Sie ist auf dem Konfigurationsraum definiert. Für N Teilchen hat der Konfigurationsraum $3N$ Dimensionen, nämlich je eine Dimension für die Ortskoordinate jedes Teilchens in den drei Richtungen

37 Bell (2004), S. 166; Übersetzung M. E.
38 Siehe Lazarovici et al. (2018).
39 Bell (2004), S. 35; Übersetzung M. E.; »small spinning yellow sphere« im Original.

des dreidimensionalen Raumes. Jeder Punkt des Konfigurationsraumes repräsentiert so eine mögliche Konfiguration der Teilchen im dreidimensionalen, physikalischen Raum.

Die Wellenfunktion ist ein Feld auf dem Konfigurationsraum. Sie ist einer Welle ähnlich in dem Sinne, dass ihre Entwicklung Überlagerungen durchlaufen kann. Die Frage ist jedoch, was die Wellenfunktion und ihre Entwicklung im Konfigurationsraum repräsentieren. Wenn die Wellenfunktion ein dynamischer Parameter ist, den man verwendet, um die Entwicklung von Teilchenorten im physikalischen Raum darzustellen, dann kommt es überhaupt nicht in Frage, dass es Überlagerungen (Superpositionen) von etwas im physikalischen Raum geben könnte. Die Teilchen bewegen sich immer auf definiten Bahnen, die sich nicht überlagern. Aber diese Bahnen sind häufig nicht klassisch. Man kann das Bohm'sche Bewegungsgesetz einsetzen, um mögliche Bahnen der Teilchen zu berechnen, wie zum Beispiel im Doppelspalt-Experiment. Wenn wir eine große Menge von Teilchen betrachten und von den Bahnen der einzelnen Teilchen abstrahieren, dann manifestiert die Verteilung der Teilchenorte am Ende des Experiments ein Interferenzmuster, das so aussieht, als ob eine Welle durch beide Spalte gelaufen wäre. Aber es gibt keine Welle, die durch die Spalte läuft, sondern nur einzelne Teilchen, die sich auf Bahnen bewegen, welche von denen der klassischen Mechanik abweichen und so das Interferenzmuster auf dem Schirm erzeugen. Andernfalls könnte man das Messergebnis einer Verteilung von Teilchen in Form von Punkten auf dem Schirm, die jeder einen präzisen Ort haben, nicht erklären.

Wenn wir ein System betrachten, das aus mehreren Teilchen besteht, dann durchläuft deren Wellenfunktion nicht nur Überlagerungen, sondern die Wellenfunktion des gesamten Systems ist häufig auch *verschränkt*. Da die Wellenfunktion im Konfigurationsraum angesiedelt ist und jeder Punkt dieses mathematischen Raumes eine mögliche Konfiguration der Teilchen im physikalischen Raum repräsentiert, bedeutet Verschränkung, dass die Wellenfunktion die Zeitentwicklung der Teilchen in einer Konfiguration aneinanderbindet, und zwar unabhängig von deren Abstand im physikalischen Raum. Genauer gesagt: Gegeben die Orte der Teilchen in einer Konfiguration zu einer Zeit, ist die Geschwindigkeit jedes Teilchens in der Konfiguration zu der betreffenden

Zeit von den Orten aller anderen Teilchen in der Konfiguration abhängig. Diese Abhängigkeit wird durch die Verschränkung der Wellenfunktion dargestellt und ist als Nichtlokalität der Quantenphysik bekannt.

Diese Nichtlokalität ist schon im Doppelspalt-Experiment offensichtlich. Nachdem es einen der beiden Spalte passiert hat, hängt die Bahn jedes Teilchens davon ab, ob der andere Spalt offen ist. Die Teilchenkonfiguration, die hier zu berücksichtigen ist, besteht nicht nur aus den Teilchen, die durch die Spalte laufen, sondern auch aus den Teilchen, welche die gesamte experimentelle Anordnung aufbauen. Das ist die Erklärung dafür, wieso bei beiden geöffneten Spalten die Teilchenbahnen sich typischerweise zu einem Interferenzmuster zusammenfügen, während ein solches Muster nicht auftritt, wenn nur jeweils ein Spalt geöffnet ist.

Die Nichtlokalität der Quantenphysik wurde durch Bells Theorem bewiesen.[40] Kommen wir auf eine klassische Feldtheorie wie die Elektrodynamik zurück: Alles was relevant ist für die Zeitentwicklung eines Teilchens, das an einem Punkt der Raum-Zeit situiert ist, ist in dem Vergangenheits-Lichtkegel dieses Punktes angesiedelt. Was außerhalb des Vergangenheits-Lichtkegels geschieht, hat keinerlei Einfluss auf diese Entwicklung. Wenn man daher Wahrscheinlichkeiten für das berechnet, was an einem gegebenen Punkt der Raum-Zeit geschieht, dann kann man Parameter, die außerhalb des Vergangenheits-Lichtkegels angesiedelt sind, unberücksichtigt lassen. Diese Parameter können diese Wahrscheinlichkeiten nicht verändern.

Bells Theorem beweist jedoch Folgendes: Für bestimmte Observablen kann man nicht die Wahrscheinlichkeiten bekommen, welche die Quantenmechanik angibt, wenn man nicht Parameter hinzuzieht, die außerhalb des Lichtkegels der Region angesiedelt sind, in der die jeweilige Messung stattfindet. Solche Parameter sind zum Beispiel die Observablen, die anderswo im Raum gemessen werden, und die entsprechenden Messergebnisse. Bells Theorem ist nicht auf die Quantenmechanik beschränkt. Es sagt etwas über jede physikalische Theorie aus, die empirisch korrekt sein will, indem sie die experimentell bestätigten Voraussagen der Quantenmechanik reproduziert. Keine solche Theorie kann nur Parameter

40 Bell (2004), insbesondere Kap. 2, 7 und 24. Siehe Goldstein et al. (2011) zu einem guten Überblick.

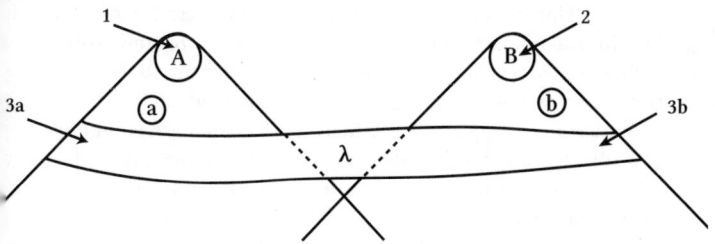

Abbildung 1.3: Illustration von Bells Theorem. A und B in den Regionen 1 und 2 repräsentieren zwei Messergebnisse. a und b sind die Ereignisse in dem jeweiligen Vergangenheits-Lichtkegel von A und B, welche die zu messenden Parameter (Observablen) festlegen. λ in 3a und 3b bezieht sich darauf, welche Parameter in der Vergangenheit (zusätzlich zu a und b) A und B gemäß einer physikalischen Theorie beeinflussen können (das kann die Quantenmechanik oder eine beliebige andere Theorie sein). Bells Theorem beweist dann Folgendes: Wenn man nur λ und a berücksichtigt, dann erhält man nicht die korrekten Wahrscheinlichkeiten für A. b und/oder B üben einen Einfluss auf A aus in dem Sinne, dass sie in die Berechnung der Wahrscheinlichkeiten für A eingehen (und umgekehrt). Abbildung entnommen aus Seevinck (2010, Anhang) mit freundlicher Genehmigung des Autors.

berücksichtigen, die innerhalb des Vergangenheits-Lichtkegels angesiedelt sind, um korrekte Voraussagen über bestimmte Ereignisse und deren Zukunft zu machen.

Bells Theorem wird aus zwei Prämissen abgeleitet. Die erste und wichtigste ist die genannte Lokalitäts-Prämisse, gemäß der alles, was in die Wahrscheinlichkeiten für bestimmte Ereignisse eingeht, in den jeweiligen Vergangenheits-Lichtkegeln dieser Ereignisse angesiedelt ist. Die zweite Prämisse besagt, dass die Parameter, die an einem System gemessen werden (gekennzeichnet durch a, b in der Abbildung oben), unabhängig von der vergangenen Zeitentwicklung dieses Systems sind (gekennzeichnet durch λ). Diese Prämisse ist unter dem Namen »keine Verschwörung« bekannt. Sie hat nichts mit dem freien Willen von Experimentalphysikern zu tun; ein Computer kann die zu messenden Parameter ebenso auswählen. Es wird nur gefordert, dass diese Auswahl nicht mit der Vergangenheit des zu messenden Systems korreliert ist.

Auch eine deterministische Theorie erfüllt diese Prämisse. Determinismus besagt nur dieses: Wenn die Gesetze und Anfangsbedingungen gegeben sind, dann ist die Zeitentwicklung der betreffenden Systeme festgelegt. Der Determinismus stellt aber keine Anforderungen an die Beschaffenheit der Anfangsbedingungen. Das tut nur eine Position, die als »Super-Determinismus« bekannt ist. Dieser besagt nicht nur, dass die Zeitentwicklung der Systeme deterministisch ist, sondern auch dass die Anfangswerte aller Parameter in der Vergangenheit miteinander korreliert sind. Demzufolge könnte keiner dieser Werte anders gewesen sein, ohne dass auch alle anderen Werte anders wären. Nur der Super-Determinismus, nicht jedoch der Determinismus als solcher widerspricht daher der als »keine Verschwörung« bekannten Prämisse.[41]

»Keine Verschwörung« ist eine Prämisse, die sich auf alle Experimente bezieht. Kein Experiment könnte uns Informationen über das gemessene System geben, wenn es eine Verschwörung gäbe zwischen dem System und den Fragen, die ihm in dem Experiment durch die Auswahl der zu messenden Parameter gestellt werden. Diese Prämisse enthält nichts, was spezifisch für die Experimente in der Quantenmechanik ist. Die einzige spezifische Prämisse in der Herleitung von Bells Theorem ist die genannte Annahme der Lokalität, die auf der Relativitätsphysik basiert. Deshalb beweisen dieses Theorem und die nachfolgenden Experimente, dass die Quantenphysik nichtlokal ist.

Diese Nichtlokalität unterscheidet die Quantenphysik von klassischen physikalischen Theorien einschließlich der Elektrodynamik und der speziellen und allgemeinen Relativitätstheorie. Es ist nicht erforderlich, die primitive Ontologie von Punktteilchen, die allein durch ihre relativen Lagen gekennzeichnet sind, im Übergang von der klassischen zur Quantenphysik zu ändern. Ebenso kann man an einer deterministischen Zeitentwicklung der Teilchen festhalten, so dass sich auch der Status der Wahrscheinlichkeiten nicht ändert. Dies alles unangetastet zu lassen, ist gerade der Weg, um die Paradoxien der Quantenphysik zu vermeiden. Was jedoch im Übergang von der klassischen zur Quantenphysik geändert werden muss, sind die dynamischen Gesetze.[42]

---

41 Siehe Esfeld (2015).
42 Siehe Chen (2019) zu einem Vorschlag, wie man die Thermodynamik und die Vergangenheitshypothese in die Quantenphysik integrieren kann.

Während die klassische Elektrodynamik und die allgemeine Relativitätstheorie lokale Feldtheorien sind, ist jedoch auch die Newton'sche Gravitation eine nichtlokale Theorie. Die Nichtlokalität der Quantenphysik unterscheidet sich aber zumindest in zwei wesentlichen Aspekten von der Nichtlokalität der Newton'schen Gravitation: (a) Sie ist unabhängig von Distanzen im Raum, und (b) sie ist selektiv; sie betrifft nur physikalische Objekte, deren Wellenfunktion verschränkt ist. Die Nichtlokalität der Newton'schen Gravitation wird oft als »Fernwirkung« bezeichnet. Dieser Begriff wird hingegen in der Regel nicht in Bezug auf die Quantenphysik gebraucht. Aber das ist ein Missverständnis. In beiden Fällen beeinflussen sich Ereignisse unmittelbar, obwohl sie räumlich beliebig weit voneinander entfernt sein können.

Im Fall der Newton'schen Gravitation betrifft die Nichtlokalität alle Ereignisse, nimmt aber mit dem Quadrat der Distanz ab. Im Fall der Quantenphysik ist die Nichtlokalität unabhängig von der räumlichen Distanz, aber sie ist selektiv: Sie betrifft nicht einfach alle Objekte, sondern nur diejenigen, deren Wellenfunktion verschränkt ist. Solche Einschränkungen sind unerlässlich, damit die Theorie erklären kann, wieso sich die Nichtlokalität in unserer alltäglichen Erfahrung in der Regel nicht manifestiert. So kann man die Bewegungen von Objekten, die weit voneinander entfernt sind, für die Berechnung der Beschleunigung eines gegebenen Objekts in der Newton'schen Gravitation in der Regel vernachlässigen. Ebenso kann man die quantenmechanischen Zustandsverschränkungen für praktische Berechnungen in der Regel vernachlässigen. Ausgeklügelte Experimente wie diejenigen, welche Bells Theorem bestätigen, sind in der Regel erforderlich, um die Nichtlokalität der Quantenphysik aufzuzeigen.

Wiederum erklärt die Bohm'sche Mechanik diese Tatsachen: Wie die Newton'sche Mechanik und jede andere fundamentale physikalische Theorie ist sie eine Theorie über das Universum als Ganzes. Das heißt: Die Teilchenkonfiguration, auf die sich diese Theorie bezieht, ist in erster Linie die Teilchenkonfiguration des Universums; dementsprechend ist die Wellenfunktion die – verschränkte – Wellenfunktion des gesamten Universums. Auf dieser Grundlage enthält diese Theorie dann aber ein präzises mathematisches Verfahren, wie man von der Hypothese einer Wellenfunktion des Universums zu Wellenfunktionen für Untersysteme des

Universums gelangen und Umstände definieren kann, unter denen die prinzipiell immer bestehende Verschränkung praktisch irrelevant für die Zeitentwicklung dieser Systeme ist. Auf diese Weise gelangen wir zu dem, was man in dieser Theorie »effektive Wellenfunktionen« nennt, die wir berechnen und denen gemäß wir Laborexperimente durchführen können.[43]

Einstein (1948, S. 321 f.) hat sicher darin Recht, Folgendes hervorzuheben: Wenn die Nichtlokalität allumfassend wäre, dann wäre Physik, wie wir sie kennen, unmöglich. Es wäre dann nicht möglich, physikalische Systeme zu isolieren und Experimente nur an ihnen durchzuführen. Im Gegensatz zu dem, was Einstein (1948) annimmt, folgt hieraus jedoch kein Argument gegen die Quantenphysik; denn die Nichtlokalität ist im Fall der Quantenphysik ebenso eingeschränkt, wie sie es bereits im Fall der Newton'schen Gravitation ist. Dessen ungeachtet hat Einstein einen guten Grund, der Nichtlokalität der Quantenphysik reserviert gegenüberzustehen. Die Interaktionen in der Quantentheorie entsprechen nicht dem Prinzip der lokalen Aktion, gemäß dem alles, was das Geschehen an einem Punkt der Raum-Zeit beeinflussen kann, im Vergangenheits-Lichtkegel des betreffenden Punktes liegt. Dieses Prinzip ist in der klassischen Elektrodynamik implementiert. Einstein hat dann in der allgemeinen Relativitätstheorie (welche die Newton'sche Theorie mit Fernwirkung ablöst) gezeigt, dass auch eine Theorie der Gravitation gemäß diesem Prinzip formuliert werden kann. Wie jedoch Bells Theorem beweist und in Abbildung 1.3 dargestellt ist, kann in der Quantenphysik dasjenige, was an einem Punkt der Raum-Zeit geschieht, durch etwas beeinflusst sein, das außerhalb des Vergangenheits-Lichtkegels des betreffenden Punktes liegt. Bell (2004, Kap. 24) und Maudlin (2011) arbeiten den Konflikt zwischen der Nichtlokalität der Quantenphysik und der Relativitätsphysik sehr gut heraus.

Nichtsdestoweniger wird allgemein angenommen, dass die Quantenfeldtheorie die Quantenmechanik mit der speziellen Relativitätstheorie vereinigt. Zum Beispiel ist die Quantenelektrodynamik eine relativistische Quantentheorie der Elektrodynamik. Generell ist die Quantenfeldtheorie der Rahmen für das heutige Standardmodell der Physik der Elementarteilchen. Die Quanten-

---

43 Siehe Dürr et al. (2013), Kap. 2 und 5.

feldtheorie, so heißt es, ist invariant in Bezug auf die Zerlegung der Raum-Zeit: Sie zeichnet keine privilegierte Zerlegung der vierdimensionalen Raum-Zeit in dreidimensionale Hyperflächen aus. Dieses gilt jedoch nur für den Algorithmus zur Berechnung von Statistiken für Messergebnisse. Wenn man danach fragt, was in der Natur geschieht – das heißt nach einer Theorie fragt, die das Auftreten einzelner, bestimmter Messergebnisse erklärt –, dann ist nach dem gegenwärtigen Stand der Forschung jede solche Theorie auf die Annahme einer privilegierten Zerlegung der Raum-Zeit angewiesen. Das gilt unabhängig davon, ob diese Theorie mit oder ohne den Kollaps der Wellenfunktion in ihrer Dynamik arbeitet.[44] Der Grund dafür ist die Nichtlokalität, die durch Bells Theorem bewiesen und durch zahlreiche Experimente bestätigt ist. Es ist lediglich so, dass diese bevorzugte Zerlegung der Raum-Zeit in der Natur in diesen Experimenten nicht entdeckt werden kann, weil es wegen der Unkenntnis der genauen Anfangsbedingungen nicht möglich ist, einzelne Messergebnisse vorauszusagen.

Man könnte daher die Nichtlokalität der Quantenphysik als ein Argument einsetzen, um die Schlussfolgerung aus der Relativitätsphysik zur Ontologie des Blockuniversums zurückzuweisen. Sich auf die Quantenphysik zu beziehen, ist jedoch nicht das beste Argument, da man sich dann auf Erwägungen aus einem anderen Gebiet der Physik stützt. Besser ist das am Ende von Kapitel 1.6 erwähnte Argument: Man kann die Invarianz in Bezug auf Zerlegungen der Raum-Zeit gegen die Invarianz in Bezug auf Skalierungen austauschen. Das heißt: Man kann eine Theorie der Gravitation formulieren, welche die gleichen empirischen Resultate wie die allgemeine Relativitätstheorie erreicht, indem man mit instantanen räumlichen Konfigurationen und damit einer absoluten Unterscheidung zwischen Raum und Zeit arbeitet, dabei aber lediglich relationale Größen verwendet, wie in der Dynamik geometrischer Figuren (*shape dynamics*). Ebenso kann man eine Quantentheorie mit einer Ontologie und Dynamik für einzelne physikalische Systeme, wie die Bohm'sche Mechanik, als Dynamik geometrischer Figuren ausführen. Das heißt, man ist nicht darauf angewiesen, die Teilchenkonfiguration so darzustellen, dass sie in einen absoluten

44 Siehe Barrett (2014) und Esfeld und Gisin (2014).

Raum und eine absolute Zeit eingebettet ist.[45] Dessen ungeachtet ist es auf dem gegenwärtigen Stand der Forschung eine offene Frage, ob die Dynamik geometrischer Figuren eine Dynamik für die gesamte Physik liefern kann (einschließlich einer möglichen zukünftigen Theorie der Quantengravitation).

Was die Ontologie der Quantenfeldtheorie betrifft, so wäre es ebenso wie im Fall der Quantenmechanik naiv anzunehmen, dass man ontologische Schlussfolgerungen aus dem Formalismus der Lehrbücher zum Berechnen statistischer Verteilungen von Messergebnissen ziehen kann. Man würde in diesem Fall in genau die gleichen begrifflichen Fallen und Paradoxien hineinlaufen wie in der Quantenmechanik.[46] Genau wie in der Quantenmechanik kann man diesen Formalismus in eine primitive Ontologie einer festen Anzahl permanenter Punktteilchen einbetten, die sich auf Bahnen gemäß einem deterministischen Bewegungsgesetz bewegen. Mittels eines Wahrscheinlichkeitsmaßes kann man aus dieser Ontologie und diesem Gesetz den Formalismus der Lehrbücher zum Berechnen statistischer Verteilungen von Messergebnissen herleiten (welcher im Fall der Quantenfeldtheorie mit einer variablen Anzahl auftretender und verschwindender Teilchen arbeitet, die in Streu-Experimenten gemessen werden). Wie man dieses erreichen kann, ist im Detail in Esfeld und Deckert (2017, Kap. 4) dargestellt.[47] Zusammenfassend kann man daher sagen, dass es keine stichhaltigen Gründe dafür gibt, in der Quantenphysik die primitive Ontologie von Konfigurationen von Punktteilchen und deren Veränderung aufzugeben, welche die Grundlage für den Erfolg der neuzeitlichen Physik ist.

In der Tat beruht der Erfolg nicht nur der Physik, sondern der gesamten neuzeitlichen Naturwissenschaft auf dem Atomismus. Ihn haben wir in diesem Kapitel in die Form einer grundlegenden oder primitiven Ontologie gebracht, die allein durch die folgenden beiden Axiome oder Prinzipien gekennzeichnet ist:

(1) *Es gibt Abstandsrelationen, die einfache Objekte individuieren, nämlich Punktteilchen (Materiepunkte).*

---

45 Siehe Dürr et al. (2018) zu einer detaillierten Darstellung. Siehe ferner Vassallo (2015), Vassallo und Ip (2016) sowie Koslowski (2017).

46 Siehe Barrett (2014).

47 Siehe bereits Colin und Struyve (2007).

(2) *Die Punktteilchen sind beständig, während die Abstände zwischen ihnen sich ändern.*

Diese beiden Axiome oder Prinzipien definieren eine Ontologie der natürlichen Welt, die folgende Frage beantwortet: Welche ontologischen Festlegungen sind minimal hinreichend, um dem, was uns die Wissenschaften und unser Alltagsverständnis über die Welt sagen, Rechnung zu tragen? Die Ausführungen zur klassischen Mechanik und Elektrodynamik, zur relativistischen Physik und zur Quantenphysik in diesem Kapitel sollen belegen, dass es in der Tat eine Antwort auf diese Frage gibt, welche die gesamte Physik erfasst und welche in diesen beiden Axiomen oder Prinzipien auf den Punkt gebracht wird. Das sind die ontologischen Festlegungen, die ausreichen, um die neuzeitliche Physik zu verstehen. Die ontologischen Festlegungen auszuweiten, führt nicht nur zu keinem tieferen Verständnis der Natur und der Naturwissenschaft, sondern erzeugt nur neue Probleme, die man mit Carnap (1928) als »Scheinprobleme« abweisen kann. Sich darüber im Klaren zu sein, dass nur diese minimale Ontologie erforderlich und sinnvoll ist, ist der Schlüssel, um im Folgenden zu verstehen, wie die Naturwissenschaft uns frei macht, statt unserer Freiheit entgegenzustehen.

Alles Weitere in einer physikalischen Theorie ist die dynamische Struktur, die benötigt wird, um Bewegungsgesetze für die Materie zu formulieren und um Voraussagen zu machen (und seien es statistische Voraussagen mit Hilfe eines Wahrscheinlichkeitsmaßes, gegeben unsere Unkenntnis der exakten Anfangsbedingungen). Die dynamische Struktur erfordert keine zusätzlichen ontologischen Festlegungen. Sie ist nicht der Maßstab für die Ontologie; denn Einfachheit und Informationsreichtum in der Beschreibung gehen nicht mit Einfachheit und Klarheit in der Ontologie zusammen, sondern stehen diesen geradezu entgegen. Damit die Beschreibung der Bewegung der Materie einfach und informationsreich ist, benötigt man viel mehr Darstellungsmittel als diejenigen, welche minimal hinreichend sind, um zu verstehen, was die Materie ist und was sich an ihr verändert.

Diese Behauptung müssen wir im nächsten Kapitel begründen. Wir müssen zeigen, wie wissenschaftliche Erklärungen aufgebaut sind, was sie leisten und was sie nicht leisten und welchen – epistemischen wie ontologischen – Status die Naturgesetze haben. Damit gelangen wir dann am Ende des Kapitels zu einem Argument dafür, wieso die Naturgesetze unsere Freiheit nicht einschränken, sondern ihr im Gegenteil den Weg ebnen.

2. Wie Wissenschaft erklärt:
wissenschaftliche Erklärungen und ihre Grenzen

2.1 Das Problem der Lokalisation und seine Lösung:
der Funktionalismus

Der australische Philosoph Frank Jackson beschreibt die Aufgabe der Philosophie, Ontologie oder Metaphysik so:

> Die Metaphysik handelt davon, was es gibt und wie es beschaffen ist. Aber natürlich beschäftigt sie sich nicht damit, eine bloße Auflistung dessen, was es gibt und wie es beschaffen ist, zu erstellen. Die Metaphysiker versuchen, eine vollständige Theorie eines Gegenstandsbereiches zu formulieren – des Geistes, der Semantik oder letztlich von allem – mit einer begrenzten Anzahl mehr oder weniger grundlegender Begriffe. Indem sie dies tun, folgen sie dem guten Beispiel der Physiker. Die Methodologie ist nicht die, tausend Blumen blühen zu lassen, sondern eher die, mit einer möglichst mageren Diät auszukommen. [...] Aber wenn die Metaphysik Verständnis in Begriffen einer begrenzten Anzahl von Zutaten zu erlangen versucht, dann ist sie ständig mit dem Problem der Lokalisation konfrontiert. Weil die Zutaten begrenzt *sind*, werden einige mutmaßliche Merkmale der Welt nicht explizit in der Theorie auftreten. Die Frage ist dann, ob sie nichtsdestoweniger implizit in der Theorie enthalten sind. Ernsthafte Metaphysik ist zugleich ausschließend und mutmaßlich vollständig, und die Verbindung dieser beiden Tatsachen bedeutet, dass es eine ganze Menge mutmaßlicher Merkmale der Welt gibt, die Kandidaten entweder für Elimation oder für Lokalisation sind.[1]

Das ist genau das, was der Atomismus versucht, nämlich eine vollständige Theorie der Natur »mit einer begrenzten Anzahl mehr oder weniger grundlegender Begriffe« zu erreichen. Alles in der natürlichen Welt ist aus räumlich angeordneten Punktteilchen aufgebaut. Es kann auf der Grundlage der Interaktion dieser Punktteilchen verstanden werden, das heißt dadurch, wie sich deren räumliche Anordnung in der Zeit ändert. Um den bekannten Ausdruck von Sellars (1962) zu gebrauchen: Dies ist das *wissenschaftliche Bild der Welt*.

---

1 Jackson (1994), S. 25; Übersetzung M. E. Siehe auch Jackson (1998), Kap. 1.

Wenn man den Atomismus und dieses Weltbild gemäß der Methodologie ausbuchstabiert, »mit einer möglichst mageren Diät auszukommen«, dann gelangt man zu den beiden in Kapitel 1.2 erläuterten Axiomen, welche die grundlegende oder primitive Ontologie definieren:

(1) *Es gibt Abstandsrelationen, die einfache Objekte individuieren, nämlich Punktteilchen (Materiepunkte).*
(2) *Die Punktteilchen sind beständig, während die Abstände zwischen ihnen sich ändern.*

Diese Methodologie ist nicht auf notwendiges und *a priori* erwerbbares Wissen ausgerichtet. Man versucht, die folgende Frage zu beantworten: Was ist eine Ontologie, die minimal hinreichend ist, um dem, was uns die Wissenschaften und unser Alltagsverständnis über die Welt sagen, Rechnung zu tragen? Bis zum heutigen Tage ist die einzige ausgearbeitete Antwort auf diese Frage diejenige des Atomismus, dessen Essenz in den beiden obigen Axiomen zusammengefasst ist. Nichtsdestoweniger könnten sich auch andere Antworten als überzeugend herausstellen. In diesem Fall wären wir mit dem Problem der Unterbestimmtheit der Ontologie der Naturwissenschaften konfrontiert – aber das müsste uns erst dann bekümmern, wenn solche anderen Antworten im Detail ausgearbeitet wären.

Insbesondere wenn die Ontologie sparsam ist, wird das Problem offensichtlich, wie man alles das, was die Wissenschaften und der Alltagsverstand uns über die Welt sagen, in dieser Ontologie finden kann. Wie Jackson herausstellt, tritt das Problem der Lokalisation in jeder wissenschaftlichen Theorie auf. Es ist auch unter der Bezeichnung »Problem der Platzierung« (Price 2004) bekannt. Es ist das Problem, wie man mit den grundlegenden Begriffen einer Theorie alles erfassen kann, was es im Gegenstandsbereich der Theorie gibt – also auch das, was in den Grundbegriffen nicht explizit auftritt. Die Maxime der ontologischen Sparsamkeit aufzugeben und mehr Dinge als fundamental anzusetzen als diejenigen, welche minimal hinreichend sind, würde zur Lösung dieses Problems nichts beitragen. Wir benötigen eine Antwort auf die Frage, wie man etwas in einer Theorie lokalisieren kann, das nicht explizit in den Grundbegriffen auftritt, welche die Ontologie der Theorie definieren, wie mager oder umfassend diese Grundbegriffe auch immer sein mögen. Wenn man eine Antwort auf diese Frage gefunden hat, dann wird diese Antwort generell auf alles anwendbar sein, was auch immer in einer Theorie Kandidat für Lokalisation ist.

Die Lösung für das Problem der Lokalisation besteht im Funktionalismus. (Wiederum mag dies nicht die einzig mögliche Lösung sein; aber es ist die einzige voll ausgearbeitete Lösung.) Gehen wir von einer Konfiguration von Punktteilchen aus, die durch die grundlegenden Begriffe definiert sind, welche die primitive Ontologie festlegen. Auf dieser Basis kann man dann alles Weitere in Begriffen seiner Funktion im Sinne seiner Rolle für die Zeitentwicklung der Teilchenkonfiguration definieren. Das ermöglicht es dann, die so definierten Dinge in der Teilchenkonfiguration zu lokalisieren, nämlich in denjenigen Teilchen, welche die betreffende Rolle realisieren. Insbesondere David Lewis (1970, 1972) hat diese Methode ausgearbeitet.

Betrachten wir zum Beispiel Wasser. Wie wir aus der naturwissenschaftlichen Forschung wissen, gibt es keine fundamentale »Wasser-Materie« im Sinne eines primitiven Stoffes in der Welt. Die Naturwissenschaft hat die antike Sicht der vier Elemente Erde, Wasser, Luft und Feuer abgelöst. Nichtsdestoweniger gibt es Wasser in der Welt. Es gibt Dinge in der Welt, welche die funktionale Rolle erfüllen, geruchlos, farblos, durstlöschend durch ihre Wirkung auf die Bewegung von Bestandteilen unseres Körpers zu sein usw. Dieses sind Konfigurationen von H_2O-Molekülen.[2] Indem man Wasser in Begriffen seiner funktionalen Rolle definiert, lokalisiert man es in der primitiven Ontologie des Atomismus. Einige Konfigurationen von Teilchen, die sich in einer bestimmten Weise bewegen, *sind* Wasser.

In genau der gleichen Weise gibt es keinen *élan vital*, keinen eigenständigen Lebensstoff; aber es gibt dennoch Organismen in der Welt. Leben ist definiert durch eine funktionale Rolle in Begriffen charakteristischer Bewegungen wie Reproduktion und Anpassung an die Umwelt. Auch diese Rolle ist durch bestimmte Molekülkonfigurationen realisiert, wie wir seit dem Aufstieg der

2 Für dieses Beispiel können wir von der Position absehen, gemäß welcher »Wasser« ein starrer Designator ist, so dass die Wasser-Rolle nur durch H_2O-Moleküle realisiert werden kann. Siehe Putnam (1979) zu dieser Position.

Molekularbiologie im 20. Jahrhundert wissen. Ein berühmtes Beispiel ist die Entdeckung der Molekülstruktur der DNA durch James Watson und Francis Crick (1953). Wiederum bedeutet dieses, dass bestimmte Teilchenkonfigurationen, die sich in bestimmten charakteristischen Weisen bewegen, Organismen *sind*. Leben ist auf diese Weise in bestimmten Teilchenkonfigurationen lokalisiert.

Ferner kann man dafür argumentieren, dass es keinen eigenständigen Geist gibt; wohl aber gibt es mentale Zustände. Diese sind wiederum durch bestimmte funktionale Rollen definiert, welche letztlich Rollen für das Verhalten und mithin die körperlichen Bewegungen von Personen sind. Diese Rollen sind durch bestimmte neuronale Konfigurationen im Gehirn realisiert. Das ist die Sicht des Funktionalismus, der die Hauptströmung in der heutigen Kognitionswissenschaft und Philosophie des Geistes ist.[3] Die leitende Idee in weiten Teilen der neurowissenschaftlichen Forschung lautet, dass die Neurobiologie für den Geist leisten wird, was die Molekularbiologie für das Leben geleistet hat, nämlich den Geist der naturwissenschaftlichen Forschung zugänglich zu machen: Das Ziel ist es, diejenigen neuronalen Konfigurationen zu identifizieren, welche die funktionalen Rollen realisieren, die mentale Zustände definieren. Das heißt wiederum, dass bestimmte Teilchenkonfigurationen, die sich in charakteristischer Weise bewegen, Geist *sind*. Kurz gesagt: Geist ist im Gehirn lokalisiert, so dass es keinen ontologisch primitiven Geist zusätzlich zur Materie gibt.

Der Funktionalismus bezieht sich nicht nur auf die Gegenstände der Einzelwissenschaften (das sind alle Wissenschaften außer den fundamentalen und universellen Theorien der Physik). Wenn die Ontologie allein durch die beiden oben genannten Axiome definiert ist, dann besteht alles, was das Sein der Teilchen ausmacht, in den Abstandsrelationen zwischen ihnen und deren Veränderung. Folglich gehört bereits alles dasjenige, was über die primitive Ontologie hinaus in die dynamische Struktur einer physikalischen Theorie eingeht, nicht zu den Grundbegriffen, sondern wird durch seine funktionale Rolle für die primitive Ontologie eingeführt. Die Aufgabe ist somit, zum Beispiel bereits die Masse in Konfigurationen von Punktteilchen zu lokalisieren, die allein durch ihre Abstände untereinander und deren Veränderung individuiert werden.

---

3 Siehe Kim (1998) zu einem guten Überblick.

Betrachten wir die Gravitation: Die Bewegung der Objekte in der Welt weist einige durchgehende Muster oder Regularitäten auf. Stabile Anziehung kann man als das auffälligste dieser Muster ansehen. Wie es Feynman in dem Zitat am Beginn von Kapitel 1.1 ausdrückt: Naturwissenschaft auf den Punkt gebracht besagt, »*dass alle Dinge aus Atomen aufgebaut sind – aus kleinen Teilchen, die in permanenter Bewegung sind, einander anziehen, wenn sie ein klein wenig voneinander entfernt sind, sich aber gegenseitig abstoßen, wenn sie aneinandergepresst werden*«.[4] Dieses Bewegungsmuster findet sich überall und auf jeder Größenordnung im Universum. Dieses stabile Muster ermöglicht es, den Begriff der schweren Masse einzuführen, um diese regelmäßige Bewegung zu repräsentieren. Die schwere Masse ist durch ihre Funktion für die Bewegung der Teilchen definiert, nämlich deren wechselseitige Anziehung.

Alle empirischen Daten, die wir haben, bestehen in den dynamischen Beziehungen von Objekten – das heißt deren Bewegungen. Diese Beziehungen weisen stabile Muster auf, wie zum Beispiel anziehende Bewegung. Um diese Muster in einer Theorie darzustellen, führt man den Parameter der Masse ein und definiert ihn durch seine Funktion für die Bewegung der Teilchen. »Funktion« meint hier funktionale oder kausale Rolle, nämlich die Rolle für die Veränderung der Teilchenkonfiguration, die durch die räumliche Anordnung der Teilchen definiert ist. Mit Hilfe dieses Parameters wird es dann möglich, ein Gesetz zu formulieren, welches das betreffende Muster erfasst, wie Newtons Gravitationsgesetz. Durch den Parameter der Masse zusammen mit einer Konstante (nämlich der Gravitationskonstante) macht es dieses Gesetz möglich, die anziehende Bewegung der Körper zu beschreiben, zu berechnen und vorauszusagen.

Es gibt mehr stabile Muster in der Bewegung der Körper als nur die gravitationelle Anziehung. Es gibt auch das charakteristische Muster von abstoßender und anziehender Bewegung, das ebenfalls in allen Größenordnungen auftritt und das als Elektrizität und Magnetismus bekannt ist. Um dieses Muster in einer Theorie darzustellen, führt man einen weiteren Parameter ein, der durch seine Funktion für die Bewegung der Teilchen definiert ist, nämlich die Ladung. Mit Hilfe dieses Parameters kann man dann die Gesetze

4 Feynman et al. (2007), Kap. 1.2.

formulieren, die es ermöglichen, die charakteristische abstoßende und anziehende Bewegung der Körper zu beschreiben, nämlich das Lorentz'sche Kraftgesetz und die Maxwell'schen Gesetze der klassischen Elektrodynamik.

Durch dieses Verfahren einer funktionalen Definition von Parametern wie Masse und Ladung lokalisiert man die Masse und Ladung in dem, was man als grundlegend akzeptiert, nämlich in der Teilchenbewegung: Diese weist bestimmte stabile Muster oder Regularitäten auf, welche durch die Parameter der Masse und Ladung auf den Punkt gebracht werden. Gegeben die Tatsache solcher stabilen Muster oder Regularitäten, ist es nicht erforderlich, Parameter wie Masse und Ladung zu den grundlegenden Begriffen zu zählen und diese als intrinsische Eigenschaften der Objekte anzusehen – etwas, das die Objekte in sich selbst haben, unabhängig von den Beziehungen, in denen sie stehen und deren Veränderung. Masse und Ladung werden in der Physik durch ihre Rolle für die Bewegung der Teilchen eingeführt.

Nichtsdestoweniger gehören sie damit zur Ontologie, allerdings nicht als ursprüngliche, sondern als abgeleitete Begriffe. Die Teilchen haben Masse und Ladung nicht als ursprüngliche Merkmale, sondern weil sie sich in bestimmter Weise bewegen. Durch ihre Bewegung haben Teilchen Masse und Ladung, ebenso wie durch ihre Bewegung einige Teilchenkonfigurationen Wasser, Organismen oder Geist sind (falls der Funktionalismus ebenfalls auf den Geist zutrifft). Alle diese Merkmale der Welt sind wörtlich genommen in der Teilchenbewegung lokalisiert. Sie befinden sich in der Teilchenbewegung.

Wir können die funktionalistische Lösung des Problems der Lokalisation durch die folgenden vier Erläuterungen verdeutlichen:

1) Wenn man diese Merkmale der Welt in bestimmten Teilchenkonfigurationen lokalisiert, so dass sie nichts über diese Teilchenkonfigurationen hinaus sind, dann bedeutet dieses nicht, dass diese Merkmale den betreffenden Teilchenkonfigurationen als solchen innewohnen. Wenn man den Funktionalismus auf die physikalischen Parameter anwendet, die nicht Bestandteil der primitiven Ontologie sind (Abstandsrelationen und deren Änderung), dann sind die Aussagen, welche den Teilchen Masse und Ladung zuschreiben, nicht wahr aufgrund von in-

trinsischen Eigenschaften der Teilchen, sondern aufgrund von bestimmten stabilen Regularitäten in der Bewegung der Teilchen insgesamt. In gleicher Weise, obwohl weniger offensichtlich, sind keine Teilchenkonfigurationen als solche selbst Wasser, Gene oder Geist. Sie sind dieses nur, wenn sie sich in einer Umwelt mit bestimmten stabilen Bedingungen befinden. Nur so können bestimmte Teilchenkonfigurationen die funktionale Rolle ausüben, welche Wasser, Gene oder den Geist definiert. Die Umwelt ist strikt genommen der gesamte Rest des Universums: Normale Umweltbedingungen für das Ausüben einer bestimmten funktionalen Rolle sind stets durch eine offene Klausel dergestalt definiert, dass nichts aus dem Rest des Universums in die betreffende stabile Regularität eingreift – wie zum Beispiel die Regularität, die von H_2O-Molekülen zu durstlöschenden Bewegungen im Körper führt, oder die Regularität, die von bestimmten Ketten von Molekülen zu Bewegungen führt, die phänotypische Kennzeichen eines Organismus sind. Kurz gesagt: Merkmale des Universums zu lokalisieren, die nicht explizit in den Begriffen auftreten, welche die primitive Ontologie definieren, ist immer eine holistische Angelegenheit, obwohl diese Merkmale in bestimmten Teilchenkonfigurationen lokalisiert sind.

2) Die Idee der funktionalistischen Lösung für das Problem der Lokalisation besteht darin, alles dasjenige, das nicht explizit in den grundlegenden Begriffen auftritt, durch seine Funktion im Sinne seiner kausalen Rolle für die Veränderungen in der primitiven Ontologie zu definieren, die durch die grundlegenden Begriffe festgelegt ist. Dieses ist gewissermaßen nur eine Frage von Definitionen. Man kann einfach festsetzen, dass alles andere durch eine solche kausale Rolle zu definieren ist. Dabei handelt es sich nicht um irgendeine kausale Rolle. Diese Definition muss eine kausale Rolle für dasjenige spezifizieren, was mit der primitiven Ontologie gegeben ist – also eine kausale Rolle für Bewegungen, die letztlich Bewegungen von Teilchen sind. Andernfalls wäre das Problem der Lokalisation nicht gelöst. Es kann daher eine sinnvolle Debatte darüber geben, ob eine solche funktionale Definition tatsächlich dasjenige in der Welt erfasst, auf das sie abzielt. Eine solche Debatte gibt es in Bezug auf den Geist. Ich werde auf sie in Kapitel 3 eingehen.

3) Es kann nicht nur funktionale Rollen geben. Es muss immer noch etwas da sein, das die betreffende Rolle realisiert. Wenn alle Realisatoren selbst wiederum funktional definiert wären, ergäbe sich ein unendlicher Regress. (In gleicher Weise kann nicht alles Information sein; denn Information ist immer Information über irgendetwas. So sind zum Beispiel Naturgesetze informativ, weil sie Einschränkungen der möglichen Bewegungen der Materie angeben; aber die Bewegung der Materie selbst ist keine Information. Ebenso kann nicht alles Struktur sein; denn Strukturen sind Relationen, und Relationen erfordern Objekte als die Relata, die in den Relationen stehen. Wenn man diese Relata so ansieht, dass sie selbst wiederum in Relationen aufgelöst werden können, dann gerät man in einen unendlichen Regress.)[5] Deshalb kann der Funktionalismus nicht unser Ausgangspunkt sein. Der Ausgangspunkt ernsthafter Metaphysik ist immer eine primitive Ontologie – etwas, das von der jeweiligen Position als ursprünglich oder schlechthin existierend angenommen wird und das durch die grundlegenden Begriffe beschrieben wird. Erst dann kommt der Funktionalismus als Lösung für das Problem ins Spiel, wie diese Ontologie alles berücksichtigen kann, was nicht explizit in ihren Grundbegriffen auftritt (seien es Grundbegriffe für die Welt als ganze oder für einen bestimmten Bereich der Welt).

4) Wenn man in diesem Zusammenhang von »kausalen Rollen« spricht, dann ist man nicht auf eine bestimmte Sicht der Kausalität festgelegt. Dieser Begriff wird hier lediglich gebraucht, um den Sinn von »Funktion«, um den es geht, von dem Sinn von »Funktion« in der Mathematik abzugrenzen. Der Sinn von »Funktion« ist hier derjenige einer Rolle für die Veränderung (Bewegung, Entwicklung) von etwas. Der Begriff »kausal« dient nur dazu herauszustreichen, dass es um eine solche Rolle geht.

Das ist das naturwissenschaftliche Bild der Welt. Die naturwissenschaftliche Methode besteht darin, grundlegende Entitäten zu postulieren – wie Teilchen in Bewegung – und alles Weitere auf dieser Grundlage zu erklären, nämlich durch Zusammensetzung aus den Teilchen und durch funktionale Rollen für deren Bewegung. So ist

---

5 Siehe Esfeld (2004), Esfeld und Lam (2008) gegen French und Ladyman (2003).

zum Beispiel ein Tisch oder eine Katze aus Teilchen zusammengesetzt. Aber eine kurzlebige Teilchenkonfiguration, welche die geo-
metrische Figur und Zusammensetzung eines Tisches oder einer
Katze hat, ist noch kein Tisch und noch keine Katze. Um ein Tisch
oder eine Katze zu sein, muss sich eine solche Konfiguration so
verhalten wie ein Tisch oder eine Katze; sie muss sich in der Weise
bewegen, die für einen Tisch oder eine Katze charakteristisch ist.
Mithin ist der entscheidende Punkt dafür, dass etwas ein Tisch oder
eine Katze ist, dass es die funktionale Definition eines Tisches oder
einer Katze erfüllt. Das wiederum ist keine intrinsische Eigenschaft
bestimmter Teilchenkonfigurationen, sondern hängt von den Umweltbedingungen ab. Wie an diesen Beispielen und den oben gegebenen deutlich wird, findet der Funktionalismus Anwendung
auf alles, abgesehen von den grundlegenden Entitäten, welche die
primitive Ontologie ausmachen.

Das Problem der Lokalisation und der Funktionalismus als dessen Lösung beziehen sich nicht nur auf die Einzelwissenschaften
wie die Chemie (Beispiel Wasser), die Biologie (Beispiel Organismen) und die Kognitionswissenschaften (Beispiel Geist). Sie beziehen sich bereits auf die Physik: Parameter wie Masse und Ladung
werden durch ihre funktionale Rolle für die Bewegung der Teilchen eingeführt. Folglich sind die Teilchenarten, die im heutigen
Standardmodell der Physik der Elementarteilchen unterschieden
werden, nicht etwas, das intrinsisch zu den Teilchen gehört. Die
Aufteilung in Teilchenarten hängt davon ab, wie sich die Teilchen
unter stabilen Umweltbedingungen bewegen, die normalerweise
im Universum erfüllt sind. Zugespitzt gesagt: Einige Teilchen sind
Elektronen, weil sie sich elektronenhaft bewegen.

Dessen ungeachtet ist es in der Physik einfacher, die Theorie so
zu formulieren, dass man den Teilchen die Namensschilder »Elektronen«, »Quarks« usw. anhängt. Wenn man über die Bedeutung
solcher Kennzeichnungen nachdenkt, wird es jedoch offensichtlich, dass die Parameter, welche die Unterscheidung in verschiedene Teilchenarten erlauben (wie Masse, Ladung, Spin) nicht primitiv oder grundlegend sind. Sie treten in die physikalische Theorie
durch ihre Rolle für die Zeitentwicklung der Teilchen ein. Diese
ist dann folglich die Entwicklung sozusagen nackter Teilchen – das
heißt Teilchen, die nicht durch ihnen als solche innewohnende
Eigenschaften gekennzeichnet sind, sondern lediglich durch ihre

relativen Lagen und deren Veränderung. In der Quantenphysik sind sogar die klassischen Parameter wie Masse und Ladung in der Wellenfunktion situiert.[6] Wegen der Verschränkungen kommt die Wellenfunktion nicht den Teilchen je für sich genommen zu.

Man kann diesen Sachverhalt wiederum anhand der Bohm'schen Quantentheorie illustrieren. Genau genommen ist die korrekte Theorie diejenige, welche als »auf Identität basierende Bohm'sche Mechanik« bekannt ist. Diese Theorie behandelt alle Teilchen in ihrem Formalismus gleich: Sie unterscheidet nicht zwischen verschiedenen Teilchenarten auf der grundlegenden Ebene. Aber der Formalismus dieser Theorie ist viel schwieriger zu handhaben als derjenige der bekannten Bohm'schen Mechanik, deren Formalismus die Teilchen von vornherein so behandelt, als ob sie durch ihre Massen, Ladungen und Spin in verschiedene Arten unterschieden wären. Beide Theorien sind empirisch äquivalent in dem Sinne, dass sie zu den gleichen Voraussagen von Statistiken für Messergebnisse führen. Aber sie unterscheiden sich in den Bahnen, die sie den Teilchen zuschreiben. Um zu verstehen, wieso die Teilchenbahnen der Bohm'schen Mechanik nicht willkürlich sind, ist es wichtig, die Version der Theorie vor Augen zu haben, die aus der Ontologie der Theorie folgt. Das ist die auf Identität basierende Version, welche einen Formalismus entwickelt, der die Teilchen nur durch ihre relativen Lagen kennzeichnet.[7]

Ebenso ist es für den Wissenschaftler in den Einzelwissenschaften einfacher, in der Handhabung der Theorien so zu tun, als ob es primitive chemische Elemente oder biologische Arten gäbe. Dass diese Elemente und Arten nicht als etwas Ursprüngliches akzeptiert werden müssen, sondern funktional definiert sind durch bestimmte Rollen letztlich für Bewegungen der Teilchenkonfigurationen, die diese Rollen ausüben, wird erst dann relevant, wenn man sich mit der Beziehung zwischen den Einzelwissenschaften und der Physik befasst. Es wird also erst dann relevant, wenn man über die Einheit der Wissenschaft nachdenkt. Diese ist sowohl eine ontologische Einheit (Identität mit Teilchenkonfigurationen) als auch eine methodologische Einheit (funktionale Definitionen).

Wissenschaft, ja jede Theoriebildung ist in folgendem Sinne au-

6 Siehe Brown et al. (1995, 1996) und später Pylkkänen et al. (2015) sowie Esfeld et al. (2017).
7 Siehe Goldstein et al. (2005a, b) und Esfeld et al. (2017).

tomatisch reduktionistisch: Jede Theorie muss Merkmale der Welt oder des untersuchten Bereichs der Welt lokalisieren, die nicht explizit in den als grundlegend akzeptierten Begriffen auftreten, sie also auf das, was in den Grundbegriffen beschrieben wird, zurückführen oder reduzieren. Die Lösung dieser Aufgabe besteht darin, einige Konfigurationen der Dinge, die als grundlegend angesetzt werden, mit diesen Merkmalen zu *identifizieren*. So *sind* einige Teilchenkonfigurationen Wasser, andere *sind* Organismen usw., gegeben normale Bedingungen in der Umwelt. Identität ist symmetrisch: Wenn einige Teilchenkonfigurationen identisch mit Wasser sind, weil sie die Wasser-Rolle unter normalen Umweltbedingungen spielen, dann ist das Wasser, das es im Universum gibt, mit bestimmten Teilchenkonfigurationen identisch. Diese Identität ist, obwohl sie symmetrisch ist, nichtsdestoweniger ein ontologischer Reduktionismus: Alles was es gibt, sind Teilchen und deren Konfigurationen. Aber nur einige spezifische Teilchenkonfigurationen sind Wasser, Organismen usw.

Dieser Reduktionismus ist nicht nur ontologisch, sondern auch epistemologisch. Wenn funktionale Definitionen von Wasser, Organismen usw. vorliegen in Begriffen von schließlich deren Rollen für die Teilchenbewegung, dann folgt aus einer vollständigen Beschreibung der Teilchenbewegung, welche Teilchenkonfigurationen Wasser sind, welche Organismen sind usw. Lewis (1970, 1972, 1977) und Jackson (1994 und 1998, Kap. 3) sprechen sogar von *a-priori*-Implikation, da sie die funktionalen Definitionen als eine Frage der Begriffsanalyse ansehen, die *a priori* erfolgt. So folgen also aus einer vollständigen Beschreibung der Welt in den grundlegenden physikalischen Begriffen alle wahren Aussagen über die Welt, gegeben funktionale Definitionen aller weiteren Merkmale der Welt. Das ist allerdings nur ein prinzipieller epistemologischer Reduktionismus, der lediglich eine logische Konsequenz der funktionalistischen Lösung des Problems der Lokalisierung ist. Es handelt sich nicht um eine umsetzbare Anweisung dafür, wie man alles naturwissenschaftliche Wissen auf die fundamentale Physik reduzieren könnte.

Niemand verfügt über eine vollständige Beschreibung der Welt in den grundlegenden physikalischen Begriffen. Die Merkmale des Universums, welche die Einzelwissenschaften erfassen, betreffen hervorstechende Muster oder Regularitäten auf der Erde, die in keinen physikalischen Begriffen zum Ausdruck kommen. Die

Physik hat kein spezifisches Interesse an denjenigen Teilchenkonfigurationen, die Wasser oder Organismen sind usw. Deshalb sind die Einzelwissenschaften nicht nur aus praktischen Gründen unverzichtbar, sondern auch aus Gründen der Erkenntnis dessen, was es auf der Erde gibt. Der Reduktionismus, der in der naturwissenschaftlichen Methode enthalten ist, ist konservativ (bewahrend): Es geht nicht darum, Merkmale der Welt oder Begriffe von Theorien der Einzelwissenschaften zu eliminieren, sondern sie in dem zu lokalisieren, was als grundlegend akzeptiert wird.[8]

Es ist offensichtlich, dass neue Merkmale in der Zeitentwicklung des Universums auftreten, nämlich Merkmale, die auf bestimmte Orte und Zeiten beschränkt sind, wie die Bildung von Wassermolekülen oder die Evolution von Organismen auf der Erde. Aber diese Merkmale werden durch die dynamischen Gesetze erklärt, die überall im Universum gelten (soweit wir wissen) plus spezifische Anfangsbedingungen, die letztlich spezifische Anfangsbedingungen des Universums als Ganzem sind. Man denke nur an die Vergangenheitshypothese, welche besagt, dass die Teilchenkonfiguration am Anfang des Universums eine sehr niedrige Entropie enthielt (siehe die Diskussion in Kapitel 1.4). Folglich sind dies keine neuen ontologischen Merkmale des Universums: Eine solche Erklärung lokalisiert diese Merkmale in bestimmten Teilchenkonfigurationen. Emergente Merkmale des Universums im Sinne neuer Merkmale, die in der Zeitentwicklung des Universums auftreten, sprechen somit nicht gegen den Reduktionismus. Auf sie wird die Methode der Lokalisierung vielmehr als Erstes angewendet.

Man kann den Begriff der Emergenz auch in einem philosophischen Sinne verwenden, der dann dem der Reduktion entgegengesetzt ist. In diesem Fall ist man aber auf neue Merkmale festgelegt, die in die primitive Ontologie eingehen. Wenn es Merkmale der Welt gibt, die nicht in dem lokalisiert werden können, was durch die primitive Ontologie gegeben ist, dann gibt es nur zwei Optionen, wie bereits aus dem Zitat von Jackson (1994) am Beginn dieses Kapitels hervorgeht: Entweder man eliminiert diese Merkmale; das heißt, man entwickelt ein Argument, das zeigt, wieso es eine Illusion ist zu glauben, dass diese Merkmale existieren. Oder man nimmt diese Merkmale in die primitive Ontologie auf, die

8 Siehe Esfeld und Sachse (2010).

dann mehr umfasst als lediglich Materie in Bewegung. Die Logik ist diese: Entweder existiert etwas, oder es existiert nicht. Wenn es existiert, dann gehört es entweder zur primitiven Ontologie, oder es ist aus der primitiven Ontologie abgeleitet (im Sinne dessen, mit bestimmten Konfigurationen der Elemente der primitiven Ontologie identisch zu sein). Ergo: Wenn man etwas als existierend anerkennt, ohne es aus der primitiven Ontologie ableiten zu können, dann muss man die primitive Ontologie um diese Sache oder dieses Merkmal ergänzen.

Der Begriff der Emergenz trägt dann nichts zum Verständnis dieses Merkmals bei. Er verdeckt lediglich die Sicht darauf, dass man dann etwas Weiteres in die primitive Ontologie aufnimmt; denn es ist vollkommen irrelevant, ob das betreffende Merkmal nur an bestimmten Orten oder zu bestimmten Zeiten auftritt. Wenn es existiert und nicht in dem lokalisiert werden kann, was zunächst als die primitive Ontologie formuliert wurde, dann besteht keine andere Möglichkeit, als die primitive Ontologie zu erweitern, so dass sie dieses Merkmal enthält, wie selten oder wie weit verbreitet es auch immer sein mag.

Diese Frage stellt sich offensichtlich in Bezug auf den Geist, und wir werden sie im nächsten Kapitel erörtern. Es ist intellektuell unredlich, dieser Frage auszuweichen, indem man einen verworrenen Begriff der Emergenz verwendet – das heißt einen Begriff, der Emergenz so ansieht, dass sie Reduktion ausschließt, sich dabei aber nur auf den trivialen Umstand bezieht, dass in der Zeitentwicklung des Universums an bestimmten Orten und zu bestimmten Zeiten neue Merkmale auftreten. Die Verwirrung besteht in der Vorstellung, dass etwas innerhalb des wissenschaftlichen Weltbildes emergieren könnte, ohne in der Ontologie, auf der dieses Weltbild basiert, lokalisiert zu sein, und ohne von der Methodologie, die dieses Weltbild anwendet, erfasst zu werden. Sich darüber im Klaren zu sein, was das wissenschaftliche Bild der Welt ist und was es impliziert, ist jedoch die Voraussetzung dafür, eine sinnvolle Debatte darüber führen zu können, ob es etwas gibt, das prinzipiell nicht in diesem Bild und seiner Methodologie erfasst werden kann.

2.2 Was wissenschaftliche Erklärungen leisten und was ihre Grenzen sind

Indem der Funktionalismus das Lokalisationsproblem löst, bietet er eine Erklärung für alles, worauf er anwendbar ist. Wenn man zum Beispiel fragt, wieso es Wasser im Universum gibt, dann ist die Antwort diese: Es gibt H_2O-Moleküle, die so aneinandergebunden sind und sich unter normalen Umweltbedingungen so verhalten, dass sie die kausale Rolle erfüllen, die charakteristisch für Wasser ist. Diese Aussage beantwortet die generelle Frage, wieso es überhaupt Wasser im Universum gibt, ebenso wie die spezielle Frage, wieso eine gegebene Flüssigkeit Wasser ist. Diese Aussage ist eine kausale Erklärung: Sie legt dar, wieso bestimmte Teilchenkonfigurationen unter normalen Umweltbedingungen eine bestimmte kausale Rolle erfüllen. Eine solche Erklärung erfasst mithin alles das, was Gegenstand der Einzelwissenschaften ist. Präziser ausgedrückt: Der Gegenstandsbereich der Einzelwissenschaften ist Teil des wissenschaftlichen Bildes der Welt, weil er durch Erklärungen dieses Typs erfasst wird. Durch funktionalistische Erklärungen werden die Gegenstände der Einzelwissenschaften im wissenschaftlichen Weltbild lokalisiert, das durch die physikalischen Grundbegriffe gegeben ist (auch wenn man eine solche Erklärung nicht in jedem Einzelfall im Detail ausarbeiten kann).

Wenn ein bestimmtes Merkmal der Welt jedoch prinzipiell nicht auf diese Weise erklärt werden kann, dann folgt, dass es überhaupt nicht im wissenschaftlichen Weltbild lokalisiert werden kann; denn der Funktionalismus ist die einzige bekannte, uns zur Verfügung stehende Methode, dies zu tun. Folglich erfordert das betreffende Merkmal dann eine neue, grundlegende ontologische Festlegung, die zu den ontologischen Festlegungen hinzukommt, die das wissenschaftliche Weltbild charakterisieren. Ein bereits angedeutetes Beispiel ist die Debatte um das Bewusstsein: Wenn man die Auffassung vertritt, dass Bewusstsein durch intrinsische, qualitative Merkmale (so genannte Qualia) gekennzeichnet ist, dann weist man eine funktionale Definition des Bewusstseins zurück und schließt damit zugleich aus, dass es mit naturwissenschaftlichen Methoden vollständig erfasst werden kann und Teil des wissenschaftlichen Weltbildes ist. Umgekehrt ist der Funktionalismus gerade deshalb die Hauptströmung in der gegenwärtigen Kognitionswissenschaft, weil er verspricht, das Bewusstsein (und den Geist insgesamt) mit naturwissenschaftlichen Methoden zu behandeln und damit als Teil des wissenschaftlichen Weltbildes zu erweisen.

Um es noch einmal zu betonen: Abgesehen von den grundlegenden physikalischen Begriffen, welche die primitive Ontologie definieren, werden alle weiteren Begriffe durch die beschriebene Methode funktionaler Definitionen eingeführt, nämlich durch ihre kausalen Rollen für das, was durch die grundlegenden Begriffe beschrieben wird. Genauer gesagt: Alles dasjenige, was nicht auf diese Weise eingeführt werden kann, gehört zu den grundlegenden Begriffen; alles andere – also alles, was auf diese Weise eingeführt werden kann – wird dadurch in dem lokalisiert, was durch die grundlegenden Begriffe beschrieben ist. Das ist der Grund, weshalb bereits universelle physikalische Parameter wie Masse und Ladung nicht zu den grundlegenden Begriffen und damit nicht zur primitiven Ontologie gehören: Sie können funktional definiert werden durch ihre Rolle für die Teilchenbewegung. Begriffe wie »Abstand« und »Veränderung« lassen hingegen keine funktionale Definition zu in Begriffen einer Rolle für etwas noch Grundlegenderes. Deshalb definieren sie die primitive Ontologie.

Aber stellt diese Sicht von Erklärungen nicht die Sachlage auf den Kopf? Wieso dreht sich zum Beispiel die Erde um die Sonne? Die gängige Antwort auf diese Frage ist doch diese: Die Erde und die Sonne haben jeweils eine Masse, wobei die Masse der Erde viel kleiner ist als die der Sonne. Wegen dieses Verhältnisses der Massen wird die Erde auf einer Umlaufbahn um die Sonne gehalten. Und das sieht nach einer kausalen Erklärung dergestalt aus, dass die Masse die anziehende Teilchenbewegung *verursacht*.

Die funktionalistische Definition dynamischer Parameter wie Masse und Ladung geht hingegen so vor: Man geht von Teilchenbewegungen aus, die man in den grundlegenden physikalischen Begriffen beschreibt, also den Begriffen für relative Lagen von physikalischen Objekten (Abstandsrelationen) und deren Veränderung. Einige der so beschriebenen Bewegungen erfüllen die kausalen Rollen, durch die Merkmale des Universums funktional definiert werden, die nicht explizit in der Beschreibung der Welt durch die physikalischen Grundbegriffe vorkommen. Das heißt: Man akzeptiert die Teilchenbewegung, wie sie durch die physikalischen Grundbegriffe beschrieben wird, als basal und mithin primitiv. Auf dieser Grundlage erklärt man alles Weitere kausal, nämlich indem man aufzeigt, wie einige dieser Teilchenbewegungen bestimmte kausale Rollen erfüllen, die im nicht grundlegenden, funktionalen Vokabular definiert sind. Somit erklärt die Tatsache der anziehenden Bewegung der Erde um die Sonne, indem sie Teil des allgemeinen Musters anziehender Bewegung ist, wieso die Erde und die Sonne bestimmte Massen haben, nämlich weil sie die entsprechende kausale Rolle realisieren (die Masse durch anziehende Bewegung definiert). Genauso erklärt die charakteristische Bewegung der Teilchen, die H_2O-Moleküle aufbauen, wieso die Verbindung dieser Moleküle Wasser ist. Das gilt für alles in der Welt, was mittels einer funktionalen Definition in der primitiven Ontologie der Physik lokalisiert wird.

Folglich gelangen kausale Erklärungen an ihr Ende, sobald man die grundlegenden physikalischen Muster oder Regularitäten der Bewegung erreicht, welche – soweit wir wissen – das ganze Universum durchziehen. Diese Regularitäten sind der Grund- und Schlussstein: Es gibt keine kausale Erklärung für diese Muster oder Regularitäten innerhalb des wissenschaftlichen Weltbildes. Nichtsdestoweniger gibt es auch auf dieser Ebene Erklärungen. Aber dieses sind keine generellen Erklärungen dafür, wieso es überhaupt diese bestimmten Arten von Bewegung – zum Beispiel anziehende Bewegung – gibt, sondern nur Erklärungen je einzelner Fälle. So ist die Erklärung dafür, wieso sich die Erde um die Sonne dreht, folgende: Die Umlaufbahn der Erde um die Sonne kommt unter das generelle Muster oder die generelle Regularität anziehender Bewegung, die überall im Universum besteht, so zum Beispiel auch, wenn Äpfel von Bäumen fallen. Dies ist Erklärung durch Vereinheitlichung: Man zeigt, wieso ein bestimmtes Phänomen nicht erstaunlich ist, indem man aufweist, wie es unter ein generelles Verhaltensmuster fällt.[9]

Wissenschaftliche Erklärungen müssen irgendwo enden. Sie enden, sobald man die grundlegenden Regularitäten, die es im Universum gibt, erreicht hat. Wir beobachten bestimmte Regularitäten in der natürlichen Welt, wie die Regularität anziehender Bewegungen von Körpern, die auf den Begriff »Gravitation« gebracht wird, oder die Regularität anziehender und abstoßender Bewegungen

---

9 Siehe Friedman (1974) und Kitcher (1989). Siehe Bhogal (2019), Abschnitt 2.1, zur Verbindung zwischen Erklärung durch Vereinheitlichung und der Metaphysik von Naturgesetzen.

von Körpern, die auf den Begriff »Magnetismus« gebracht wird. Wir führen diese beobachteten Regularitäten auf die basalen Objekte (die Punktteilchen) zurück, aus denen die makroskopischen Gegenstände bestehen, und auf deren Bewegung, wie sie durch die grundlegenden physikalischen Begriffe beschrieben wird. Damit es stabile Teilchenkonfigurationen im Universum geben kann, von denen einige dann Moleküle und schließlich Organismen bis hin zu Menschen sind, muss es bestimmte stabile Muster oder Regularitäten in der Bewegung der Teilchen geben. Diese werden in den grundlegenden physikalischen Begriffen beschrieben. Daraus folgt dann, dass es – abgesehen von der erwähnten Erklärung durch Vereinheitlichung – keine weitere Erklärung dieser Regularitäten innerhalb des wissenschaftlichen Weltbildes geben kann.

Begriffe, die durch die funktionalistische Methode eingeführt werden, können nicht die Frage beantworten, wieso es die Veränderung gibt, für die sie eine bestimmte Rolle spielen. Jede solche Antwort würde sich im Kreise drehen. Diese Zirkularität ist diejenige, über die sich Molière in seinem Stück *Der eingebildete Kranke* lustig macht: Man erklärt nicht, wieso Menschen schläfrig werden, nachdem sie Opium konsumiert haben, indem man sagt, dass Opium die Eigenschaft, Kraft oder Disposition hat, schläfrig zu machen. Denn diese Eigenschaft, Kraft oder Disposition ist durch die Rolle *definiert*, schläfrig zu machen. Auf genau die gleiche Weise erklärt man nicht, wieso es anziehende Bewegungen im Universum gibt, indem man den Körpern eine Masse zuspricht. Denn die Masse ist durch die Rolle *definiert*, dass die Körper sich einander anziehen.

Masse und Ladung sind universelle physikalische Parameter im Unterschied zu den phänomenologischen Eigenschaften von Opium. Nichtsdestoweniger trifft Molières Argument auch diese physikalischen Parameter, wenn man sie als Eigenschaft, Kraft oder Disposition der Teilchen ansieht: Ebenso wie die schläfrig machende Kraft des Opiums sind sie durch die Wirkungen definiert, die sie unter normalen Bedingungen haben. Deshalb können sie diese Wirkungen nicht erklären, und deshalb führt es zu keinem Erklärungsgewinn, Eigenschaften in Form von Kräften (*powers*) oder Dispositionen in die primitive Ontologie aufzunehmen.[10]

10 Siehe zu bekannten derartigen Positionen Bird (2007) und Mumford und Anjum (2011) sowie die Aufsätze in Marmodoro (2010).

Sie können nicht erklären, wieso es überhaupt Veränderung gibt, weil sie Kräfte für bestimmte Veränderungen sind. Sie können diese bestimmten Veränderungen aber auch nicht erklären, weil sie in Begriffen einer kausalen oder funktionalen Rolle definiert sind, welche die Rolle für ebendiese Veränderungen ist. Ferner ist man mit Parametern wie Masse und Ladung als Eigenschaften in Form von Dispositionen wiederum auf eine Surplus-Struktur festgelegt: Diese Eigenschaften können vorhanden sein, ohne sich zu manifestieren und damit einen empirischen Unterschied zu machen – zum Beispiel in einer Situation, in der sich Masse und Ladung gegenseitig neutralisieren, so dass keine Bewegungsänderung eintritt.

Eigenschaften im Sinne von Kräften oder Dispositionen in die primitive Ontologie aufzunehmen, bringt nicht nur keinen Erklärungsgewinn, sondern führt auch in Scheinprobleme hinein, die keine Lösung haben. Angenommen, Masse und Ladung wären intrinsische Eigenschaften der Teilchen, wie schafft es eine Kraft, die einem Teilchen innewohnt, dann, aus diesem Teilchen heraus zu wirken und die Bewegung *anderer*, räumlich entfernter Körper zu beeinflussen? Felder als Medium anzuführen, hilft nicht weiter: Es führt zu dem Problem der Selbst-Interaktion sowie zu dem Problem des unklaren ontologischen Status von Feldern (siehe Kapitel 1.5).

Die dynamischen Gesetze, in denen Parameter wie Masse und Ladung auftreten, sind mit den Symmetrien der Raum-Zeit verbunden. Wenn man diese Symmetrien jedoch als ontologische Strukturen ansieht und in die primitive Ontologie aufnimmt, dann ergibt sich ein ähnliches Problem: Diese Symmetrien sind in Begriffen der Einschränkungen definiert, denen die Bewegungen der Objekte unterliegen. Diese Symmetrien oder Strukturen als etwas ontologisch Primitives anzuerkennen, erklärt folglich nicht, wieso es solche Einschränkungen für die Bewegungen der Objekte gibt.

Es besteht hier nicht die Möglichkeit einer Beschränkung auf normale oder auf ideale Bedingungen in dem Sinne, dass es einen Unterschied geben könnte zwischen dem, wie die Objekte sich tatsächlich verhalten, und dem, wie sie sich unter normalen oder unter idealen Bedingungen verhalten würden. Wenn man Masse und Ladung als Kräfte konzipiert, dann sind es Kräfte, die den Objekten im ganzen Universum zukommen. In gleicher Weise kommen die Symmetrien oder Strukturen dem gesamten Universum zu. Sie sind durch das definiert, was sie bezogen auf das gesamte Universum leisten, welches die normale Bedingung für ihre Zuschreibung ist. Folglich gelangen wir wiederum an den Punkt, dass alle diese Kräfte, Symmetrien und Strukturen durch genau das definiert sind, was sie tatsächlich für die Bewegung der Objekte im Universum leisten.

Im Unterschied dazu, dynamische Parameter wie Masse und Ladung als Dispositionen oder Kräfte in die primitive Ontologie aufzunehmen, mag man erwägen, der Materiekonfiguration des Universums insgesamt eine generelle Kraft für Veränderung zuzusprechen, um verständlich zu machen, wieso es überhaupt Veränderung gibt. Leibniz vertritt eine solche Position im *Specimen dynamicum* (Teil I, §1): Er weist die Idee kontinuierlicher Bewegung zurück und bringt das vor, was man heute im Englischen als »at-at«-Theorie der Bewegung bezeichnet. Diese Theorie besagt, dass dann, wenn ein Objekt sich bewegt, es zunächst hier und dann dort ist, es sich aber nicht kontinuierlich von hier nach dort bewegt. Im Rahmen des Relationalismus und auf die gesamte Materiekonfiguration des Universums insgesamt bezogen besagt dies, dass eine Abfolge von Materiekonfigurationen des Universums auftritt mit einer Ordnung, die eindeutig ist, ohne dass aber diese Abfolge kontinuierlich ist. Die Kraft zur Veränderung, die der Materiekonfiguration innewohnt, ist dann dasjenige, was diese Abfolge zusammenhält (gegeben, dass es keine externe, absolute Zeit gibt, in der diese Abfolge sich abspielt). Diese Kraft zur Veränderung ergibt aber keine tiefere Erklärung der spezifischen Veränderungen, die in der Materiekonfiguration auftreten. Im Unterschied zu dieser Position erkennt die hier vertretene primitive Ontologie kontinuierliche Veränderung in der Materiekonfiguration als etwas Ursprüngliches an (siehe Axiom 2 in Kapitel 1.2). Deshalb ist es hier nicht erforderlich, eine Kraft für Veränderung überhaupt als dasjenige anzusetzen, was die Entwicklung der Materiekonfiguration des Universums zusammenhält. Diese Entwicklung ist dadurch zusammengehalten, dass sie kontinuierlich ist.

Ein Einwand, der demjenigen gegen die Konzeption dynamischer Parameter wie Masse und Ladung als Dispositionen oder Kräfte ähnlich ist, ergibt sich, wenn man über die Abstandsrelationen hinaus eine absolute Raum-Zeit anerkennt, in welche diese Relationen und ihre Veränderung eingebettet sind. Zusätzlich zu den Punktteilchen (Materiepunkten) erkennt man dann Punkte der Raum-Zeit an, die das Kontinuum der Raum-Zeit bilden. Maudlin (2007, S. 87-89) zum Beispiel betrachtet die Länge eines Weges im absoluten Raum als den grundlegenden Begriff. Hieraus leitet er den Abstand zwischen Punktteilchen ab als den kürzesten Weg im absoluten Raum, der die betreffenden Teilchen verbindet. Auf diese Weise behauptet er, die Charakteristika der Abstandsrelation (wie die Dreiecks-Ungleichung zu erfüllen, siehe Kapitel 1.2) erklären zu können.

Um jedoch eine minimale Weglänge im Raum definieren zu können, muss man eine Struktur voraussetzen, die so reichhaltig ist, dass sie eine Metrik aufnehmen kann. (Ebenso muss der Relationalist eine Relation voraussetzen, die reichhaltig genug ist, um unter anderem die Dreiecks-Ungleichung zu erfüllen, damit sie als Abstandsrelation gelten kann.) Kurz gesagt: Der absolute Raum kommt mit einer Metrik zum Beispiel in Form von Geodäten. Jede Metrik, die einen physikalischen Raum definiert, ist so beschaffen, dass sie alle Anforderungen an eine dreidimensionale Geometrie erfüllt. Folglich ergibt sich hier kein Erklärungsgewinn im Vergleich zu dem Relationalisten, der lediglich voraussetzt, dass die als grundlegend anerkannten Relationen diejenigen Bedingungen erfüllen, die ausreichen, damit diese Relationen Abstände sind. Es ergibt sich nur der Nachteil, dass der absolute Raum (oder die absolute Raum-Zeit) mehr Struktur enthält, als erforderlich ist, um die relativen Lagen und Bewegungen von Körpern aufzunehmen (siehe Kapitel 1.3).

Die Raum-Zeit, in die eingebettet die Konfiguration der Materie dargestellt wird, Felder in dieser Raum-Zeit (wie das elektromagnetische Feld), dynamische Parameter (wie Masse, Ladung, Spin, Wellenfunktion): All das gehört nicht zur primitiven Ontologie, sondern zur dynamischen Struktur einer physikalischen Theorie. Alle diese Elemente treten in die Theorie ein durch ihre Rolle in der Darstellung der Entwicklung der Elemente der primitiven Ontologie, also der Entwicklung der Abstandsrelationen in der Materiekonfiguration des Universums. Sie sind alle ein Mittel, um eine Darstellung dieser Entwicklung in Begriffen von Naturgesetzen zu erreichen, die sowohl einfach als auch informationsreich sind. Sie kommen daher in einem Paket zusammen mit den Gesetzen.

Nichtsdestoweniger gibt es einen bedeutenden Unterschied zwischen der Raum-Zeit und Feldern in der Raum-Zeit auf der einen Seite und den dynamischen Parametern auf der anderen Seite. Die beschriebene Lokalisation in der Teilchenkonfiguration durch funktionale Definitionen trifft nur auf die dynamischen Parameter zu. So wie einige Teilchenkonfigurationen Wasser, Organismen usw. sind, weil sie die funktionale Rolle von Wasser, Organismen usw. erfüllen, so haben Teilchen Masse, Ladung, Spin usw. und sind Elektronen, Protonen, Neutronen usw. aufgrund der Weise, wie sie sich bewegen. Masse, Ladung, Spin zu haben und ein Elektron, Proton oder Neutron zu sein, ist somit in der Bewegung der Teilchen lokalisiert, nämlich in den hervorstechenden Mustern oder Regularitäten der Teilchenbewegung. Das Gleiche gilt für Naturkonstanten wie die Gravitationskonstante, die Lichtgeschwindigkeit usw.

Dies gilt ebenfalls für die Wellenfunktion, die in der Quantenphysik der zentrale dynamische Parameter ist. Sie entwickelt sich in der Zeit, statt stationär zu sein; nichtsdestoweniger kann man sie und ihre Evolution so ansehen, dass sie aus der Teilchenbewegung abgeleitet ist. In diesem Sinne sind die Wellenfunktion und ihre Entwicklung in der Teilchenkonfiguration lokalisiert: Die Teilchenbewegung führt dazu, dass die Teilchenkonfiguration des Universums eine bestimmte Wellenfunktion instantiiert (und abgeleitet davon Subsysteme des Universums effektive Wellenfunktionen instantiieren).[11] Das Feld auf dem Konfigurationsraum ist nur die mathematische Repräsentation der Wellenfunktion.

Diese Sicht ist ein Realismus in Bezug auf die Wellenfunktion im Unterschied zu einem Instrumentalismus. Die Wellenfunktion ist zwar kein eigenständiger physikalischer Gegenstand, der zusätzlich zu den Elementen der primitiven Ontologie existiert; aber sie existiert, nämlich als lokalisiert in der Teilchenkonfiguration des Universums und deren Evolution. Dass diese Konfiguration eine Wellenfunktion hat, die eine bestimmte Zeitentwicklung durchläuft, bedeutet, dass die Teilchen sich in einer bestimmten Weise bewegen. Sowohl die Wellenfunktion als auch Masse, Ladung, Spin usw. sind dynamische Parameter, die funktional durch ihre Rolle für die Teilchenbewegung definiert sind.

Im Unterschied zu diesen dynamischen Parametern ergibt es

11 Siehe zu dieser Sicht der Wellenfunktion Miller (2014), Esfeld (2014), Callender (2015) sowie Bhogal und Perry (2017).

keinen Sinn zu sagen, dass eine absolute Raum-Zeit, in welche die Teilchenkonfiguration eingebettet ist, oder Felder auf dieser Raum-Zeit in der Bewegung der Teilchen lokalisiert sind. Zur primitiven Ontologie gehören nur räumliche Relationen, die Punktteilchen individuieren, aber keine Punkte der Raum-Zeit. Folglich gibt es auch keine Feldgrößen, die an Punkten der Raum-Zeit auftreten. Solche Dinge in die Ontologie aufzunehmen, führt nur dazu, dass man auf Surplus-Strukturen festgelegt ist und in die Scheinprobleme hineingerät, die ich in Kapitel 1.3 und 1.5 diskutiert habe; insbesondere ist zu berücksichtigen, dass – gegeben die Verteilung der Massen und Ladungen der Teilchen – Felder in der klassischen Physik keine unabhängigen Freiheitsgrade sind.[12] Die Raum-Zeit und Felder in ihr sind lediglich Repräsentationsmittel, die physikalische Theorien verwenden. Das heißt: Die dynamischen Parameter referieren auf physikalische Objekte, nämlich auf hervorstechende Merkmale von deren Bewegung. Die Begriffe einer Raum-Zeit und von Feldgrößen an Punkten der Raum-Zeit referieren hingegen auf nichts in der physikalischen Welt; sie sind lediglich nützliche Repräsentationsmittel.

Der Gegensatz zwischen dynamischen Parametern auf der einen Seite und der Raum-Zeit sowie Feldgrößen an Punkten der Raum-Zeit auf der anderen Seite tritt auch darin hervor, dass man im Prinzip auf die Letzteren als Repräsentationsmittel verzichten kann. Man kann relationale physikalische Theorien sowohl für die Gebiete der klassischen Mechanik als auch der relativistischen Gravitation sowie der Quantenmechanik formulieren, die keinerlei absolute Größen verwenden (nämlich Barbours Dynamik geometrischer Figuren, siehe Kapitel 1.3, 1.6 und 1.7). Ferner kann man eine klassische Theorie der elektromagnetischen Wechselwirkung formulieren, die ohne Felder in der Raum-Zeit in ihrem Formalismus auskommt (nämlich die Wheeler-Feynman-Theorie, siehe Kapitel 1.5).

Man kann hingegen keine physikalische Theorie formulieren, ohne dynamische Parameter zu verwenden. Der Grund ist dieser: Wie in Kapitel 1.3 erwähnt, enthält keine Konfiguration von Materie, die durch die relativen Abstände ihrer Objekte definiert ist, Informationen über deren Veränderung. Um Gesetze für diese Ver-

---

12 Siehe auch Hartenstein und Hubert (2019).

änderung zu formulieren, ist es daher erforderlich, der Konfiguration von Materie dynamische Parameter zuzuschreiben, die durch ihre funktionale Rolle für deren Veränderung definiert sind und die dadurch in dieser Veränderung lokalisiert sind. Physikalische Gesetze können also auf die absolute Raum-Zeit und klassische Felder verzichten, aber nicht auf dynamische Parameter, die durch ihre Rolle für die Zeitentwicklung der Konfiguration der Materie definiert sind.

Wissenschaftliche Erklärungen stoßen nicht nur an eine Grenze, sobald man die hervorstechenden Muster oder Regularitäten der Teilchenbewegung erreicht. Sie treffen auch auf eine Grenze, was die Anfangsbedingungen des Universums betrifft. Um die beobachtete Zunahme der Entropie erklären zu können, muss man annehmen, dass der Anfangszustand des Universums ein Zustand extrem niedriger Entropie war. Das besagt die so genannte Vergangenheitshypothese (siehe Kapitel 1.4). Sind der Anfangszustand sehr niedriger Entropie und die hervorstechenden Regularitäten der Teilchenbewegung, wie sie in den physikalischen Gesetzen ausgedrückt werden, gegeben, kann man die gesamte Zeitentwicklung des Universums erfassen. Aber man kann sich fragen, wieso es diesen sehr spezifischen Anfangszustand gibt. Es gibt zwei Versuche, diese Frage zu beantworten.

Die eine Art von Antwort verleiht der Vergangenheitshypothese aufgrund ihrer zentralen Position in der Physik den Status, gesetzesartig zu sein: Sie ist eine einfache Hypothese, die sehr viel Information über die Entwicklung des Universums enthält. Dieses hat sie mit den Naturgesetzen gemeinsam.[13] Der Vergangenheitshypothese einen gesetzesartigen Status zuzusprechen, macht klar, wieso sie ebenso wenig eine Erklärung erfordert wie die Naturgesetze.

Die andere Art von Antwort versucht, die Besonderheit eines Anfangszustandes extrem niedriger Entropie zu vermeiden, indem sie vertritt, dass es mehr im Universum gibt als die uns bekannte Zeitentwicklung von einem solchen Anfangszustand aus. Der gegenwärtige Zustand des Universums muss also weiterhin auf einen speziellen Zustand in der Vergangenheit zurückgeführt werden; aber die Idee ist, dass dieser Zustand kein spezieller Anfangszu-

---

13 Siehe Callender (2004). Siehe Chen (2019) dazu, wie man diese Antwort auch in Bezug auf die Quantenphysik ausführen kann.

stand des Universums ist, der durch eine eigens für ihn postulierte Hypothese (die Vergangenheitshypothese) in die Physik aufgenommen werden muss. So sehen zum Beispiel Barbour et al. (2015) den Anfangszustand, auf den wir das beobachtbare Universum zurückführen, als Wendepunkt (»Januspunkt«) in einer größeren Entwicklung an.[14]

Das ist die oben beschriebene Erklärung im Sinne einer Vereinheitlichung. Etwas auf den ersten Blick Erstaunliches wird in ein größeres Muster eingebettet. So ist es nicht erstaunlich, dass der Apfel vom Baum fällt; dieses ist ein Vorkommnis des allgemeinen Musters anziehender Bewegung, zu dem beispielsweise auch die Bewegung der Erde um die Sonne gehört. Ebenso ist der spezielle Anfangszustand des beobachtbaren Universums nicht erstaunlich, weil er Bestandteil einer größeren Evolution ist.

Man kann jedoch in Zweifel ziehen, ob eine solche Erklärung auf den letzteren Fall passt. Auf der einen Seite führen Barbour et al. (2015) Argumente dafür an, die Evolution mit einem Wendepunkt, der dem Zustand extrem niedriger Entropie der Vergangenheitshypothese entspricht, in ihr Programm einer relationalen Ontologie und Dynamik einzubetten (siehe oben Kapitel 1.3 und 1.6). Auf der anderen Seite gibt es keine Möglichkeit, die Hypothese eines solchen Wendepunktes empirisch zu überprüfen. Wir können nicht hinter den Anfangszustand des Universums, das wir kennen, zurückgehen. Aus diesem Grund ist es fraglich, ob eine solche Hypothese die Kohärenz des wissenschaftlichen Weltbildes verstärkt; denn das ist die Kohärenz dieses Weltbildes in Bezug auf alle verfügbare Evidenz. Wissenschaftliche Erklärungen müssen in jedem Fall irgendwo enden. Selbstverständlich kann man auch fragen, wieso die umfassende Evolution des Universums so beschaffen ist, dass es in ihr einen bestimmten Wendepunkt gibt usw.

Mit anderen Worten: Ebenso wenig, wie man die Gesetze erklären kann, welche die hervorstechenden Muster in der Bewegung der Materie in der Entwicklung des Universums zum Ausdruck bringen, kann man die Randbedingungen für diese Entwicklung erklären. Da auch sie eine zentrale Stellung in der Theorie über das Universum einnehmen, spricht nichts dagegen, auch ihnen in

---

14 Zu einem ähnlich gearteten Vorschlag siehe Carroll (2010), insbesondere Kap. 14-15.

Form der Vergangenheitshypothese einen gesetzesartigen Status zuzusprechen.

2.3 Was sind Naturgesetze?

Die primitive Ontologie von Materie in Bewegung, gemäß der alles
Weitere dazu dient, eine einfache und informationsreiche Repräsentation der Bewegung der Materie zu erzielen, kann man mit
der Sicht von Naturgesetzen assoziieren, die auf den schottischen
Aufklärungs-Philosophen David Hume zurückgeht. In der heutigen Literatur ist diese Sicht daher als Hume'sche Metaphysik oder
Humeanismus bekannt. Ihr wesentlicher Vertreter ist David Lewis.
Lewis (1986b, Einleitung) ist dazu bereit, dynamische Parameter
wie Masse und Ladung als intrinsische Eigenschaften sowie die
Raum-Zeit und Felder in die primitive Ontologie aufzunehmen –
das, was er das »Hume'sche Mosaik« nennt, nämlich die Verteilung der Materie, die das Universum ausmacht. Das führt jedoch
spätestens dann zu Problemen, wenn man die Wellenfunktion der
Quantenphysik berücksichtigt; denn diese kann man nicht als einen Parameter auffassen, der Punkten der Raum-Zeit oder einzelnen Punktteilchen zukommt.

Die Probleme, welche anhand der Wellenfunktion der Quantenphysik zutage treten, motivieren in der heutigen Metaphysik die
Ausarbeitung einer Position, die alle diese Dinge aus der primitiven
Ontologie ausschließt – die Wellenfunktion und konsequenterweise auch Masse, Ladung und klassische Felder ebenso wie eine
absolute Raum-Zeit.[15] Das Versagen von Lewis' Hume'scher Metaphysik an der Quantenphysik macht offensichtlich, dass etwas an
dieser Konzeption von vornherein nicht stimmt: Es ergibt keinen
Sinn, Dinge, die durch ihre funktionale Rolle für die Teilchenbewegung und deren Repräsentation in die Physik hineinkommen, in
die primitive Ontologie (das »Hume'sche Mosaik«) aufzunehmen.[16]

Die primitive Ontologie besteht vielmehr nur in dem, was selbst
nicht mehr durch eine funktionale Rolle für irgendetwas definiert
werden kann, nämlich in Punktteilchen, die durch ihre relativen

15 Siehe Miller (2014) und Esfeld (2014).
16 Siehe dazu bereits Hall (2009), § 5.2.

Lagen individuiert werden, und in der Veränderung dieser Lagen, also der Bewegung der Teilchen. Diese Position kann man als »Super-Humeanismus« bezeichnen.[17] Der Zusatz »Super-« bezieht sich darauf, alles dasjenige, was funktional eingeführt und damit in dem Grundlegenden lokalisiert wird, aus der primitiven Ontologie zu verbannen. Der Super-Humeanismus ist somit die Verbindung einer primitiven Ontologie, die minimal hinreichend ist, um unserem wissenschaftlichen ebenso wie dem Alltagswissen Rechnung zu tragen, mit dem Humeanismus in Bezug auf Naturgesetze.

Gemäß dem Humeanismus steht die Teilchenbewegung an erster Stelle. Diese weist bestimmte stabile Muster oder Regularitäten auf. Die Naturgesetze, wie sie in unseren Theorien auftreten, sind der Versuch, diese Regularitäten in einer solchen Weise auf den Punkt zu bringen, dass wir eine Repräsentation des Geschehens in der Natur erreichen, die so einfach wie möglich und zugleich so gehaltreich wie möglich ist. Ein Repräsentationssystem, das nur aus logischen Gesetzen besteht, wäre höchst einfach, aber überhaupt nicht informativ in Bezug auf das, was tatsächlich in der Welt geschieht. Eine Auflistung des gesamten Geschehens in der Natur wäre höchst informativ, aber überhaupt nicht einfach und sparsam. Naturgesetze versuchen, diese Information zu systematisieren.[18] Sie versuchen, so einfach wie möglich zu sein, ohne die Information über das zu verlieren, was tatsächlich in der Natur geschieht.

Etwas genauer ausgedrückt, ist die Idee diese: Nehmen wir einmal an, dass wir eine Beschreibung aller relativen Teilchenorte und ihrer Veränderung über die gesamte Entwicklung des Universums hinweg zur Verfügung haben. Aus dieser Beschreibung ergeben sich dann die Naturgesetze als die Theoreme eines logischen Systems, das die beste Balance zwischen Einfachheit und Informationsreichtum erzielt – modulo weiterer Parameter, die durch ihre funktionale Rolle für die Teilchenbewegung eingeführt werden und die als weitere Anfangsbedingungen, die in die Gesetze eingehen, spezifiziert werden müssen. Naturgesetze kann es folglich nur dann geben, wenn es bestimmte stabile, immer wieder auftretende Muster oder Regularitäten der Teilchenbewegung gibt. Allerdings hat nicht

17 Eine ausführliche Darstellung findet sich in Esfeld und Deckert (2017), Kap. 2.3.
18 Siehe Hoyningen-Huene (2013) zu einer Ausarbeitung von Systematizität als dem Merkmal von Wissenschaft.

jede solche Regularität den Status eines Naturgesetzes: Diesen Status erhalten nur diejenigen Regularitäten, welche zu einer optimalen Kombination von Einfachheit und Informationsreichtum in der Repräsentation der Teilchenbewegung insgesamt führen.

Es gibt ein bekanntes Problem für den Humeanismus: Wieso sollten die Standards dafür, was einfach ist, was informationsreich ist und was der beste Ausgleich zwischen diesen beiden Kriterien ist, eindeutig sein? Die Strategie von Lewis (1994), um diesen Einwand zu entkräften, besteht darin, sich auf natürliche Eigenschaften zu beziehen, die von der Natur selbst ausgezeichnet werden (wie zum Beispiel Masse und Ladung). Der einzige kognitive Zugang, den wir zu diesen angeblich natürlichen Eigenschaften haben, besteht jedoch in der funktionalen Rolle, die sie für die Teilchenbewegung spielen.[19] Wenn also diese Eigenschaften eine intrinsische Essenz haben sollten, dann wäre diese Essenz uns nicht zugänglich.[20] Folglich ist die Strategie, die auf solchen natürlichen Eigenschaften aufbaut, schon allein aus rein philosophischen Gründen in Schwierigkeiten – ganz zu schweigen von den Problemen, vor welche die Wellenfunktion der Quantenphysik sie stellt, die man nicht als intrinsische Eigenschaft einzelner Teilchen konzipieren kann (und in der Quantenphysik sind alle Kandidaten für natürliche physikalische Eigenschaften – wie Masse, Ladung, Spin – auf der Ebene der Wellenfunktion situiert).

Auf jeden Fall kann der Super-Humeanismus nicht die Strategie einsetzen, sich auf natürliche Eigenschaften zu beziehen. Es gibt ja gar keine Eigenschaften in der minimalistischen, primitiven Ontologie; es gibt nur Relationen, die einfache Objekte individuieren, und deren Veränderung.[21] Genauer gesagt gibt es genau einen Typ einer natürlichen Relation, welche die weltbildende Relation ist, nämlich die Abstandsbeziehung. Deshalb ist auch im Super-Humeanismus das Hume'sche Mosaik nicht arbiträr.[22]

Nichtsdestoweniger besteht folgender Unterschied: Die Prädikate, die gemäß Lewis' Humeanismus auf natürliche Eigenschaf-

---

19 So auch Jackson (1998), S. 23.
20 So auch Lewis (2009).
21 Siehe den Einwand, den Matarese (2019) hierauf aufbaut.
22 Eine solche Willkür bedroht hingegen die Position von Loewer (2007), die sich
    ebenfalls gegen Lewis' natürliche Eigenschaften wendet.

ten referieren, reichen hin, um Naturgesetze zu formulieren. Die Prädikate, welche die Abstandsrelation definieren, reichen hingegen nicht hin, um Gesetze über die Veränderung der Abstände zwischen den materiellen Objekten zu formulieren. Man muss weitere Prädikate in Begriffen ihrer funktionalen Rolle für diese Veränderung einführen. Das ist aber auch genau die Weise, in welcher Lewis' Humeanismus die Prädikate einführt, die auf natürliche Eigenschaften referieren sollen. Für den Stellenwert, den diese Prädikate für die Formulierung von Naturgesetzen haben, ist es jedoch unbedeutend, ob man diese funktional definierten Prädikate so versteht, dass sie dynamische Parameter einführen, die in der Teilchenbewegung durch die genannte Methode lokalisiert sind, oder ob man sie so versteht, dass sie auf intrinsische, natürliche Eigenschaften referieren (zu denen wir sowieso keinen kognitiven Zugang haben).

Das Verfahren, wie man zu Naturgesetzen gelangt, ist somit das gleiche in Lewis' Humeanismus und im Super-Humeanismus. Es beruht auf stabilen Mustern oder Regularitäten der Teilchenbewegung. Diese Muster sind in der Natur selbst ausgezeichnet. Sie ermöglichen es, Prädikate in Begriffen einer funktionalen Rolle für die Bewegung der Materie einzuführen; Naturgesetze werden dann mit Hilfe dieser Prädikate formuliert. Es bleibt aber offen, ob dieses Verfahren immer zu einem eindeutigen besten System der Verbindung von Einfachheit und Informationsreichtum führt.

Man mag gegen dieses Verfahren einwenden, dass Naturgesetze nicht nur beschreiben, was tatsächlich geschieht, sondern auch kontrafaktische Aussagen ermöglichen. Eine wissenschaftliche Theorie informiert uns nicht nur über die Entwicklung eines gegebenen Objektbereiches, sofern man Anfangsbedingungen fixiert, sondern sie sagt uns auch, was mit den Objekten in ihrem Gegenstandsbereich geschehen bzw. nicht geschehen *kann*. Auf diese Weise sagt sie uns auch, wie wir handeln können und wie wir nicht handeln können.

Um kontrafaktische Aussagen zu verstehen, braucht man jedoch nur die tatsächlichen, hervorstechenden Regularitäten in der Bewegung der Materie festzuhalten. Sind diese Regularitäten gegeben (insofern sie zur Formulierung von Naturgesetzen führen), haben die Aussagen darüber, was mit den Objekten, die unter diese Gesetze fallen, geschehen kann und was mit ihnen nicht geschehen kann, definite Wahrheitswerte. Wenn man diese Regularitäten, wie sie in einer wissenschaftlichen Theorie formuliert werden, fixiert, dann legt der Zustandsraum der Theorie (oder die Modelle, welche die Theorie zulässt) fest, was für die Objekte im Bereich der Theorie möglich und was nicht möglich ist. Man mag sogar von nomologischer Notwendigkeit sprechen (also von Notwendigkeit, gegeben die Naturgesetze), sofern man beachtet, dass dem Humeanismus zufolge die Gesetze selbst aus den hervorstechenden Mustern in der tatsächlichen Bewegung der Materie abgeleitet sind. Anders gesagt: Sind diese allgemeinen Bewegungsmuster oder -regularitäten gegeben, dann sind die Wahrheitswerte für kontrafaktische Aussagen darüber festgelegt, was mit Untersystemen im Universum geschehen würde, wenn diese sich in diesen oder jenen Anfangsbedingungen befänden. Das ist alles, woran wir interessiert sind, wenn wir mit bestimmten Untersystemen im Universum umgehen.

Der größte Vorbehalt gegen den Humeanismus in Bezug auf Naturgesetze hat seine Wurzeln in einer Intuition, die auch unter Naturwissenschaftlern weit verbreitet ist: Der Wissenschaft geht es nicht nur darum, die Entwicklungen, die im Universum stattfinden, in einer so einfachen und informationsreichen Weise wie möglich zu repräsentieren. Es geht ihr auch darum, eine zugrunde liegende Ordnung des Universums aufzudecken. Diese Ordnung manifestiert sich in den Naturgesetzen, die wir in unseren Theorien formulieren. Diese Ordnung ist modal (oder sogar metaphysisch notwendig, so dass sie nicht anders sein könnte): Sie legt den Entwicklungen, die im Universum stattfinden können, Beschränkungen auf und strukturiert auf diese Weise die Bewegungen der Objekte.

Die Intuition, welche die Hume'sche Metaphysik motiviert, ist hingegen diese: Es gibt nichts Modales in der Welt als solcher, insbesondere keine notwendigen Verbindungen.[23] Diese Motivation ist für das Projekt dieses Buches jedoch nicht ausschlaggebend. Der Humeanismus in Bezug auf die Naturgesetze ist in unserem Zusammenhang lediglich eine Position, die es ermöglicht, die folgenden drei Aspekte zu verdeutlichen, die für die Argumentation dieses Buches zentral sind:

23 Siehe Lewis (1986b), Einleitung.

1) Das ist an erster Stelle die Unterscheidung zwischen primitiver Ontologie und dynamischer Struktur. Alles was in einer Theorie durch seine Funktion im Sinne seiner kausalen Rolle für die Entwicklung von etwas eingeführt werden kann, ist damit in diesem lokalisiert. Es gehört folglich nicht zu der grundlegenden oder primitiven Ontologie. Diese besteht lediglich in dem, in Bezug auf das die funktionalen Rollen definiert werden und das folglich selbst nicht mehr in Begriffen einer Funktion für irgendetwas eingeführt werden kann. Deshalb muss man es als primitiv anerkennen. Im wissenschaftlichen Weltbild sind das einfache Objekte (Punktteilchen), die durch ihre relativen Lagen individuiert sind und die sich bewegen. Der Super-Humeanismus ermöglicht es, diesen Sachverhalt auf den Punkt zu bringen. Dieser Sachverhalt ist der Schlüssel dazu zu verstehen, wieso die Naturgesetze der Freiheit nicht entgegenstehen; das wird im nächsten Unterkapitel deutlich werden.

2) Es ist die naturwissenschaftliche Praxis, von hervorstechenden, beobachtbaren Mustern oder Regularitäten in der Bewegung der Materie auszugehen und diese Regularitäten in Naturgesetzen auf den Punkt zu bringen, welche eine möglichst einfache und informationsreiche Repräsentation dieser Bewegungen erzielen und es erlauben, überprüfbare Voraussagen zu gewinnen. Wir können hier offenlassen, ob dies alles ist, was in Bezug auf die Metaphysik von Naturgesetzen gilt (Humeanismus). Wichtig ist hier, dass es alles ist, was naturwissenschaftliche Erklärungen erreichen können: Diese Erklärungen kommen an ihr Ende, sobald sie die grundlegenden Regularitäten der Bewegung der Materie aufgedeckt haben. Die Naturwissenschaft kann weder erklären, wieso es überhaupt Materie und Bewegung gibt, noch kann sie erklären, wieso ein universelles Muster anziehender Bewegung die Entwicklung der Materie durchzieht. Sie kann dieses Muster nur in Form eines universellen Gesetzes (Gravitationsgesetz) auf den Punkt bringen und so durch Vereinheitlichung erklären, wieso einzelne Phänomene anziehender Bewegung nicht erstaunlich sind. Auf dieser Basis kann sie dann alles Weitere in Begriffen kausaler Rollen für die universellen Bewegungsmuster erklären und damit in diesen lokalisieren.

3) Die Ontologie der Naturwissenschaften besteht in der Antwort auf folgende Frage: Welches sind die minimalen ontologi-

schen Festlegungen, die hinreichen, um dem, was uns die Wissenschaften und unser Alltagsverständnis über die Welt sagen, Rechnung zu tragen? Es führt in die Irre, die Ontologie der Naturwissenschaften durch primitive modale Entitäten (wie Dispositionen oder Kräfte) anzureichern, die notwendige Verbindungen aufbauen, welche darin bestehen, bestimmte Bewegungen der Materie als ihre Manifestationen *hervorzubringen*. Selbiges gilt auch für den Fall, dass man die Naturgesetze als solche selbst für primitiv hält und ihnen zuspricht, die Bewegung der Materie hervorzubringen.[24] Man erzielt dadurch keinen Erklärungsgewinn, und zwar wegen der erwähnten Zirkularität: Die Dispositionen, Kräfte oder Gesetze sind durch die Wirkungen definiert, die sie angeblich hervorbringen. Man läuft nur in eine Sackgasse von Scheinproblemen hinein, die keine Lösung haben, wie ich im vorigen Unterkapitel ausgeführt habe: Wie schafft es die Kraft, die einem Objekt innewohnt, aus diesem Objekt heraus zu wirken und andere, im Raum entfernte Objekte zu bewegen? Wie schafft es das Gesetz, bestimmte Bewegungen von Objekten hervorzubringen? Man lässt sich hier durch eine oberflächliche Lesart des naturwissenschaftlichen Erklärungsschemas in die Irre führen: Der Wert der Massen der Objekte zum Beispiel erklärt deren anziehende Bewegung. Dabei übersieht man jedoch, dass der Parameter der Masse in der Physik durch seine funktionale Rolle für die Bewegung der Körper eingeführt wird und damit in dieser Bewegung lokalisiert ist, statt sie hervorzubringen.

Man kann die Hume'sche Metaphysik einsetzen, um diese drei Aspekte philosophisch zu untermauern. Der Akzent liegt dann auf dem Übergang zum Super-Humeanismus mit seiner Betonung der Unterscheidung zwischen minimaler, primitiver Ontologie und der dynamischen Struktur naturwissenschaftlicher Theorien. Es kann dann aber Folgendes offenbleiben: Ist der Stellenwert, den die Naturgesetze in der Formulierung naturwissenschaftlicher Theorien und deren Erklärungen haben, alles, was das Sein der Naturgesetze ausmacht? Oder legen Gesetze in der Natur den Bewegungen eine Art genereller Einschränkung oder Struktur auf, ohne diese Bewe-

---

24 Siehe Maudlin (2007) zu eine solcher Position.

gungen hervorzubringen?[25] Letzteres zu vertreten, mag der oben genannten, weit verbreiteten Intuition entgegenkommen. Man muss sich dann aber darüber im Klaren sein, dass man auf diese Weise keinen Erklärungsgewinn erzielt.

2.4 Wieso der Determinismus dem freien Willen nicht entgegensteht

Nehmen wir einmal an, dass die klassische Mechanik die korrekte physikalische Theorie des Universums ist. Dann gilt Folgendes: Gegeben einen Anfangszustand der Teilchenkonfiguration des Universums zu einer beliebigen Zeit und die Gesetze der klassischen Mechanik, ist die gesamte Zeitentwicklung des Universums durch die Gesetze festgelegt. Das heißt, die gesamte *zukünftige* Entwicklung von diesem Zustand aus ebenso wie die gesamte *vergangene* Entwicklung zu diesem Zustand hin ist dann festgelegt. Deshalb kann der Zustand zu einer beliebigen Zeit als Anfangszustand in die Gesetze eingesetzt werden; »Anfang« meint hier also nur das Füttern der Gleichungen mit konkreten Werten, um Lösungen zu erhalten. Zwar kann kein Beobachter innerhalb des Universums seinen Zustand zu einer Zeit mit einer solchen Präzision kennen, dass er den Determinismus in den Gesetzen in Voraussagen (oder rückblickende Aussagen) ummünzen könnte; aber *der Determinismus impliziert nichts in Bezug auf die Möglichkeit von Voraussagen.* Er ist allein eine Frage der dynamischen Struktur einer physikalischen Theorie: Dann – und nur dann –, wenn die Gesetze und die Werte der Parameter, die in die Anfangsbedingungen eingehen, die gesamte Entwicklung des Universums fixieren, ist das Universum deterministisch gemäß der betreffenden Theorie.

Wenn man den physikalischen Determinismus für besorgniserregend in Bezug auf den freien Willen hält, dann zeigt eine leicht nachvollziehbare Überlegung, dass der Determinismus, der zum Beispiel in der dynamischen Struktur der klassischen Mechanik verankert ist, nicht der eigentliche Grund für diese Besorgnis sein sollte. Wenn überhaupt Anlass zur Besorgnis besteht, dann ist

---

25 Vgl. Strawson (1989) über den historischen Hume. Siehe auch Esfeld und Deckert (2017), S. 56.

der Grund die schlichte Tatsache, dass es universelle physikalische Gesetze gibt, die zusammen mit Anfangsbedingungen Lösungen der Gleichungen ermöglichen, in denen sie formuliert sind. Nehmen wir nun einmal an, dass eine Version der Quantenmechanik die korrekte physikalische Theorie des Universums ist, die eine sprunghafte Entwicklung der Wellenfunktion (Kollaps) in ihren dynamischen Gesetzen enthält (wie die GRW-Theorie, siehe Kapitel 1.7). Und nehmen wir ferner an, dass diese Entwicklung ein irreduzibel stochastischer Prozess ist. Nichtsdestoweniger legen die dynamischen Gesetze dann objektive Wahrscheinlichkeiten fest für Ereignisse, die durch den Kollaps der Wellenfunktion beschrieben werden. Gegeben einen Anfangszustand des Universums zu einer beliebigen Zeit, der eine Anfangs-Wellenfunktion einschließt, sind dann mehrere Möglichkeiten für die zukünftige Entwicklung des Universums mit jeweils bestimmten Wahrscheinlichkeiten festgelegt.

Wenn die Entscheidungen von Menschen über die Bewegungen ihrer Körper weder den Anfangszustand des Universums noch die Gesetze der klassischen Mechanik beeinflussen, dann beeinflussen diese Entscheidungen auch nicht die objektiven Wahrscheinlichkeiten, die sich aus einem fundamentalen stochastischen Gesetz und einer Anfangs-Wellenfunktion ergeben.[26] Folglich gilt: Wenn die Bewegungen, die Personen tatsächlich ausführen, systematisch nicht den objektiven Wahrscheinlichkeiten für diese Bewegungen entsprechen würden, die sich auf der Ebene der Teilchen ergeben, dann wäre das stochastische Gesetz widerlegt; es wäre ebenso widerlegt, wie ein deterministisches Gesetz dann widerlegt wäre, wenn Personen nicht die Bewegungen ausführen, die durch das Gesetz und die Anfangsbedingungen festgelegt sind. Daraus folgt: Wenn es einen Konflikt zwischen deterministischen physikalischen Gesetzen und dem freien Willen gibt, dann kann man diesen Konflikt nicht durch indeterministische Gesetze auflösen. Wenn es einen solchen Konflikt gibt, dann bezieht er sich auf die bloße Tatsache universeller physikalischer Gesetze, seien diese deterministisch oder nicht.

Die Frage eines solchen Konfliktes stellt sich in erster Linie für universelle Gesetze. Man mag Gesetze auch in Einzelwissenschaf-

---

26 Siehe Loewer (1996).

ten wie der Genetik, der Evolutionsbiologie oder den Neurowissenschaften anerkennen. Diese Gesetze können auch deterministisch sein, was das Thema eines genetischen, evolutionsbiologischen oder neurobiologischen Determinismus aufwirft. Aber das sind keine universellen Gesetze. Sie sind nur unter normalen Bedingungen anwendbar, die man nicht genau spezifizieren kann. Es ist daher immer möglich, dass diese Gesetze ausfallen, weil die Bedingungen nicht normal sind. Sie betreffen Regularitäten, die Gene, die biologische Evolution oder neuronale Konfigurationen mit dem Verhalten von Organismen verbinden. Weil diese aber keine strikten Regularitäten sind, gibt es nie die Situation, in der eine exakte Spezifikation von Anfangsbedingungen zusammen mit diesen Gesetzen das Verhalten eines Organismus festlegt.

Die oben gebrauchte, gängige Formulierung, dass im Fall des Determinismus die Gesetze zusammen mit den Anfangsbedingungen die gesamte Zeitentwicklung der Objekte festlegen, kann in die Irre führen. Sie kann nämlich nahelegen, dass die Gesetze die Entwicklung der Objekte *hervorbringen*. Wenn dem so wäre, dann müssten die Gesetze jedoch nicht nur die *zukünftige* Entwicklung von einem beliebigen Anfangszustand aus hervorbringen, sondern auch die *vergangene* Entwicklung von diesem Anfangszustand zurück; denn deterministische Gesetze bevorzugen keine Zeitrichtung. Aber niemand glaubt, dass das Gesetz die vergangene Entwicklung der Objekte durch rückwärts gerichtete Kausalität hervorbringt. Also begründet der Determinismus als solcher auch nicht die Annahme, dass das Gesetz die zukünftige Entwicklung der Objekte hervorbringt.

Eine bessere Formulierung des Determinismus, die jede ontologische Konnotation des Verbs »festlegen« vermeidet, ist diese: Die Aussagen, welche die Naturgesetze formulieren, und die Aussagen, die den Zustand des Universums zu einer beliebigen Zeit beschreiben (also Anfangsbedingungen spezifizieren), *implizieren* die Aussagen, welche den Zustand des Universums zu jeder beliebigen anderen Zeit beschreiben. So ausgedrückt, ist klar, dass der Determinismus in den Naturwissenschaften – nur – eine Behauptung über Implikationsbeziehungen zwischen Aussagen ist. Falls der Determinismus wahr ist, ist die Frage dann diese: Was in der Welt macht diese Aussagen wahr? Oder anders gefragt: Aufgrund von was in der Ontologie gelten diese Implikationsbeziehungen zwischen Aussagen?

Eine mögliche Antwort auf diese Fragen besteht darin zu vertreten, dass es Dispositionen oder Kräfte in der Welt gibt, welche die Entwicklung der Materie in Richtung der Zukunft durch ihre Manifestationen hervorbringen[27] – oder dass die Gesetze selbst dies tun.[28] In diesem Fall ist der Verdacht, dass die Naturgesetze in Konflikt mit der Willensfreiheit kommen, allerdings begründet: Es gibt dann etwas außerhalb des Einflussbereichs menschlicher Entscheidungen und Handlungen, das die Bewegung der Materie hervorbringt, und zwar einschließlich der Bewegungen der menschlichen Körper. Wiederum ist der Konflikt mit dem freien Willen dann unabhängig davon, ob die Dispositionen, Kräfte oder Gesetze deterministisch operieren oder nicht. Wenn Faktoren, die außerhalb des Einflussbereiches unserer Entscheidungen und Handlungen liegen, objektive Wahrscheinlichkeiten festlegen, die auch für die Bewegungen unserer Körper gelten, dann ist die Vermutung begründet, dass daraus ein Konflikt mit unserem freien Willen folgt.[29]

Das ist jedoch eine sehr spezielle Sicht von Naturgesetzen. Sie ist nicht allein dadurch gegeben, dass universelle Gesetze in unseren wissenschaftlichen Theorien auftreten. Wie im vorigen Unterkapitel ausgeführt wurde, gibt es gewichtige Einwände gegen diese Sicht von Naturgesetzen, die unabhängig vom Thema der menschlichen Willensfreiheit sind. Allerdings ist die Angelegenheit eines Konfliktes zwischen Naturgesetzen und dem freien Willen nicht schon dadurch erledigt, dass man die Sicht von Naturgesetzen, Dispositionen oder Kräften zurückweist, von denen angenommen wird, dass sie die Entwicklung der Materie hervorbringen.

Das bekannteste Argument für einen solchen Konflikt ist das Konsequenzargument von Peter van Inwagen:

Wenn der Determinismus wahr ist, dann sind unsere Handlungen die Folgen der Naturgesetze und von Ereignissen in der entfernten Vergangenheit. Aber es hängt nicht von uns ab, was geschah, bevor wir geboren wurden, und ebensowenig hängt es von uns ab, was die Naturgesetze sind. Des-

---

27 Siehe zum Beispiel Bird (2007) und Mumford und Anjum (2011).
28 Siehe zum Beispiel Maudlin (2007).
29 Siehe jedoch auch die Position, die von Wachter (2015) vertritt: Ihm zufolge ist es verfehlt, Naturgesetze an Regularitäten zu binden; stattdessen geben Naturgesetze Tendenzen an, die durch den Eingriff äußerer Faktoren – wie zum Beispiel freien Willen – ausgehebelt werden können.

halb hängen die Folgen dieser Dinge (einschließlich unserer gegenwärtigen Handlungen) nicht von uns ab.[30]

Man kann dieses Argument wie folgt aufschlüsseln:

1) Wenn der Determinismus wahr ist, dann sind unsere Handlungen die Folgen der Naturgesetze und von Ereignissen in der entfernten Vergangenheit.
2) Es hängt nicht von uns ab, was geschah, bevor wir geboren wurden.
3) Es hängt nicht von uns ab, was die Naturgesetze sind.
4) Aus (1)-(3) folgt: Die Folgen dieser Dinge (einschließlich unserer gegenwärtigen Handlungen) hängen nicht von uns ab.
5) Wenn unsere gegenwärtigen Handlungen nicht von uns abhängen, dann haben wir keinen freien Willen.
6) Schlussfolgerung: Der Determinismus impliziert, dass wir keinen freien Willen haben.

Wiederum geht es hier eigentlich nicht um den Determinismus, sondern um universelle Naturgesetze, seien sie deterministisch oder nicht. Wenn sie probabilistisch sind, dann sind die objektiven Wahrscheinlichkeiten für das, was eine Person tut, die Folgen der Naturgesetze und dessen, was in der lange zurückliegenden Vergangenheit geschah. Dann folgt wiederum unter der Voraussetzung, dass nichts von dem, was diese Wahrscheinlichkeiten festlegt, von uns abhängt, dass wir keinen freien Willen haben. Ferner geht es hier nicht um eine Sichtweise der Naturgesetze als etwas, das die Entwicklung der Konfiguration der Materie des Universums hervorbringt. Das Wort »Konsequenz« sollte man in dem oben genannten Sinne logischer Konsequenz lesen: Die Aussagen, welche die Naturgesetze formulieren, und die Aussagen, welche den Zustand der Welt zu einer beliebigen Zeit beschreiben (also Anfangsbedingungen angeben), implizieren diejenigen Aussagen, welche den Zustand der Welt zu jeder anderen Zeit beschreiben. Letztere Aussagen schließen auch die Aussagen ein, welche die Bewegungen derjenigen Teilchenkonfigurationen beschreiben, die menschliche

---

30 Van Inwagen (1983), S. 16; Übersetzung M. E. Siehe auch van Inwagen (1975) zu einer früheren und ausführlicheren Formulierung dieses Arguments.

Körper sind. (Und wiederum ist es für diese logischen Zusammenhänge irrelevant, dass niemand diese Aussagen ableiten kann und damit auch niemand deterministische Voraussagen über die Bewegungen menschlicher Körper machen kann.)

Man mag erwägen, die Prämissen (1) bis (4) zu akzeptieren, aber Prämisse (5) zurückzuweisen. In diesem Fall vertritt man die bekannteste Form eines Kompatibilismus von Determinismus und freiem Willen.[31] Die intuitiv einleuchtende Idee, aus der Prämisse (5) sich speist, ist diese: Wenn eine Person freien Willen hat, dann hängen ihre Handlungen von ihr ab; sie hätte auch anders handeln können. Anders gesagt: Wenn eine Person in einer Situation nicht hätte anders handeln können, dann hat sie in dieser Situation keinen freien Willen gehabt. Ein Kompatibilismus, der Prämisse (5) ablehnt, kann dementsprechend nicht einfach vertreten, dass eine Person freien Willen hat, obwohl sie nicht hätte anders handeln können. Die Glaubwürdigkeit dieses Kompatibilismus hängt daran, die Klausel »hätte anders handeln können« nicht rundweg abzulehnen, sondern sie, ohne den Determinismus der Naturgesetze aufzugeben, einzuschränken zu »hätte anders handeln können, wenn die Umstände, die zu der Handlung führten, andere gewesen wären«. Das Problem dabei ist jedoch, dass jede solche Einschränkung im Rahmen des Determinismus am Ende des Tages nicht darum herumkommt zuzugestehen, dass die Person nur dann hätte anders handeln können, wenn die Naturgesetze oder die Anfangsbedingungen des Universums andere gewesen wären. Hieraus speisen sich aber gerade die Bedenken gegen diesen Versuch, den freien Willen mit dem Determinismus vereinbar zu machen: Wie auch immer man eine kompatibilistische Position, die (5) zurückweist, ausführen mag, es bleibt wahr, dass unsere Handlungen die Folgen der Naturgesetze und der Anfangsbedingungen des Universums sind, auf die wir gemäß den Prämissen (2) und (3) keinen Einfluss haben.

Es ist sicher richtig, dass man Determination nicht rundweg ablehnen kann. Man muss den freien Willen von rein zufälligen Ereignissen unterscheiden. Das wären Ereignisse, für deren Eintreten es nicht einmal objektive Wahrscheinlichkeiten gibt, weil sie unter keine hervorstechende Regularität fallen. Folglich reicht

31 Die am weitesten verbreitete derartige Konzeption geht auf Frankfurt (1993) zurück.

es nicht aus zu sagen, dass unsere Handlungen von uns abhängen oder dass eine Person hätte anders handeln können, wenn sie freien Willen hat. Man muss eine Konzeption des freien Willens formulieren, die ausbuchstabiert, wodurch sich Handlungen, die von uns abhängen, so dass die Person hätte anders handeln können, von rein zufälligen Ereignissen unterscheiden. Ich werde darauf in den Kapiteln 3.4 und 3.5 eingehen. Dessen ungeachtet gilt: Wenn eine Position darauf hinausläuft, dass unsere Handlungen die Folgen der Naturgesetze und der Anfangsbedingungen des Universums sind, auf die wir gemäß Prämissen (2) und (3) keinen Einfluss haben, dann ist der Einwand berechtigt, dass diese Determination den freien Willen untergräbt.

Wenn also das Rückgrat der Naturwissenschaften, universelle Naturgesetze, dem freien Willen nicht entgegenstehen soll, dann müssen wir Prämisse (2) und/oder Prämisse (3) des Konsequenzarguments angreifen. Wir müssen eine Konzeption der Naturgesetze plausibel machen, aus der folgt, dass die Naturgesetze und/oder die Anfangsbedingungen des Universums irgendwie auch von uns abhängen. Eine solche Konzeption muss durch Argumente gestützt werden, die unabhängig vom Thema des freien Willens sind. Ferner soll sie im Rahmen des wissenschaftlichen Realismus stehen: Die Wissenschaft entdeckt Gesetze und Anfangsbedingungen; diese sind keine sozialen Konstrukte.

Gemäß dem Humeanismus in Bezug auf die Naturgesetze ist Prämisse (3) falsch. Der Grund ist, dass zuerst die Bewegung der Materie im Universum kommt und erst danach die Naturgesetze als die Theoreme des Systems, welches die beste Balance zwischen Einfachheit und Informationsreichtum in der Repräsentation der Bewegung der Materie erreicht. Unsere körperlichen Bewegungen sind Teil der Bewegung der Materie im Universum. Wie gering auch immer dieser Teil sein mag, sie sind damit Teil der Basis, welche die Naturgesetze bestimmt. So schreibt zum Beispiel Jenann Ismael:

Wenn wir eine globale Perspektive einnehmen, dann sind unsere Aktivitäten Teil des Musters der Ereignisse, welche die Geschichte des Universums ausmachen. Weil unsere Aktivitäten zum Teil dieses Muster bestimmen und dieses Muster die Gesetze bestimmt, bestimmen unsere Aktivitäten zum Teil die Gesetze.[32]

32 Ismael (2016), S. 111; Übersetzung M. E.; siehe auch S. 225 f.

In diesem Sinne hängen also die Gesetze von uns ab. Wenn folglich Personen anders gehandelt hätten oder anders handeln würden, dann wären die Naturgesetze geringfügig anders.[33]

Es gibt gute Argumente für den Humeanismus in Bezug auf die Naturgesetze, die unabhängig vom Thema des freien Willens sind. Das wichtigste Argument ist dieses: Der Humeanismus trägt all unseren Motiven Rechnung, Naturgesetze im Geiste des wissenschaftlichen Realismus anzuerkennen. Er berücksichtigt deren Bedeutung für wissenschaftliche Erklärungen, kontrafaktische Aussagen usw. Dabei geht der Humeanismus nicht über eine primitive Ontologie von Materie in Bewegung hinaus. Er verpflichtet uns nicht dazu, irgendwelche grundlegend modalen Entitäten anzuerkennen. In Bezug auf den freien Willen ist der Nachteil dieser Position dann aber, dass sie uns zu viel zu geben scheint: Die Naturgesetze legen in einem wohlbegründeten Sinne fest, was wir tun können und was wir nicht tun können. Mehr noch, wir benötigen Naturgesetze, um den Rahmen abzustecken, innerhalb dessen wir frei unsere Handlungen wählen können. Zum Beispiel kann eine Person wählen, langsam oder schnell zu gehen, aber sie kann sich nicht schneller als das Licht bewegen. Ebenso kann sie nach links oder rechts gehen, aber nicht auf das Dach ihres Hauses springen.

Der Humeanismus kann diesen Unterschied jedoch berücksichtigen: Es gibt stabile Muster oder Regularitäten in der Bewegung der Materie. Nur wenn solche stabilen Muster oder Regularitäten überall im Universum bestehen, gibt es Naturgesetze. Wenn man diese Muster oder Regularitäten, wie sie in den Naturgesetzen ausgedrückt sind, festhält, ist es physikalisch oder nomologisch unmöglich für eine Person, sich schneller als das Licht zu bewegen oder auf das Dach ihres Hauses zu springen. Das ist alles, was erforderlich ist, damit die Naturgesetze den Rahmen abstecken, innerhalb dessen wir frei unsere Handlungen wählen können. Dessen ungeachtet ist es metaphysisch möglich, dass morgen eine Person sich schneller als das Licht bewegen oder auf das Dach ihres Hauses springen wird. Es gibt nichts in der gegenwärtigen oder der vergangenen Konfiguration der Materie, das ausschließt, dass so

---

33 Siehe auch Beebee und Mele (2002) zu einem detaillierten Argument. Siehe ferner bereits Swartz (2003), Kap. 11, insbesondere S. 127.

etwas passieren könnte. Nur wenn wir annehmen, dass die hervorstechenden Regularitäten, die wir in der vergangenen Bewegung der Materie entdeckt haben, auch in der Zukunft fortbestehen, erhalten wir Einschränkungen in Bezug auf das, was physikalisch oder nomologisch möglich ist im Unterschied zum weiten Rahmen dessen, was metaphysisch möglich ist. Es gibt aber nichts im Universum, das es notwendig macht, dass die Regularitäten in der vergangenen Bewegung der Materie auch in der Zukunft fortbestehen werden.[34]

Selbst wenn man dem Humeanismus zugesteht, auf diese Weise zwischen metaphysischer Möglichkeit und nomologischer oder physikalischer Unmöglichkeit unterscheiden zu können,[35] bleibt der folgende Eindruck bestehen: Die Naturgesetze von unseren Handlungen abhängig zu machen, um die Vereinbarkeit unseres freien Willens mit den Naturgesetzen zu erreichen, kommt nur als letzter Ausweg in Frage, eben weil man damit die Rolle der Naturgesetze angreift, unseren Handlungsspielraum abzustecken.

An dieser Stelle zeigt sich wiederum die Stärke des Super-Humeanismus: Nicht nur die Gesetze, sondern die gesamte dynamische Struktur der korrekten physikalischen Theorie des Universums hängt von den Veränderungen ab, die tatsächlich im Universum geschehen. Alle dynamischen Parameter, die durch ihre funktionale Rolle für die Veränderungen in der primitiven Ontologie (also der Teilchenbewegung) eingeführt werden, dienen der Vereinfachung: Mit ihrer Hilfe versucht man, eine Repräsentation der Teilchenbewegung zu erreichen, die so einfach und informationsreich wie möglich ist. Sie wohnen folglich nicht den Teilchen oder ihrer Konfiguration zu einer bestimmten Zeit inne. Ob ein gegebenes Teilchen oder eine gegebene Teilchenkonfiguration die Rolle realisiert, die einen bestimmten dynamischen Parameter definiert, ist eine holistische Angelegenheit. Es hängt von der Bewegung des betreffenden Teilchens oder der betreffenden Teilchenkonfiguration innerhalb der Materiekonfiguration des gesamten Universums ab.[36]

Daraus folgt: Die Anfangsbedingung, die als Zustand des Universums zu einer gegebenen Zeit in die Gleichungen eingeht, wel-

---

34 Siehe wiederum Beebee und Mele (2002), S. 209-217.
35 Siehe dagegen aber Hüttemann und Loew (2019).
36 Siehe Erläuterung (1) in der Diskussion funktionaler Definitionen in Kapitel 2.1.

che die Naturgesetze ausdrücken, enthält Elemente, die nicht dem innewohnen, was zu der betreffenden Zeit existiert. Diese Elemente hängen letztlich von der gesamten Veränderung im Universum ab, also von der gesamten Zeitentwicklung der Materiekonfiguration. Das sind insbesondere die Anfangswerte von Parametern wie Masse, Ladung, Feldern, der universellen Wellenfunktion und den Naturkonstanten. Damit diese Parameter ihre Rolle spielen können, die Repräsentation der Bewegung, die im Universum geschieht, zu vereinfachen, hängt es von der Veränderung ab, die tatsächlich im Universum geschieht, was diese Rolle ist und was insbesondere als Anfangswerte dieser Parameter eingesetzt werden muss.

Das heißt: Der korrekte Wert dieser Parameter, der in den Zustand des Universums *zu einer gegebenen Zeit* eingeht, hängt nicht nur davon ab, welche Bewegungen im Universum vor dieser Zeit geschehen, sondern auch davon, welche Bewegungen *später* geschehen. Der Grund ist, dass diese Parameter nicht in der Teilchenbewegung zu einer Zeit lokalisiert sind. Wie sie lokalisiert sind, hängt von der Teilchenbewegung in der *gesamten* Entwicklung des Universums ab. Zugespitzt gesagt, kennen wir folglich die Anfangs-Wellenfunktion des Universums nicht nur deshalb nicht, weil es eine prinzipielle Beschränkung unseres Wissens von Anfangsbedingungen gibt; wir können diese Wellenfunktion vor allem deshalb nicht kennen, weil die *Anfangs*-Wellenfunktion des Universums erst am *Ende* des Universums feststeht.

Wenn folglich Personen entschieden hätten, anders zu handeln, dann müssten leicht geänderte Anfangswerte dynamischer Parameter am Anfangszustand des Universums eingesetzt werden, um eine Repräsentation der Geschehnisse im Universum zu erreichen, die zugleich maximal einfach und maximal informationsreich ist. Nehmen wir zum Beispiel an, dass die Quantenmechanik die korrekte Theorie des Universums ist. Was geringfügig anders wäre, wenn Menschen anders gehandelt hätten, als sie tatsächlich getan haben, das wäre nicht die Schrödinger-Gleichung und/oder die Bohm'sche Führungs-Gleichung oder das GRW-Gesetz vom Kollaps der Wellenfunktion, sondern der anfängliche Quantenzustand des Universums. Das heißt: Die Werte, welche die Wellenfunktion des Universums als Anfangsbedingung im Konfigurationsraum des Universums annimmt, wären dann geringfügig anders. Der Quantenzustand ist nicht der Zustand, der durch die primitive Ontologie zu einer Zeit (wie die Teilchenorte) gegeben ist, sondern durch die Wellenfunktion zu einer Zeit. Was aber die Wellenfunktion zu einer Zeit ist, hängt von der gesamten zeitlichen Entwicklung der Materie (der primitiven Ontologie) ab. Die Wellenfunktion ist ein dynamischer Parameter, der durch seine funktionale Rolle für die Entwicklung der Materie definiert ist und daher in dieser gesamten Entwicklung lokalisiert ist (siehe Kapitel 2.2).

Auf diese Weise widerlegt der Super-Humeanismus van Inwagens Konsequenzargument, ohne die Prämisse (3) anzugreifen, dass die Naturgesetze nicht von uns abhängen. Stattdessen erweist sich die Prämisse (2) »Es hängt nicht von uns ab, was geschah, bevor wir geboren wurden« als doppeldeutig: Diese Aussage kann bedeuten, dass wir an dem vergangenen Geschehen nichts ändern können. Das akzeptiert der Super-Humeaner. Diese Aussage kann aber auch die Bezugnahme auf einen Anfangszustand des Universums vor unserer Geburt einschließen. Wenn dieser Zustand als Anfangsbedingung in die Naturgesetze eingeht, enthält er Werte von Parametern, die ihm nicht innewohnen. Diese Werte hängen davon ab, was später im Universum geschieht – einschließlich der körperlichen Bewegungen, die auf unsere Entscheidungen zurückgehen. Die vergangenen Teilchenbewegungen haben nur dann Konsequenzen für die Zukunft – einschließlich unserer gegenwärtigen Handlungen –, wenn sie Werte zusätzlicher dynamischer Parameter enthalten, die als Anfangsbedingungen in die Naturgesetze eingehen.

Folglich kann man Prämisse (2) zurückweisen, ohne zu der Schlussfolgerung zu gelangen, dass Entscheidungen von Menschen über ihre gegenwärtigen körperlichen Bewegungen Orte und Bewegungen von physikalischen Objekten in der Vergangenheit ändern. Das unterscheidet die Argumentation hier von Vorschlägen, die mit zeitlich rückwärts gerichteter Kausalität arbeiten.[37] Die vergangenen Teilchenorte und -bewegungen sind so, wie sie sind, unabhängig von dem, was wir tun. Alle Beobachtungen, einschließlich aller Speicherungen von Messergebnissen, sind Ortsbeobachtungen und werden als räumliche Konfigurationen gespeichert (siehe Kapitel 1.1). Unser freier Wille ändert keine vergangenen Beobachtungen oder stellt die Gültigkeit von Zeugnissen der Vergangenheit in Frage. Es besteht jedoch ein Unterschied zwischen dem

---

37 Siehe Forrest (1985) zu einem solchen Vorschlag.

Ort als dem primitiven Parameter und den weiteren dynamischen Parametern, die als Anfangsbedingungen in ein Bewegungsgesetz eingehen. Die letzteren sind funktional definiert durch die Rolle, die sie für die Bewegung spielen, die tatsächlich stattfindet. Deren Anfangswerte können daher von zukünftigen Bewegungen abhängen, ohne dass sich ein Paradox ergibt, denn diese Werte sind in der gesamten Bewegung lokalisiert. Nichts von ihnen geht jemals in Beobachtungen, Speicherungen von Messergebnissen oder irgendwelche Zeugnisse der Vergangenheit ein.

Man kann Prämisse (2) auch mit Hilfe einer Position zurückweisen, die innerhalb der Metaphysik eines Blockuniversums steht und die den Humeanismus in Bezug auf die Naturgesetze akzeptiert, so dass Prämisse (3) sich ebenfalls als falsch herausstellt.[38] Jener Position zufolge ist Prämisse (2) nur deshalb falsch, weil (i) alle Ereignisse in einer zeitlosen Weise existieren und weil (ii) der Determinismus besagt, dass auch die Aussagen über alle *vergangenen* Zustände des Universums von der vollständigen Beschreibung des Zustands der Welt zu einer beliebigen Zeit – die eine Zeit sein kann, in der Personen leben und handeln – sowie den Naturgesetzen impliziert werden. So kann es auch in der Metaphysik des Blockuniversums wahr sein, dass auch die Anfangsbedingungen des Universums anders gewesen wären, wenn Menschen anders gehandelt hätten und somit der Zustand des Universums zu einer Zeit anders gewesen wäre. Aber das reicht nicht hin, um die Metaphysik des Blockuniversums mit dem freien Willen kompatibel zu machen; denn daraus folgt nicht, dass Menschen tatsächlich die Möglichkeit gehabt hätten, anders zu handeln.

Das zentrale Problem für die Metaphysik eines Blockuniversums ist, dass es Variation im Blockuniversum gibt, aber keine Veränderung (siehe Kapitel 1.6). Ohne Veränderung gibt es aber keine Entfaltungsmöglichkeit für den freien Willen. Der freie Wille ist keine Frage statischer Abhängigkeitsbeziehungen zwischen zeitlosen Ereignissen. Die Frage ist, ob es einen freien Willen gibt, der dazu führt, dass diese und nicht jene Veränderungen stattfinden (wie zum Beispiel Kaffee statt Tee zum Frühstück zu trinken). Wenn es jedoch keine Veränderungen gibt, dann kommt gar nicht die Frage

---

38 Zu dieser Position siehe Hoefer (2002) und Ismael (2016), Kap. 6 und S. 227-230. Siehe Brennan (2007) zu einer Kritik an Hoefer.

auf, ob manche Veränderungen »von uns abhängen«. Die häufig implizit bleibende Voraussetzung, dass es ohne Veränderungen keinen freien Willen gibt, ist der Grund dafür, dass man in der Debatte um den freien Willen in der Regel eine Formulierung des Determinismus verwendet, gemäß welcher die Anfangsbedingungen und die Gesetze die *zukünftige* Entwicklung der Materiekonfiguration des Universums bestimmen. Aber auch diejenigen, die eine solche Formulierung gebrauchen, wissen, dass der Determinismus in der Physik keine Zeitrichtung auszeichnet. Entgegen der Position von Hoefer (2002) und Ismael (2016, Kap. 6) läuft die Metaphysik des Blockuniversums somit nicht darauf hinaus, Prämisse (2) in einer Weise zu widerlegen, die Raum für den freien Willen schafft, weil es gemäß dieser Metaphysik gar keine Veränderungen gibt.

Nur der Super-Humeanismus – zusammen mit als primitiv angesetzter Veränderung – beseitigt das Bedenken in Bezug auf den freien Willen, das aus der Formulierung des Determinismus folgt, indem er zwischen Dingen unterscheidet, die in der Vergangenheit vorhanden sind (Teilchen und deren Bewegung), und Anfangswerten zusätzlicher dynamischer Parameter, die erst durch die zukünftige Teilchenbewegung vollständig bestimmt sind. Durch diese Unterscheidung wird Prämisse (2) in differenzierter Weise zurückgewiesen: Die Werte von *nur manchen* der Parameter, die zu den Anfangsbedingungen des Universums gemäß einer physikalischen Theorie gehören, hängen von den Veränderungen ab, die im Universum geschehen, nämlich die Werte der Parameter, die durch ihre funktionale Rolle für die Entwicklung der primitiven Parameter eingeführt werden. Aber dies gilt nicht für die Werte der Parameter, welche die primitive Ontologie ausmachen. Dadurch gewinnen wir einen präzisen Sinn, in welchem ein Teil der Anfangsbedingungen des Universums, die in die Naturgesetze eingehen, von uns abhängt in einer Weise, die für den freien Willen relevant ist: Die Anfangswerte der ersteren Parameter hat es am Anfang des Universums noch gar nicht gegeben, weil diese Werte nicht dem Anfangszustand innewohnen, sondern in der gesamten Teilchenbewegung holistisch lokalisiert sind.

Die gleiche Überlegung trifft auf Gesetze in den Einzelwissenschaften zu. Wir können hierzu die Tatsache außer Acht lassen, dass diese Gesetze, auch wenn sie deterministisch sind, nur vor dem Hintergrund nicht präzise spezifizierter normaler Bedingungen gelten. Selbst ungeachtet dieser Tatsache würde ein genetischer, evolutionsbiologischer oder neurobiologischer Determinismus nur auf der Grundlage der Angabe geeigneter Anfangsbedingungen formuliert werden können. In diese Anfangsbedingungen gehen in jedem Fall aber Parameter ein, die durch ihre biologische oder neurobiologische Funktion definiert sind. Folglich kann man die Methode der Lokalisation auch auf die dynamischen Parameter anwenden, die in den Einzelwissenschaften auftreten und die durch ihre funktionale Rolle für die Entwicklung der betreffenden Systeme definiert sind. Diese Parameter sind dann in der Entwicklung dieser Systeme lokalisiert. Damit hängen ihre Anfangswerte von der tatsächlichen Entwicklung dieser Systeme ab. Mithin hängen einige der Werte der Parameter, die in die Anfangsbedingungen eingehen, von den Bewegungen von Menschen in dem genannten Sinne ab: Wenn Personen andere Dinge getan hätten, als sie tatsächlich getan haben, dann wären einige der Anfangswerte der Parameter, die sich auf Zustände beziehen, die vor den betreffenden menschlichen Bewegungen liegen, geringfügig anders gewesen.

Im Humeanismus in Bezug auf die Naturgesetze gilt auch für die Gesetze der Einzelwissenschaften, dass diese wiederum nur Muster in den Phänomenen sind, statt diese Phänomene hervorzubringen. So können menschliche Entscheidungen und körperliche Bewegungen durchaus bestimmte stabile Regularitäten manifestieren, welche diese mit Genen, Konfigurationen von Neuronen usw. verbinden. Nichtsdestoweniger kommen zuerst die Entscheidungen und die körperlichen Bewegungen und dann erst die Regularitäten, welche zwischen Genen, Konfigurationen von Neuronen usw. und den Entscheidungen bestehen mögen.

Prämisse (3) des Konsequenzarguments – dass es nicht von uns abhängt, was die Naturgesetze sind –, stellt sich im Rahmen des wissenschaftlichen Realismus nur dann als falsch heraus, wenn man den Humeanismus in Bezug auf die Naturgesetzte akzeptiert. Um Prämisse (2) zu falsifizieren – dass die Anfangsbedingungen nicht von uns abhängen –, muss man den Schritt vom Humeanismus zum Super-Humeanismus vollziehen. Man weist dann insbesondere die Vorstellung zurück, dass die dynamischen Parameter sich auf intrinsische Eigenschaften der Objekte beziehen, denen sie zugeschrieben werden. Prämisse (2) kann aber auch dann als falsch herauskommen, wenn man den Humeanismus in Bezug auf die

Naturgesetze zurückweist. Es reicht aus, dass man akzeptiert, was der Super-Humeanismus über die dynamischen Parameter sagt. Dazu muss man nur die Definition dieser Parameter in Begriffen ihrer funktionalen Rolle für die Entwicklung der Elemente der primitiven Ontologie anerkennen. Genauer gesagt: Man muss diese Definitionen so verstehen, dass sie diese Parameter in der primitiven Ontologie lokalisieren, etwa in der tatsächlich stattfindenden Teilchenbewegung. Wenn die Parameter so lokalisiert sind, dann sind sie nichts über die Teilchenbewegung hinaus. Folglich gibt es deren bestimmte Werte noch nicht in den anfänglichen Teilchenorten und -bewegungen.

Deshalb kann diese Sicht der dynamischen Parameter auch mit einer Position in Bezug auf die Naturgesetze zusammengehen, gemäß welcher die Gesetze ontologisch primitiv sind und der Bewegung der Materie Einschränkungen auferlegen, ohne allerdings die tatsächlichen Bewegungen hervorzubringen. Man mag eine solche Sicht der Naturgesetze bevorzugen, um den Spielraum, welche die Naturgesetze für unser freies Handeln abstecken, in der Ontologie zu verankern. Was eine Person tun kann und was sie nicht tun kann, ist in jedem Fall durch die Naturgesetze festgelegt, und zwar unabhängig davon, ob diese als solche selbst existieren oder ob sie auf die hervorstechenden, universellen Regularitäten in der Bewegung der Materie reduziert werden können.

Der Grund dafür, Prämisse (2) statt Prämisse (3) des Konsequenzarguments zurückzuweisen, was auch immer für eine Sicht der Naturgesetze man einnimmt, ist dieser: Ob eine Person zum Beispiel nach links statt nach rechts geht, hängt auch im Determinismus nicht von den Naturgesetzen als solchen ab, sondern von den Anfangswerten der dynamischen Parameter, die in die Gesetze eingehen über die Parameter hinaus, welche die primitive Ontologie ausmachen. Die Werte dieser Parameter stehen aber nicht vor der Entscheidung der Person, nach links oder rechts zu gehen, fest, sondern werden unter anderem durch diese Entscheidung beeinflusst (es sei denn, man setzt diese dynamischen Parameter als qualitative, intrinsische Eigenschaften an – wie in Lewis' Humeanismus – oder als Dispositionen, Kräfte oder Strukturen, die den Objekten innewohnen, und läuft damit in die im vorigen Unterkapitel diskutierten Probleme hinein, die alle unabhängig von dem Thema des freien Willens sind).

Auch Handlungen aus freiem Willen kommen unter Regularitäten. Es gibt eine systematische Verbindung zwischen Handlungsabsichten, Veränderungen im Gehirn und körperlichen Bewegungen. Diese Verbindung kann man in psychologischen und neurobiologischen Experimenten testen. Wenn es Regularitäten gibt, die freie Willensentscheidungen mit körperlichen Bewegungen verbinden, dann stellt sich jedoch folgende Frage: Wieso treten diese Regularitäten nicht in Form spezifischer dynamischer Parameter für freien Willen auf, die letztlich auch in die Gesetze der Physik eingehen müssten? Wenn der freie Wille von rein zufälligen Ereignissen verschieden ist, wieso manifestiert er sich dann nicht in den Gesetzen?

Die naturwissenschaftliche Forschung versucht, Gesetze zu erreichen, die so allgemein, so einfach und so informationsreich wie möglich sind. Es ist jedoch nicht garantiert, dass dieselben einfachen Gesetze – wie das Gravitationsgesetz – auf alle Teilchenkonfigurationen und alle Veränderungen zutreffen, die es im Universum gibt. Es könnte durchaus sein, dass in bestimmten komplexen Systemen die Wechselwirkungen der Teilchen Regularitäten manifestieren, die unvereinbar mit den grundlegenden physikalischen Regularitäten sind. Carl Gillet (2016) behauptet sogar, dass es stichhaltige wissenschaftliche Hinweise dafür gibt, und spricht von starker Emergenz und abwärts gerichteter Kausalität (*downward causation*). Wenn dem so wäre, dann könnte es folglich sein, dass Wechselwirkungen von Teilchen im Gehirn Regularitäten aufweisen, die wegen des freien Willens von den grundlegenden physikalischen Regularitäten abweichen. Nichtsdestoweniger gäbe es in der Ontologie weiterhin nur Punktteilchen und deren Konfigurationen, die sich bewegen. Aber es wäre dann so, dass die Regularitäten der Bewegung andere werden, wenn die Konfigurationen einen bestimmten Grad von Komplexität erreichen.

Gillet (2016) zum Trotz gibt es keine wissenschaftlich anerkannten Nachweise dafür, dass die grundlegenden physikalischen Regularitäten, wie sie in den Gesetzen der Physik ausgedrückt sind, ab einem bestimmten Grad der Komplexität physikalischer Systeme zusammenbrechen. Die neurowissenschaftliche Forschung, die wir kennen und die erfolgreich verläuft, ist angewandte Physik, nämlich angewandte klassische Mechanik und Elektrodynamik, oder Quantenmechanik, falls sich Quanteneffekte als relevant auf der Ebene des Gehirns erweisen sollten. Auch was den freien Willen betrifft, gibt es keinen Grund, wieso die physikalischen Regularitäten oder Gesetze sich ab einem bestimmten Grad von Komplexität der physikalischen Systeme ändern sollten, damit freier Wille mit Naturgesetzen und allgemein mit dem, was die Naturwissenschaft über die Welt aussagt, vereinbar ist.

Eine solche Idee beinhaltet ein Missverständnis über Naturgesetze und naturwissenschaftliche Forschung. Naturwissenschaft strebt nach Systematizität.[39] Damit die Naturgesetze allgemein, einfach und informationsreich sind, sollten sie besser keine dynamischen Parameter enthalten, die sich nur auf das Verhalten einiger bestimmter Objekte im Universum beziehen – es sei denn, man verliert ohne solche Parameter die Information über das Verhalten dieser Objekte. In die Datenbasis, auf deren Grundlage man allgemeine, einfache und informationsreiche Gesetze formuliert, fließen alle Bewegungen im Universum ein, auch die menschlicher Körper mit freiem Willen. Letzterer ist für diese Datenbasis aber irrelevant: In der Naturwissenschaft geht es nur um die Bewegungen von Körpern. Der Punkt, der für den freien Willen relevant ist, ist dieser: Wie bereits mehrfach betont, definieren die Gesetze nur allgemeine Einschränkungen für Bewegungen. Sie stecken einen Rahmen der dynamisch möglichen Bewegungen ab. Voraussagen für bestimmte Bewegungen erhält man nur, wenn man Anfangswerte dynamischer Parameter einsetzt, die durch ihre funktionale Rolle für diese Bewegungen definiert sind und die daher in diesen Bewegungen lokalisiert sind. Daraus aber folgt, dass diese Anfangswerte durch die tatsächlichen Bewegungen bestimmt sind. Das ist der Grund dafür, wieso der Determinismus in den Naturwissenschaften keine Bewegungen *voraus*bestimmt und daher kein Konflikt mit dem freien Willen auftritt.

Die Anfangswerte der dynamischen Parameter ändern sich immer geringfügig, sobald man Bewegungen im Universum ändert. Also sind diese Anfangswerte in einem Universum mit ausschließlich anorganischer Materie verschieden von denen in einem Universum mit komplexen physikalischen Systemen, die Organismen sind, und einem Universum mit komplexen physikalischen Systemen, die Menschen mit freiem Willen sind. In der Tat ist nichts in den Ausführungen in diesem Kapitel spezifisch für Personen und

39 Siehe wiederum Hoyningen-Huene (2013).

deren freien Willen. Es geht hier nur um den Zusammenhang einer Datenbasis in Form der tatsächlich stattfindenden Bewegungen im Universum, den Naturgesetzen und den dynamischen Parametern mit deren Anfangswerten, die erforderlich sind, um Naturgesetze auf bestimmte Bewegungen anwenden zu können. Diesen Zusammenhang zu analysieren, reicht aus, um die Bedenken zu beseitigen, die man in Bezug darauf haben mag, dass die Naturgesetze dem freien Willen entgegenstehen.

Dieses und das vorangehende Kapitel haben zwei Hindernisse aus dem Weg geräumt, die häufig für Konflikte zwischen der Naturwissenschaft und unserer Alltagssicht sorgen: bestimmte Fragen zu Zeit und Willensfreiheit. Was die Zeit betrifft, legt die Physik uns nicht auf die Ontologie eines vierdimensionalen, raum-zeitlichen Blockuniversums fest: Man kann sogar die Physik ohne die Geometrie eines solchen Blockuniversums formulieren. Was den freien Willen betrifft, beruht das Bedenken aus – deterministischen – Naturgesetzen auf einem Missverständnis des Zweckes und der Funktionsweise von Naturgesetzen.

Die Themen von Zeit und Willensfreiheit sind offensichtlich miteinander verbunden. Was sie verbindet, ist, dass es Veränderungen geben muss, damit freier Wille wirken kann. Ferner muss offen sein, welche Veränderungen auftreten, damit einige Veränderungen, die eintreten, von dem freien Willen von Personen abhängen können. Vor diesem Hintergrund ist die Lösung, die dieses Buch für die Themen von Zeit und Willensfreiheit vorschlägt, diese: Veränderung ist ein Axiom in der primitiven Ontologie, weil sie nicht von etwas anderem abgeleitet werden kann. Die primitive Ontologie ist aber auf das beschränkt, was minimal hinreichend ist, um unser wissenschaftliches und unser Alltagswissen zu verstehen. Auf diese Weise vermeidet man eine ontologische Festlegung auf Surplus-Strukturen und die daraus folgenden Probleme. Der angebliche Zusammenstoß von freiem Willen und Determinismus (besser: Naturgesetzen im Allgemeinen) ist ein solches Scheinproblem.

Um es noch einmal zu betonen: Die Probleme der Zeit und des freien Willens treten nur dann auf, wenn man die Ontologie der physikalischen Welt um etwas anreichert, das über das hinausgeht, was minimal hinreicht, um die gegebenen Daten und Beobachtungen im Sinne des wissenschaftlichen Realismus zu erklären. Im

Fall der Zeit ist das die Anreicherung der Ontologie um eine absolute Raum-Zeit in Gestalt der vierdimensionalen Geometrie des Blockuniversums. Im Fall des freien Willens ist es die Anreicherung der Ontologie um primitive modale Entitäten (wie Dispositionen, Kräfte oder Strukturen), die dem Anfangszustand des Universums innewohnen und die weitere Entwicklung des Universums *voraus*bestimmen sollen. Zugespitzt gesagt: Wenn die Ontologie der Naturwissenschaften ausbuchstabiert wird, indem man das, was minimal hinreicht im Sinne des wissenschaftlichen Realismus, als Leitfaden nimmt, dann stellt sich heraus, dass diese Ontologie gar nicht reich genug ist, als dass Probleme in Bezug auf die Zeit oder die Willensfreiheit auftreten könnten.

Das zu zeigen, war das Ziel der ersten beiden Kapitel dieses Buches. Alles was bis hierhin über die Bewegungen von Objekten gesagt wurde, welche die Werte von dynamischen Parametern bestimmen, die in die Anfangsbedingungen eingehen, trifft auf alle Objekte im Universum zu, auf Elektronen ebenso wie auf Menschen. Wir haben bislang keine positive Konzeption von Personen und deren freiem Willen entwickelt. Das geschieht aber nun im nächsten Kapitel, nachdem wir die wirklichen Konfliktpunkte zwischen dem wissenschaftlichen Bild der Welt und der Sicht von uns als Personen identifiziert haben werden.

3. Wieso Personen unhintergehbar sind: das manifeste Weltbild

3.1 Sinnesqualitäten als Problem für das wissenschaftliche Weltbild

Das wissenschaftliche Weltbild, wie es von der modernen Naturwissenschaft entwickelt wurde, lässt sich auf René Descartes zurückführen, der die Konzeption der Natur als *res extensa* formuliert hat.[1] Diese Konzeption kann man dann als die primitive Ontologie von Abstandsrelationen ausführen, die einfache Objekte individuieren (Punktteilchen), und der Veränderung dieser Relationen, also der Bewegung der Teilchen. Gemäß Descartes ist das wissenschaftliche Weltbild aber nicht vollständig. Der Geist, von Descartes als *res cogitans* gedacht, steht außerhalb dieses Weltbildes. Ferner situiert Descartes alles dasjenige im Geist, das nicht offensichtlich in Begriffen der Bewegung physikalischer Objekte konzipiert werden kann.

Betrachten wir den Fall von Farben. Für Descartes und die gesamte Hauptströmung der frühneuzeitlichen Philosophie sind Farben ein Paradebeispiel für das, was man in dieser Strömung »sekundäre Qualitäten« nennt. Diese sind im Geist situiert und stehen damit im Gegensatz zu den primären Qualitäten wie den geometrischen Eigenschaften, die den Objekten zukommen. Nicht nur Farben, sondern alle sinnlich zugänglichen Qualitäten – wie auch Geräusche, Gerüche, Geschmäcke – werden als sekundäre Qualitäten angesehen und dem Geist wahrnehmender Subjekte zugeschlagen.

Gegen diese Einstufung gibt es einen gewichtigen Einwand: Prädikate wie »rot«, »laut«, »stinkend«, »süß« usw. beziehen sich nicht auf etwas Mentales. Es gibt nichts Rotes, nichts Lautes, nicht Stinkendes und nichts Süßes im Geist von Personen. Solche Prädikate werden ausschließlich ausgedehnten Gegenständen in der Welt zugesprochen. Es mag sein, dass diese Prädikate keine intrinsischen Eigenschaften von Teilchenkonfigurationen bezeichnen. Es kann sein, dass Teilchenkonfigurationen nur in Bezug auf andere

---

1 Siehe insbesondere Descartes, *Prinzipien der Philosophie*, Teil 2, § 5.

Teilchenkonfigurationen, die wahrnehmende Subjekte sind, farbig sind und bestimmte Geräusche produzieren usw. Nichtsdestoweniger sind Farben, Geräusche und Gerüche dann bestimmte Beziehungen zwischen Teilchenkonfigurationen und gehören zur physikalischen Welt.[2]

Dennoch ist es zumindest nicht offensichtlich, wie man diese Qualitäten im wissenschaftlichen Weltbild lokalisieren kann. Ihr Fall ist verschieden von dem der Parameter, welche nicht zur primitiven Ontologie gehören und welche die dynamische Struktur einer wissenschaftlichen Theorie bilden. Zunächst gilt, dass wir zu Parametern wie Masse, Ladung, Energie, Wellenfunktion usw. nur durch die Theorie Zugang haben, die sie einführt. Wir beobachten nicht diese Parameter, sondern nur die relativen Lagen und Bewegungen diskreter Objekte. Dementsprechend sind die dynamischen Parameter wissenschaftlicher Theorien durch ihre funktionale Rolle für die Teilchenbewegung definiert. Dadurch sind sie in der Materiekonfiguration des Universums und deren Veränderung lokalisiert. Folglich impliziert die Beschreibung der Teilchenbewegung die Aussagen, die diese Parameter physikalischen Objekten zuschreiben (siehe Kapitel 2.1).

Unser Zugang zu Farben, Geräuschen, Gerüchen, Geschmäcken ist hingegen unabhängig von naturwissenschaftlichen Theorien. Es ist zumindest auf den ersten Blick nicht klar, ob man die Methode der Lokalisation durch funktionale Definition auf sie anwenden kann. Die Sinnesqualitäten sind sicher wichtig, um makroskopische Objekte voneinander zu unterscheiden. Aber daraus folgt nicht, dass man die wahrgenommenen Unterschiede zwischen diesen Qualitäten durch deren funktionale Rolle für die Bewegung von Materie in bestimmten Konfigurationen erklären kann. Zumindest im Fall von Farben ergibt sich auch ein Problem der Vertauschung:[3] Selbst wenn es einen funktionalen Unterschied zum Beispiel zwischen rot und grün geben sollte, scheint es, dass man die Weise, wie Gegenstände Personen als rot oder als grün erscheinen, vertauschen könnte, ohne dadurch die funktionalen Rollen zu verändern. Anders gesagt: Für diese funktionalen Rollen ist von Bedeutung, dass die Objekte *irgendwelche* Farben haben, durch die sie sich voneinander unterscheiden. Welche Farben dies sind, ist

2 Siehe zum Beispiel Jackson (1998), Kap. 4, zu einer solchen Position.
3 Siehe Smith (1994), S. 48-50.

hierfür aber unwichtig. Wenn dem so ist, kann die Beschreibung der Teilchenbewegung nicht implizieren, welche Objekte rot sind, welche grün sind usw. Hingegen kann man offensichtlich nicht die Weise vertauschen, wie gravitationelle oder elektromagnetische Bewegung Personen erscheint.

Das Problem, wie man diese Sinnesqualitäten im wissenschaftlichen Weltbild lokalisieren kann, ist unabhängig davon, ob man nur eine minimale primitive Ontologie in Begriffen von Punktteilchen und deren Bewegung akzeptiert oder ob man die primitive Ontologie mit Massen, Ladungen, Kräften, Feldern usw. anreichert. Wenn man einer minimalen Ontologie folgt, dann erkennt man nur Teilchen in Bewegung an, aber keine Felder als Vermittler von deren Wechselwirkung (siehe Kapitel 1.5). Wenn es keine Felder gibt, dann gibt es auch kein Licht. Man erklärt die Phänomene elektromagnetischer Strahlung einschließlich des Lichtes, das Sterne aussenden, dann allein in Begriffen direkter Wechselwirkung zwischen Teilchen.

Felder zurückzuweisen, macht es nicht schwerer, das Problem zu lösen, wie man Farben im wissenschaftlichen Bild der Welt verankern kann, als wenn man das elektromagnetische Feld zusammen mit der Teilchenbewegung in die primitive Ontologie aufnimmt. Im letzteren Fall besteht die gängige Strategie darin, Farben mit den Wellenlängen elektromagnetischer Strahlung sowie der Weise, wie diese Strahlung von den Oberflächen bestimmter Teilchenkonfigurationen reflektiert wird, zu identifizieren. Im ersteren Fall, dem Fall einer Theorie direkter Wechselwirkungen zwischen Teilchen, ist die entsprechende Strategie, Farben mit bestimmten Wechselwirkungen zwischen Teilchenkonfigurationen zu identifizieren, die zu bestimmten Beschleunigungen der Teilchen führen. In beiden Fällen sind Farben keine intrinsischen Eigenschaften, die physikalischen Objekten innewohnen, sondern in Wechselwirkungen lokalisiert.

Das Problem ist in beiden Fällen dasselbe: Wie kann die elektromagnetische Strahlung, die von Oberflächen reflektiert wird, blau, rot oder grün *sein*? Wie können bestimmte Wechselwirkungen zwischen Teilchenkonfigurationen blau, rot oder grün *sein*? Teilchenkonfigurationen, die wahrnehmende Subjekte sind, in diese Wechselwirkungen einzubeziehen, macht es nicht leichter, dieses Problem zu lösen. Wahrgenommene Farben mit bestimmten Wellenlängen elektromagnetischer Strahlung oder mit bestimmten Wechselwirkungen zwischen Teilchenkonfigurationen zu korrelieren – und seien es Teilchenkonfigurationen, welche die Gehirne wahrnehmender Subjekte einschließen –, reicht nicht aus, um dieses Problem zu lösen, wie systematisch solche Korrelationen auch immer sein mögen.

Nur eine funktionale Definition der Farben in Begriffen ihrer Rolle für die Teilchenbewegung könnte dieses Problem lösen. Nur dann wären Farben ebenso unproblematisch für das wissenschaftliche Weltbild wie die dynamischen Parameter der Masse, Ladung, Energie, Kräfte usw.; denn nur eine funktionale Definition in Begriffen einer kausalen Rolle für die Teilchenbewegung würde verständlich machen, wie elektromagnetische Strahlung bestimmter Wellenlänge oder wie bestimmte Wechselwirkungen zwischen Teilchen blau, rot oder grün usw. *sein* können. Halten wir daher die *Frage, wie man Sinnesqualitäten wie Farben, Geräusche, Gerüche, Geschmäcke berücksichtigen kann, als das erste große Problem für das wissenschaftliche Weltbild als vollständiges Bild der Welt* fest.

Diese Frage wird in der Regel als das Problem formuliert, wie man sinnliche Erfahrungen wie Sehen, Hören, Riechen, Schmecken, Berühren ebenso wie Zustände, die nicht direkt mit einem Sinnesorgan verbunden sind, wie zum Beispiel Schmerzen zu haben, verliebt zu sein usw. in das wissenschaftliche Weltbild integrieren kann. Alle diese Zustände sind durch eine bestimmte qualitative Erfahrung gekennzeichnet – wie es ist, verliebt zu sein, Schmerzen zu haben, die Farbe reifer Tomaten zu sehen, ein Musikstück zu hören, heißen Kaffee zu riechen, einen alten Wein zu probieren usw. Deshalb sind diese Zustände als *Qualia* bekannt. Sie zu erklären, gilt als das »schwere Problem des Bewusstseins«, das insbesondere von David Chalmers (1996, Einleitung) herausgearbeitet wurde. Das ist aber nicht das vollständige Problem: Wie oben erwähnt wurde, beziehen sich Prädikate wie »rot«, »laut«, »stinkend«, »süß« usw. nicht auf etwas Mentales, sondern auf Gegenstände in der Welt. Das Problem betrifft daher nicht nur die als *Qualia* bekannten Bewusstseinszustände, sondern die Frage, wie die Sinnesqualitäten insgesamt im wissenschaftlichen Weltbild lokalisiert werden können.

Sellars (1962, Ende Abschnitt VI) äußert die Vermutung, dass eine neue Physik erforderlich ist, um dieses Problem zu lösen. In seinem Spätwerk präzisiert er diese Idee in Form einer Ontologie absoluter Prozesse und einer Naturwissenschaft, die auf dieser Ontologie basiert.[4] Diese Prozesse sind absolut, weil sie primitiv oder basal sind. Es handelt sich nicht um Abfolgen von Ereignissen, die wiederum in der Änderung von Eigenschaften oder Relationen zwischen Objekten bestehen. Es gibt keine Objekte in dieser Ontologie. Sie ist ausschließlich an Heraklit orientiert in dem Sinne, dass es nur Änderung gibt, aber nichts, was sich verändert. Ähnliche Ausführungen finden sich in den Schriften des späten Bohm, die eher esoterisch sind. Das Bestreben Bohms ist es dort, Objekte in reine Prozesse aufzulösen.[5]

Nehmen wir einmal an, dass man eine Ontologie reiner Prozesse in einer klaren und kohärenten Weise ausarbeiten kann und dass man auf dieser Ontologie eine Physik aufbauen kann, welche die gleiche Erklärungskraft wie die uns bekannte Physik hat. Anstatt zu sagen »Teilchen ziehen sich wechselseitig gravitationell an«, »Teilchen ziehen einander an und stoßen einander auf elektromagnetische Weise ab«, »Teilchen bewegen sich elektronenhaft« usw., müsste man sagen »Es gravitiert«, »Es elektromagnetisiert« usw. Man müsste eine Geometrie zumindest als Repräsentationsmittel ausarbeiten, um zu sagen, wo und wann es gravitiert oder elektromagnetisiert.

Selbst wenn man die Möglichkeit einer solchen Physik einmal einräumt, bleibt unklar, was der Gewinn wäre für die Lösung des Problems, Sinnesqualitäten im wissenschaftlichen Bild der Welt zu verankern. Auch wenn dieses Bild in Begriffen absoluter Prozesse formuliert wäre, müssten einige Prozesse als grundlegend herausgegriffen werden in dem Sinne, dass sie die primitive Ontologie ausmachen. Das wären Prozesse des Gravitierens oder des Elektromagnetisierens. Zu röten oder eiswürfelhaft zu gelben (das Beispiel von Sellars 1962), wären in keinem Fall Kandidaten für grundlegende Prozesse.

Folglich bliebe das Problem bestehen: Statt Farben, Geräusche,

---

4 Siehe insbesondere Sellars (1981). Seibt (1990) führt eine Ontologie von Prozessen weiter aus. Strawson (2017) verbindet eine Prozessontologie mit dem Panpsychismus.

5 Siehe das letzte Kapitel des (seriösen) Buches Bohm und Hiley (1993), Kap. 15; und siehe Bohm (1980). Siehe Pylkkänen et al. (2015) zu einer Analyse, die versucht, diese Bemerkungen ernst zu nehmen.

Gerüche, Geschmäcke und deren sinnliche, qualitative Erfahrung – als Merkmale von Objekten konzipiert – im wissenschaftlichen Weltbild in Begriffen der Bewegungen von Objekten zu lokalisieren, müsste man diese Merkmale – als absolute Prozesse konzipiert – im wissenschaftlichen Weltbild in Begriffen grundlegender Prozesse wie Gravitieren und Elektromagnetisieren lokalisieren. Die letztere Aufgabe ist genauso schwierig zu lösen wie die erstere. Anders gesagt: Man mag den Inhalt des wissenschaftlichen Weltbildes ändern und so weit gehen, eine ontologische Kategorie (wie die von Objekten) durch eine andere ontologische Kategorie (wie die von reinen Prozessen) zu ersetzen. Aber die Methodologie der Metaphysik bleibt die gleiche, nämlich die in Kapitel 2.1 skizzierte. Wenn man also das wissenschaftliche Weltbild akzeptiert, dann bleibt immer das Problem bestehen, die Merkmale der Welt, die nicht explizit in den grundlegenden Begriffen dieses Weltbildes auftreten, in dem zu lokalisieren, was die Ontologie dieses Weltbildes ausmacht, in welchen Kategorien auch immer man diese Ontologie formuliert.

Indem Sellars eine neue Physik fordert, um das Problem der Verankerung der Sinnesqualitäten im wissenschaftlichen Weltbild zu lösen, grenzt er sich von der mit Descartes assoziierten Tradition der neuzeitlichen Philosophie mit ihrer Unterscheidung zwischen primären und sekundären Qualitäten ab. Sellars greift damit auf die Antike zurück; denn bevor Descartes Wahrnehmungen und all die Merkmale physikalischer Gegenstände, zu denen wir nur durch jeweils ein Sinnesorgan einen direkten Zugang haben, als sekundäre Qualitäten im Geist verortete, wurden diese Merkmale und deren Wahrnehmung als Teil der natürlichen, physikalischen Welt akzeptiert. Nur der Geist im Sinne der Vernunft (*lógos*) wurde als von der physikalischen Welt verschieden betrachtet.

Descartes' Position kann man so verstehen, dass sie durch das Problem der Lokalisation motiviert ist: Wenn man die Sinnesqualitäten nicht im wissenschaftlichen Bild der Welt in Begriffen der *res extensa* lokalisieren kann, dann kann man die aus dem Alltagsverstand stammende Ansicht zurückweisen, dass es sich bei diesen Qualitäten um Eigenschaften physikalischer Objekte handelt. Man kann also die Strategie verfolgen, diese Merkmale aus dem wissenschaftlichen Bild der Welt zu entfernen, sofern man der Auffassung ist, dass man sie nicht auf die grundlegenden Begriffe dieses Weltbildes reduzieren kann. Aber man kann nicht verneinen, dass physikalische Objekte wahrnehmenden Subjekten als rot oder grün, laut oder leise, stinkend oder angenehm riechend, süß oder sauer usw. *erscheinen*. Damit wird das Problem, Farben, Geräusche, Gerüche, Geschmäcke als Merkmale der physikalischen Welt zu berücksichtigen, darauf verlagert, die Erscheinungen dieser Merkmale in Personen zu berücksichtigen. Offensichtlich ist es nur sinnvoll, eine solche Strategie zu verfolgen, wenn man davon ausgeht, dass die mentalen Zustände von Personen nicht Teil der physikalischen Welt sind. Nur in diesem Fall kann man alles das in den Geist versetzen, was nicht in Begriffen einer funktionalen Rolle für die Bewegung der Materie definiert werden kann. Dann setzt man aber den Geist, die *res cogitans*, als ebenso grundlegend, ursprünglich oder primitiv an wie die Materie, die *res extensa*.

Im Unterschied zu Descartes klammert die heutige wissenschaftliche Forschung den Geist nicht mehr aus. Dadurch aber drängt sich die folgende Schlussfolgerung auf: Wenn der Geist naturwissenschaftlicher Forschung zugänglich ist, dann sind alle Merkmale mentaler Zustände Bestandteil des physikalischen Bereichs, also in Materie in Bewegung lokalisiert. Folglich ergibt es dann aber keinen Sinn mehr, Merkmale in den Geist auszulagern. Schlimmer noch: Es besteht dann die Gefahr, dass man sogar die Möglichkeit verliert, die *Erscheinung* einer Welt, die farbig, laut, süß, stinkend usw. ist, zu berücksichtigen. Man mag verneinen, dass Farben, Geräusche, Gerüche, Geschmäcke Eigenschaften physikalischer Gegenstände sind; aber wenn man dieses tut, sollte man sicher sein, nicht die Mittel zu verlieren, um die Erscheinung dieser Merkmale für wahrnehmende Subjekte zu berücksichtigen. Die Erscheinung dieser Merkmale in der Ontologie des wissenschaftlichen Weltbildes zu lokalisieren, ist jedoch genauso schwer, wie diese Merkmale direkt in der Ontologie von Materie in Bewegung zu lokalisieren.

Joseph Levine (1983) hat den Begriff »Erklärungslücke« für dieses Problem geprägt. Es gibt systematische Korrelationen zwischen Gehirnzuständen und mentalen Zuständen bewusster Erfahrung. Dennoch ist Levine zufolge nicht verständlich, wie Gehirnzustände Zustände bewusster Erfahrung *sein* können. Gemäß Levine tritt dieses Problem nur im Fall von Gehirnzuständen und mentalen Zuständen auf – und zum Beispiel nicht im Fall von H_2O-Molekülen und Wasser. Wasser erlaubt eine funktionale Definition in Begriffen seiner durstlöschenden Rolle, das heißt seiner Rolle für bestimmte Teilchenbewegungen im Körper. Die Chemie identifiziert H_2O-Moleküle als diejenigen Teilchenkonfigurationen, welche diese Rolle unter normalen Umweltbedingungen erfüllen. Folglich *sind* H_2O-Konfigurationen Wasser.

Gegen Levine kann man einwenden, dass die Erklärungslücke, sofern sie denn überhaupt je besteht, eher eine graduelle Angelegenheit ist denn die einer klaren Trennung zwischen Fällen, in denen sie nicht auftritt (wie H_2O-Moleküle und Wasser), und Fällen, in denen sie auftritt (wie Gehirnzustände und mentale Zustände). Die Erklärungslücke ist nämlich eine Frage dessen, bis zu welchem Grad man davon überzeugt ist, dass das wissenschaftliche Weltbild alles erfasst, und wann man (wenn überhaupt) diese Überzeugung aufgibt. Funktionale Definitionen in Begriffen einer kausalen Rolle für Teilchenbewegungen zu formulieren, ist lediglich eine Frage von Definitionen.[6] Eine solche Definition kann man für alles aufstellen, was auch immer Kandidat für die Lokalisation im wissenschaftlichen Weltbild ist. Sobald man über die dynamische Struktur einer physikalischen Theorie mit Parametern wie Masse, Ladung, Energie usw. hinausgeht, die unerlässlich sind, um Bewegungsgesetze für die Materie zu formulieren, kann man aber auch in Frage stellen, ob diese Methode der Lokalisation durch funktionale Definitionen überzeugt.[7]

In der Tat könnte man im Prinzip schon bezweifeln, ob die Bewegung von H_2O-Molekülen alles ist, was Wasser als Gegenstand der Alltagserfahrung ausmacht. Wie unvernünftig solche Zweifel auch immer sein mögen, der Punkt ist dieser: Die wissenschaftliche Theorie der Chemie, die H_2O-Moleküle behandelt, legt uns nicht qua wissenschaftlicher Theorie von H_2O-Molekülen darauf fest zu akzeptieren, dass *Wasser* mit Konfigurationen von H_2O-Molekülen identisch ist. Wasser könnte mehr sein als Konfigurationen von H_2O-Molekülen, die unter normalen Umweltbedingungen verbunden bleiben. Wie mentale Zustände keine Gehirnzustände sind, obwohl beide systematisch miteinander korreliert sind, so, könnte man sagen, ist Wasser nicht H_2O-Moleküle, obwohl beide systematisch miteinander korreliert sind. In beiden Fällen ist die

6 Siehe Erläuterung (2) in der Diskussion funktionaler Definitionen in Kapitel 2.1.
7 Siehe insbesondere Brandom (2015, S. 80-85, 231-235) zu einem Argument für solchen Zweifel.

Frage, ob man funktionale Definitionen in Begriffen einer Rolle letztlich für Teilchenbewegungen akzeptiert. Im Fall des Wassers ist es schwer, einen guten Grund dafür zu finden, dies nicht zu tun; im Fall mentaler Zustände ist dies weitaus weniger schwer.

Folglich ist die Erklärungslücke eine graduelle Angelegenheit: Es gibt wenig Grund, eine Erklärungslücke im Fall von Wasser anzuerkennen. Vielleicht gibt es etwas bessere Gründe, dies im Fall von Organismen zu tun, und sicher gibt es ernst zu nehmende Gründe, dies im Fall von Zuständen bewusster Erfahrung zu tun. Aber solche Gründe mögen uns auch im letzteren Fall in die Irre führen. Man kann auch vertreten, dass alles einschließlich Sinnesqualitäten und aller mentalen Zustände eine funktionale Definition in Begriffen einer kausalen Rolle für Teilchenbewegungen erlaubt. Die neurowissenschaftliche Forschung mag in der Lage sein, für Sinnesqualitäten das zu leisten, was die Chemie für Wasser und die Molekularbiologie für Organismen getan hat.

Wir können aus diesen Überlegungen zwei Schlussfolgerungen ziehen: (1) Es ist eine offene Frage, ob in Bezug auf Sinnesqualitäten ein Problem besteht, das man prinzipiell nicht im Rahmen des wissenschaftlichen Weltbildes lösen kann. Die Argumente dafür, dass es ein solches Problem gibt, beruhen auf unserer Intuition, dass es sich hierbei um etwas Qualitatives handelt, das sich einer funktionalen Definition entzieht; aber es könnte sein, dass diese Intuition uns täuscht. (2) Wenn tatsächlich ein Problem besteht, dann ist es nicht auf Mentales beschränkt: Farben, Geräusche, Gerüche, Geschmäcke sind nicht im Geist angesiedelt, sondern in der Welt, auch wenn es sich um relationale Eigenschaften handeln sollte. Dann hat infolgedessen dieses Problem die Kraft, das wissenschaftliche Weltbild insgesamt zu erschüttern. Dieses zumindest verdeutlichen Sellars' Überlegungen zu einer neuen Physik in Form einer Prozessontologie, auch wenn diese Ontologie nicht überzeugend ist. Es ist eben nicht so, dass man dann, wenn man meint, dass das wissenschaftliche Weltbild in Bezug auf die Sinnesqualitäten versagt, dennoch einen Physikalismus hat oder zumindest eine Position, die einem zufriedenstellenden Physikalismus nahekommt – wie in dem Buchtitel von Kim (2005) angekündigt.

3.2 Normativität als der Angelpunkt

Bewusste Erfahrung ist nicht das Merkmal, das uns Menschen auszeichnet, denn einige nicht-menschliche Lebewesen haben ebenfalls bewusste Erfahrungen. Denken ist charakteristisch für uns Menschen, und nur Gedanken haben Bedeutung, sie beziehen sich auf etwas und sagen etwas über das aus, worauf sie sich beziehen. Erörtern wir deshalb nun, wie sich die menschliche Aktivität des Denkens zum wissenschaftlichen Weltbild verhält. Einerseits ist dieses Weltbild selbst ein Produkt des menschlichen Denkens; andererseits ist nicht ausgeschlossen, dass das menschliche Denken ebenfalls in den Gegenstandsbereich des wissenschaftlichen Weltbildes fällt.

Eine Möglichkeit, dieses Thema zu behandeln, besteht darin, von künstlicher Intelligenz auszugehen. Syntaktische Beziehungen im Sinne regelmäßiger Folgen von Symbolen können in Computern implementiert werden. Ebenso kann das Gehirn syntaktische Beziehungen implementieren. Gehirne und Computer sind mit Sicherheit nichts weiter als bestimmte Teilchenkonfigurationen. Um auf dieser Grundlage zu Denken zu gelangen, müssen wir die Frage beantworten, wie der Übergang von der Syntax zur Semantik erfolgt, also wie es dazu kommt, dass regelmäßige Folgen von Symbolen etwas bedeuten.

John Searle (1980) hat ein bekanntes Argument dafür entwickelt, dass der Funktionalismus diese Frage prinzipiell nicht beantworten kann: Searle stellt sich vor, dass er in einem Raum eingesperrt ist und von außen Sätze erhält, die in chinesischer Sprache geschrieben sind. Er hat ein Regelbuch zur Verfügung, das ihm sagt, welche chinesischen Sätze er als Antwort nach außen geben soll, wenn er bestimmte Sätze erhält. Auf diese Weise ist Searle in der Lage, schriftliche Antworten auf Chinesisch aus seinem Zimmer heraus zu geben. Aber er lernt auf diese Weise kein Chinesisch. Er versteht nicht, was die eingegebenen und ausgegebenen Sätze bedeuten. Mit diesem Gedankenexperiment beansprucht Searle zu zeigen, dass der Funktionalismus in Bezug auf mentale Zustände nicht über rein syntaktische Beziehungen hinauskommt, die für Bedeutung nicht hinreichen.

Die gängige funktionalistische Antwort auf Searles Argument lautet: Es ist nicht die Person in dem Raum, die Chinesisch versteht; das gesamte System, das aus der Person in dem Raum, dem Regelbuch und der Wechselwirkung mit der Umwelt außerhalb des Raumes besteht, tut dies aber.[8] Die Idee ist somit, dass Syntax plus kausale Beziehungen zur Umwelt Semantik ergibt. Die syntaktischen Beziehungen stellen die Inferenzen zur Verfügung, durch die der Übergang von einem Satz oder Gedanken zu anderen Sätzen oder Gedanken erfolgt; die kausalen Beziehungen stellen die Verbindung zur Welt her, aus der dann Referenz und Bedeutung folgen.[9] Dies ist eine vollständig naturalistische Theorie, die Bedeutung innerhalb der Ontologie des wissenschaftlichen Weltbildes lokalisiert. Die Verfügbarkeit einer solchen Theorie ist der Grund dafür, weshalb der Funktionalismus in Bezug auf Gedanken weitgehend akzeptiert ist. Sinnesqualitäten und bewusste Erfahrung hingegen gelten als das Hauptproblem für den Funktionalismus.

Beide Seiten in dieser Debatte vernachlässigen jedoch ein wichtiges Merkmal von Denken und Rationalität: die Normativität. Diese ist offensichtlich, sobald es um Handlungen geht. Man fragt sich aber nicht nur, was man tun soll, sondern auch, was man denken soll. Man muss seine Überzeugungen ebenso wie seine Handlungen auf Verlangen rechtfertigen können. Nur dann sind es Überzeugungen und Handlungen.

Es ist leicht zu sehen, dass es ein schwerwiegendes Problem damit gibt, Normativität in der Ontologie des wissenschaftlichen Weltbildes zu verankern. Dieses Weltbild ist auf Tatsachen beschränkt, man kann jedoch keine normativen Schlussfolgerungen aus Aussagen über Tatsachen ableiten. Das wäre ein naturalistischer Fehlschluss. Um ein Beispiel aus dem Alltag zu nehmen: Wenn naturwissenschaftliche Forschung nachweist, dass Rauchen ungesund ist, dann folgt daraus nicht, dass man nicht rauchen *soll*. Das kann nur dann folgen, wenn man eine normative Prämisse wie die, dass man nichts tun *soll*, das der Gesundheit schadet, hinzufügt. Folglich können Aussagen über Tatsachen keine normativen Aussagen implizieren, ohne dass man eine normative Prämisse akzeptiert. Die Aussagen über die primitive Ontologie des wissenschaftlichen Weltbildes scheinen jedoch keine normativen Aussagen enthalten

8 Siehe insbesondere Dennett (1994), Kap. 6, und die Diskussion zwischen Searle und Dennett in Searle (1997).
9 Siehe insbesondere die Theorie von Fodor, zum Beispiel Fodor (1987), vor allem den Anhang.

zu können. Halten wir daher die *Frage, wie man Normativität berücksichtigen kann, als das andere große Problem für das wissenschaftliche Weltbild als vollständiges Bild der Welt* fest.

Das Problem ist dieses: Auf der einen Seite scheint es ausgeschlossen zu sein, Normen im wissenschaftlichen Weltbild zu lokalisieren, denn Aussagen über Tatsachen können keine Aussagen darüber implizieren, was eine Person tun soll. Auf der anderen Seite kann man Normativität nicht einfach eliminieren, wie man zum Beispiel Hexen eliminieren kann: Es ist nicht erforderlich, Hexen im wissenschaftlichen Weltbild zu lokalisieren, denn sie existieren überhaupt nicht. Es gibt nur irrtümliche Überzeugungen von Personen über Hexen. Normativität ist hingegen unverzichtbar: Wir handeln und treffen damit Entscheidungen darüber, was wir tun sollen.

Man mag erwägen, den biologischen Funktionalismus hinzuziehen, um dieses Problem zu lösen. Nehmen wir eine primitive Ontologie der Naturwissenschaften an, welche die Aussage impliziert, dass Lebewesen ihre Fitness zu optimieren versuchen, also auf ihr Überleben und ihre Reproduktion ausgerichtet sind. Diese Ontologie kann sicherlich einen großen Teil des Verhaltens von Lebewesen dadurch erklären, dass diese ihre Fitness in einer gegebenen Umwelt zu steigern versuchen. Auch mag es möglich sein, viele Handlungen von Personen auf diese Weise zu erklären. Dies sind jedoch alles Erklärungen im Nachhinein. Aus der Aussage, dass Lebewesen ihre Fitness zu optimieren versuchen, folgt nicht die Aussage, dass Personen das tun *sollen*, was sie im Hinblick auf ihr Überleben und ihre Reproduktion für optimal halten. Ferner folgt bestimmt nicht, dass sie was auch immer für Mittel einsetzen *sollen*, die diesem Ziel in einer gegebenen Situation dienen.

Wenn Wesen denken und folglich Personen sind, dann können sie abwägen, was sie tun sollen. Damit gehen sie über biologische Bedürfnisse und Neigungen hinaus. Sie können überlegt handeln, statt einfach ihren biologischen Neigungen folgen zu müssen. Wenn sie anders handeln können, als sich lediglich von ihren biologischen Bedürfnissen und Neigungen bestimmen zu lassen, dann sind sie frei in ihrem Handeln. Wenn sie frei sind, kann man von ihnen verlangen, ihre Handlungen zu rechtfertigen. Von Lebewesen, die in ihrem Verhalten lediglich ihren biologischen Bedürfnissen und Neigungen folgen – wie zum Beispiel Kühen, Wölfen, Hunden – kann man dies hingegen nicht verlangen (auch wenn diese Lebewesen Bewusstsein haben). Aus der Freiheit von biologischen Zwängen im Handeln folgt dann, dass biologische Tatsachen als solche keine Rechtfertigung für die Entscheidungen sein können, die Personen treffen. Die Frage ist, welche Entscheidungen Personen treffen *sollen*.

Eine ähnliche Einschätzung trifft auf die Strategie zu, den Funktionalismus des Alltagsverstands in dieser Hinsicht einzusetzen. Wenn man von den normativen einschließlich der moralischen Einstellungen ausgeht, die Personen faktisch in einer Gesellschaft zu einer Zeit haben, dann kann man funktionale Definitionen dieser Einstellungen formulieren, die letztlich Definitionen in Begriffen von Verhaltensdispositionen sind. Auf diese Weise kann man diese Einstellungen in der Ontologie des wissenschaftlichen Weltbildes lokalisieren.[10] Wiederum gilt jedoch: Wenn Wesen denken und folglich Personen sind, dann können sie darüber nachdenken, was sie tun sollen. Mithin kann man von ihnen verlangen, ihre Handlungen zu rechtfertigen. Daraus folgt dann aber, dass die Tatsache, bestimmte Einstellungen zu haben, als solche keine Rechtfertigung für die Entscheidungen sein kann, die Personen treffen. Das Nachdenken oder die Abwägung betrifft die Frage, ob die gegebenen Einstellungen *richtig* oder *korrekt* sind. Die Tatsache, bestimmte Einstellungen zu haben, kann nicht implizieren, dass dies die *richtigen* Einstellungen sind, wenn es um die Erwägung dessen geht, was man tun *soll*.

Es wird nun deutlich, weshalb der naturalistische Fehlschluss ein Fehlschluss ist. Sobald es um Normen geht, geht es um Rechtfertigungen. Es geht darum, nach Gründen zu fragen und Gründe zu geben. Das setzt die Freiheit der Person voraus, abzuwägen, was sie tun soll und was sie nicht tun soll. Auf diese Weise kommen Normen ins Spiel und mit ihnen Rechtfertigungen. Deshalb ist der naturalistische Fehlschluss ein Fehlschluss: Er lässt die normative Prämisse aus, die sich auf die Abwägungen von Personen bezieht – darauf, was die Person tun *soll*. Mithin ist dann, wenn ein Wesen eine Person ist, dieses Wesen im wörtlichen Sinne verantwortlich für das, was es tut. Man kann eine Rechtfertigung für das verlangen, was es tut, im Gegensatz dazu, dass das Verhalten einfach geschieht. Wenn ein Wesen nicht auf ein solches Verlan-

---

10 Siehe zum Beispiel Jackson (1998), Kap. 5 und 6.

gen antworten kann, dann ist es keine Person. Diese Aussage muss man dahingehend einschränken, dass sie auch Wesen einschließt, die sich unter normalen Umständen zu Personen entwickeln, wie menschliche Kleinkinder. Diese entwickeln sich gerade dadurch zu Personen, dass man sie (graduell) wie Personen behandelt. Ferner könnten auch nichtmenschliche Wesen Personen sein – es ist lediglich so, dass bis jetzt, soweit wir das Universum kennen, nur Menschen Personen zu sein scheinen.

Normativität betrifft nicht nur das Handeln und seine Folgen für Gesellschaft, Recht, Staat usw., sondern auch bereits das Denken und damit den Übergang von Syntax zu Semantik. John McDowell beschreibt treffend, was es für einen Wolf heißen würde, Überzeugungen zu haben:

Ein vernünftiger Wolf würde in der Lage sein, seinen Verstand andere Verhaltensmöglichkeiten als das, was für Wölfe natürlich ist, durchspielen zu lassen. […] [Hierin] spiegelt sich eine tiefe Verbindung von Vernunft und Freiheit wider: Es ergibt keinen Sinn zu sagen, dass eine Kreatur Vernunft erwirbt, wenn sie nicht wirklich alternative Handlungsmöglichkeiten hat, über die ihr Denken streifen kann. […] Die Fähigkeit, die Welt zu konzeptualisieren, muss die Fähigkeit beinhalten, den eigenen Platz des Denkers in der Welt zu konzeptualisieren; damit die letztere Fähigkeit verständlich ist, müssen wir nicht nur für begriffliche Zustände Raum schaffen, die darauf abzielen darzustellen, wie die Welt ohnehin beschaffen ist, sondern auch für begriffliche Zustände, die auf Eingriffe dahingehend abzielen, die Welt dem Inhalt begrifflicher Zustände entsprechend zu gestalten. Ein Besitzer von *lógos* kann nicht nur ein Erkennender sein, sondern er muss auch ein Handelnder sein; und ein *lógos*, der sich im Handeln manifestiert, ohne dass er aus verschiedenen Optionen auswählt, ergibt keinen Sinn. […] Dies bedeutet, dass Handlungsfreiheit untrennbar mit einer Freiheit verbunden ist, die für das begriffliche Denken essentiell ist.[11]

Das heißt: Eine Person muss abwägen und Entscheidungen treffen nicht nur in Bezug auf ihre Handlungen, sondern auch in Bezug auf ihre Gedanken oder Überzeugungen, und seien es Überzeugungen über alltägliche Dinge. Der Grund ist dieser: Überzeugungen enthalten Begriffe, und Begriffe folgen nicht einfach aus Sinneseindrücken. Bereits Immanuel Kant bringt das in den *Prolegomena* auf den Punkt:

11 McDowell (1995), § 3; Übersetzung M. E.

Wenn uns Erscheinung gegeben ist, so sind wir noch ganz frei, wie wir die Sache daraus beurteilen wollen. (Prolegomena § 13, Anmerkung III)

Dementsprechend betrachtet Kant den Begriff der Freiheit als »den *Schlußstein* von dem ganzen Gebäude eines Systems der reinen, selbst der spekulativen Vernunft« (*Kritik der praktischen Vernunft*, Vorrede).

Wir können diesen Punkt weiter anhand dessen illustrieren, was Sellars (1999) als »Mythos des Gegebenen« zurückweist: Dies ist die Idee, dass etwas, das einer Person im Geiste gegeben ist, als solches selbst den epistemischen Status hat, Überzeugungen und Handlungen zu rechtfertigen. So können Sellars zufolge zum Beispiel Sinneseindrücke, die die *kausalen* Folgen der Interaktion einer Person mit ihrer Umwelt sind, nicht zugleich deren Überzeugungen und Handlungen *rechtfertigen*. Ebenso können angeblich angeborene Ideen oder dem Geiste eingehauchte (platonische) Ideen als solche selbst nichts rechtfertigen. Der Grund ist, dass in Bezug auf was auch immer der Person im Geiste gegeben ist, die Person die Einstellung einnehmen muss, dies als zuverlässige Quelle für Wissen und Grundlage für Handeln anzuerkennen; erst dadurch verleiht die Person dem, was ihr gegeben ist, einen epistemischen Status. Die Person muss also selbst entscheiden in ihrem Abwägen dessen, was ihr gegeben ist, welche Überzeugungen sie haben *soll* und wie sie handeln *soll*.

Rufen wir uns auch in Erinnerung, was Descartes in der dritten *Meditation* über die Idee von Gott sagt: Die Tatsache, dass ihm diese Idee gegeben ist, impliziert nicht, dass er glauben *soll*, dass es Gott gibt. Nur *seine* Erwägung dieser Idee, *sein* Abwägen von Gründen führt zu dieser Schlussfolgerung. Mithin ist jede Überzeugung einer Rechtfertigung unterworfen – ungeachtet dessen, dass für viele Überzeugungen (wie auch für viele Handlungen) kein Verlangen nach Rechtfertigung auftritt. Nichtsdestoweniger gilt: Wenn eine Rechtfertigung verlangt wird, dann können Sinneseindrücke allein keine Überzeugung rechtfertigen. Die Frage ist dann, ob die Sinneseindrücke in der betreffenden Situation eine zuverlässige Quelle sind, um die betreffende Überzeugung zu bilden. Um diese Frage zu beantworten, muss man auf andere Überzeugungen zurückgreifen. Die Frage ist dann letztlich, welches Netz oder System von Überzeugungen die gegebene Evidenz am besten aufnimmt oder am kohärentesten in Bezug auf diese Evidenz ist. Man kann daher eine Überzeugung nur vor dem Hintergrund vieler anderer Überzeugungen rechtfertigen, die nicht in Frage gestellt werden. Man kann also nicht alle Überzeugungen auf einmal in Frage stellen, weil dann nichts übrig bleiben würde, was als Rechtfertigung dienen kann. Nichtsdestoweniger kann man für jede einzelne Überzeugung eine Rechtfertigung verlangen.

Es ist sicher richtig, dass Handlungen Vorrang vor Überzeugungen haben in dem Sinne, dass die erste Frage ist »Was soll ich tun?« und nicht »Was soll ich glauben?«. Anders gesagt, die Frage, was man glauben soll, stellt sich in erster Linie in Hinblick darauf, wie man in der Welt handeln soll. Dieser Sachverhalt wird vom amerikanischen Pragmatismus des 19. Jahrhunderts bis hin zum Pragmatismus in der heutigen Philosophie des Geistes betont, und insbesondere Martin Heidegger hat in *Sein und Zeit* (1927) auf diesem Sachverhalt eine anti-cartesische und anti-repräsentationalistische Erkenntnistheorie und Anthropologie aufgebaut, die dann von Richard Rorty (1981) und anderen aufgenommen wurde. Jüngst hat Robert Brandom (2015, Kap. 1, Teil II) auf dieser Grundlage gegen Sellars' wissenschaftlichen Realismus argumentiert.

Dessen ungeachtet gilt: Wissenschaft ist der Versuch, die Welt so zu verstehen, wie sie ist – das heißt, Überzeugungen über die Welt zu formulieren, indem man einen Standpunkt von nirgendwo und nirgendwann einnimmt –, und dadurch Fakten von Normen zu trennen. Nichts von dem, was der Pragmatismus über den Vorrang von Handlungen sagt, hindert uns daran, uns in dem zu engagieren, was Aristoteles zu Beginn der *Metaphysik* als das Entstehen von *Theoria* beschreibt, und nichts in dem praktischen Vorrang von Handlungen vor Gedanken unterminiert den Wert dieser Aktivität.

So legt auch die oben erwähnte funktionalistische Theorie von Bedeutung in Begriffen kausaler Rollen den Akzent darauf, dass Überzeugungen in Bezug auf die physikalische Welt das Ziel haben zu repräsentieren, was es in der Welt gibt. Nichtsdestoweniger kann Repräsentation, insofern sie auf dem Niveau von Überzeugungen angesiedelt ist und mithin Begriffe involviert, nicht bloß eine Angelegenheit von Syntax und kausalen Beziehungen zur Umwelt sein. Der Grund ist der Unterschied zwischen Regularitäten und Regeln. Es gibt Regularitäten der Teilchenbewegung, aber die Teilchenbewegung geschieht einfach. Es ergibt keinen Sinn, nach einer Rechtfertigung zu fragen.

Wenn hingegen eine Person eine Überzeugung bildet – und sei es eine so einfache Überzeugung wie »Dies ist grün« –, dann verwendet sie mindestens einen Begriff. Sie folgt damit einer Regel, die den korrekten Gebrauch des betreffenden Begriffs festlegt. Genauer gesagt: Die Person folgt einer Regel nur dann, wenn sie sich dessen bewusst ist, dass einen Begriff zu verwenden einer Unterscheidung zwischen korrekt und inkorrekt unterliegt. Dadurch hebt sich das Regelfolgen von Regularitäten ab, und deshalb sind Überzeugungen Rechtfertigungen unterworfen. Regelfolgen als notwendige und hinreichende Bedingung dafür, Begriffe zu meistern, wurde insbesondere von Ludwig Wittgenstein in den *Philosophischen Untersuchungen* herausgearbeitet (§§ 138-242) und durch die Interpretation dieses Werkes durch Saul Kripke (1987) weit verbreitet. Auf der Grundfolge von Regelfolgen wurde dann eine normative, inferentielle Semantik insbesondere von Wilfrid Sellars (1999), Donald Davidson (1986, Essays 9-12) und Robert Brandom (2000) ausgearbeitet.

Sellars (1999, § 14) illustriert den Unterschied zwischen Regularitäten der Bewegung und dem Folgen von Regeln im Gebrauch von Begriffen anhand des Beispiels eines Verkäufers in einem Kleidergeschäft, in dem gerade – in den 1950er Jahren – elektrisches Licht eingeführt wird. Der Verkäufer sieht zum ersten Mal, dass elektrisches Licht die Farben ändert, in denen Gegenstände Personen erscheinen. Er fährt aber darin fort, die Farbbegriffe gemäß der Weise zu verwenden, wie die Gegenstände erscheinen. So empfiehlt er einem Kunden in dem Laden eine schöne grüne Krawatte, die sich bei Tageslicht besehen aber als blau herausstellt. Die Krawatte erscheint als blau im Tageslicht und als grün im elektrischen Licht. Dennoch ist sie blau, und zwar ungeachtet dessen, in welchem Licht sie betrachtet wird.

Dieses Beispiel soll in erster Linie den semantischen Holismus verdeutlichen: Die Bedeutung jedes Begriffs – selbst von Begriffen, die so nahe an der Sinneserfahrung sind wie »blau« und »grün« – besteht nicht in einer Beziehung zur sinnlichen Erfahrung oder einer kausalen Beziehung zur Umwelt. Sie besteht in den Inferenzen zu anderen Begriffen. In diesem Fall sind das Begriffe über die Standardbedingung, um die Farben von Objekten zu beurteilen.

Die Standardbedingung für das Verwenden von Farbbegriffen ist das Tageslicht. Die Farbbegriffe werden so gebraucht, dass sich die Farbe von Gegenständen nicht ändert, wenn sich die Beleuchtung ändert, obwohl sich die Farbe, in der sie erscheinen, dadurch ändern kann.

Ferner illustriert dieses Beispiel den sozialen und normativen Aspekt von Bedeutung: Die Inferenzen, welche die Bedeutung fixieren, sind durch soziale Interaktionen bestimmt, nämlich durch das, was als korrekter und inkorrekter Gebrauch von Begriffen in den sozialen Interaktionen einer Sprachgemeinschaft gilt. Man kann sich durchaus eine Sprachgemeinschaft vorstellen, welche den Objekten Farben zuspricht gemäß der Weise, wie sie erscheinen. Die Frage ist hier nicht, was (wenn überhaupt in diesem Fall) die korrekte Theorie über die Welt ist, sondern wie wir Begriffe erwerben, da Sinneseindrücke uns die Begriffe nicht auferlegen. Es gibt mithin keine Semantik ohne Pragmatik. Die Pragmatik bestimmt den Gebrauch von Begriffen und dadurch deren Bedeutung, indem sie Regeln setzt, die den begrifflichen Inhalt festlegen.

Brandom (2000, Teil 1) arbeitet eine Theorie aus, der zufolge Bedeutung durch normative Praktiken dessen bestimmt wird, auf etwas festgelegt zu sein, zu etwas berechtigt zu sein und von der Berechtigung zu etwas ausgeschlossen zu sein. Wenn zum Beispiel eine Person unter gegebenen Umständen die Aussage macht »Das Lebewesen dort drüben im Wasser ist ein Wal«, dann ist sie damit auf Aussagen festgelegt wie »Das Lebewesen dort drüben im Wasser ist ein Säugetier«, sie ist berechtigt zu Aussagen wie »Das Lebewesen dort drüben im Wasser ist riesig«, und ihr ist die Berechtigung verschlossen zu Aussagen wie »Das Lebewesen dort drüben im Wasser ist ein Fisch«. Die Bedeutung des Begriffs »Wal« besteht somit in den Inferenzen, die sein Gebrauch zulässt gemäß den Normen der Festlegung, der Berechtigung und der verschlossenen Berechtigung, die in einer Sprachgemeinschaft gelten. Diese Normen können sich ändern; die Praktiken, die die Bedeutung bestimmen, entwickeln sich ständig weiter.

Diese normativen Praktiken können nicht auf Regularitäten des Verhaltens reduziert werden. Der entscheidende Punkt ist wiederum derjenige, den Kant herausstellt, wenn er schreibt, dass, wenn einer Person Sinneseindrücke gegeben sind, die Person noch völlig frei ist, wie sie die Dinge beurteilen will – das heißt, welche Begriffe und Überzeugungen sie bildet.[12] Die normative Einstellung, aus der die genannten normativen Praktiken dann folgen, besteht in dieser Freiheit, nämlich im Erwägen dessen, was man glauben soll. Auf dieser Grundlage bildet die Person Begriffe und Überzeugungen aus, indem sie an sozialen Praktiken teilnimmt, die der Ausdruck dieser normativen Einstellungen sind und die den begrifflichen Inhalt bestimmen durch Festlegungen, Berechtigungen und verschlossene Berechtigungen.[13]

An dieser Stelle kommt mithin auch der soziale Holismus ins Spiel. An sozialen Praktiken teilzunehmen, in denen man sich wechselseitig Überzeugungen zuschreibt, nach Gründen fragt und Gründe gibt, ist dieser Position gemäß konstitutiv dafür, eine Person zu sein. Unter anderem Wittgenstein (1953, §§ 138-242), Sellars (1999), Davidson (1986, Essays 9-12) und Brandom (2000) vertreten einen solchen sozialen Holismus. Das Argument ist dieses: Nur soziale, normative Praktiken können einer Person die Unterscheidung dazwischen zur Verfügung stellen, einer Regel korrekt zu folgen und dieses nicht zu tun. Einer solitären Person erscheinen alle Handlungen korrekt, denn für alles, was sie tut, gibt es eine mögliche Regel, gemäß der das, was sie tut, korrekt ist.[14]

Man kann folgendes Bedenken gegen diese Unterscheidung zwischen Regelfolgen, das normativ ist, und Regularitäten erheben: Wie man für alles, das eine Person tut, im Rückblick eine Regel formulieren kann, gemäß der das, was die Person tut, korrekt ist, so kann man auch für alle Teilchenbewegungen, die im Universum geschehen, im Rückblick eine Regularität formulieren, gemäß der diese Bewegungen ablaufen. Deshalb ist in einem bestimmten logischen Sinne auch der Determinismus trivial. Gegeben die gesamten Teilchenbewegungen im Universum, kann man in jedem Fall ein logisches System von Regularitäten formulieren, das deterministisch ist: Die Aussagen, welche diese Regularitäten formulieren, und die Aussagen, welche einen Anfangszustand des Universums beschreiben, implizieren die gesamten Aussagen über die Entwicklung der Teilchenbewegung im Universum. Aber daraus folgt nicht, dass es Naturgesetze gibt. Denn dieser logisch trivi-

---

12 Kant, *Prolegomena* § 13, Anmerkung III.
13 Siehe zum Beispiel Esfeld (2002), Kap. 3, zu einer detaillierten Darstellung.
14 Siehe insbesondere Kripke (1987) zu einer detaillierten Ausführung dieses Arguments.

ale Sinn, in dem man den Determinismus immer bekommen kann, impliziert nicht, dass die Formulierung eines solchen Systems von Regularitäten und eines Anfangszustands kürzer oder einfacher ist als eine lange Auflistung aller einzelnen Teilchenbewegungen, die im Universum stattfinden. Wenn man Naturgesetze formulieren kann, dann gibt es hervorstechende Muster oder Regularitäten in der Teilchenbewegung in dem Sinne, dass die gleiche Bewegung in bestimmten Systemen innerhalb des Universums wieder und wieder auftritt. Diese Muster oder Regularitäten gibt es wirklich in dem Sinne, dass sie unabhängig von Beobachtern und deren Sprachen sind.

Auf genau die gleiche Weise schaffen soziale Praktiken keine freischwebenden Regeln. Wiederum muss man die logische Möglichkeit, beliebige Regeln zu setzen, von den realen Regeln unterscheiden, die nach Objektivität streben, indem sie die Muster oder Regularitäten zu erfassen versuchen, die es in der Welt unabhängig von jeder Sprache gibt. So ist es korrekt, Wale als Säugetiere anzusehen, und inkorrekt, sie für Fische zu halten; denn die hervorstechende Regularität in der Welt ist die Reproduktionsweise eines Organismus und nicht die Umwelt, in der er lebt. Generell ist das, was korrekt und was inkorrekt im Gebrauch von Sprache ist, in erster Linie durch die Beschaffenheit der Welt determiniert, nämlich durch die hervorstechenden Regularitäten, welche die Veränderungen aufweisen, die in der Welt geschehen; aber wir können nur in den genannten sozialen Praktiken herausfinden, was korrekt ist.

Dessen ungeachtet bleibt die Kluft zwischen Regularitäten und Regeln bestehen. Wir müssen die Regeln fixieren. Eine Sprachgemeinschaft mag den Begriff »Wal« so verwenden, dass der Gebrauch dieses Begriffs die Festlegung darauf impliziert, Wale für Fische zu halten. Die Sprachgemeinschaft erfasst dann einige der hervorstechenden Regularitäten in der Welt nicht. Auch wenn es genau ein bestes System geben sollte, das alles, was in der Welt existiert, repräsentiert, so erfolgt doch die Konzeptualisierung des besten Systems von der Evidenz aus, die uns durch unsere Sinneseindrücke zur Verfügung steht; und unsere Sinneseindrücke können nicht unsere Begriffe bestimmen. Mit der Freiheit im Bilden von Begriffen kommt Regelfolgen und Normativität ins Spiel. Die logische Sphäre des Gebens und Erfragens von Gründen ist in sich geschlossen; Rechtfertigungen reichen nicht in den physikalischen

Raum hinaus, ohne dem »Mythos des Gegebenen« von Sellars (1999) zum Opfer zu fallen. Rechtfertigungen können sich auf die Regularitäten im physikalischen Bereich beziehen; aber diese Regularitäten können als solche nichts rechtfertigen. Damit gelangen wir, wie bereits oben erwähnt, zu einer Kohärenztheorie der Rechtfertigung: Nichts außerhalb des Bereichs von Überzeugungen kann als Rechtfertigung für eine Überzeugung dienen.

Obwohl Rechtfertigungen auf diese Weise in sich geschlossen sind, hat die Architektur dieses Buches Bestand: eine primitive Ontologie zu formulieren, deren Aussagen alle weiteren Aussagen durch die dargestellte Methode der Lokalisation implizieren, zumindest was alle Aussagen über den physikalischen Bereich betrifft. Der Punkt ist, dass die Rechtfertigung der gewählten primitiven Ontologie kohärentistisch ist: Sie muss die insgesamt beste Erklärung ergeben. Die primitive Ontologie ist somit nicht das Fundament des Wissens, obwohl sie (gegeben funktionale Definitionen) alle weiteren Aussagen über das, was es in der Welt gibt, impliziert (jedenfalls soweit das wissenschaftliche Weltbild reicht).

3.3 Das wissenschaftliche und das manifeste Weltbild

Sellars (1962) stellt dem wissenschaftlichen Weltbild das gegenüber, was er »das manifeste Weltbild« nennt. Letzteres basiert auf der sinnlichen Erfahrung der Welt und der Konzeptualisierung von uns als Personen, das heißt als denkenden und handelnden Wesen in der Welt. Der Gegensatz ist jedoch nicht derjenige zwischen Naturwissenschaft und Alltagsverstand. Der Alltagsverstand ist vor-wissenschaftlich und vor-philosophisch. Er lässt offen, ob die alltägliche Erfahrung und Konzeptualisierung der Welt und von uns selbst eine wissenschaftliche Erklärung erlaubt. Das manifeste Weltbild ist eine *philosophische* Theorie der Welt, in deren Zentrum Personen stehen. Dieses Weltbild sieht Personen und deren charakteristische Merkmale als ontologisch primitiv, grundlegend oder ursprünglich an.

Sowohl das wissenschaftliche als auch das manifeste Weltbild gehen von der Alltagserfahrung aus. Das wissenschaftliche Weltbild setzt dann theoretische Entitäten an, denen nur wenige basale, physikalische Merkmale zukommen – wie Punktteilchen, die nur durch ihre relativen Abstände und deren Veränderung gekennzeichnet sind. Es versucht, durch die genannte funktionalistische Methode alles Weitere in diesen basalen physikalischen Merkmalen zu lokalisieren. Wissenschaftlicher Fortschritt ist Fortschritt in dieser Lokalisation. Das manifeste Weltbild weist hingegen diese ontologischen Setzungen zurück und lehnt folglich die funktionalistische Methode ab. Seine Advokaten können die Karte spielen, dass diese Methode etwas auslässt, wie es das Argument der Erklärungslücke besagt, das ich am Ende von Kapitel 3.1 besprochen habe. Aber dies ist nicht das stärkste Argument für das manifeste Weltbild. Das Argument der Erklärungslücke hat nicht die Kraft, zu der Schlussfolgerung zu führen, dass Personen ontologisch primitiv sind: Man kann die Intuition, dass die funktionalistische Methode zusammenbricht, sobald es um Personen und deren Bewusstsein geht, zurückweisen.

Das Argument, das zu dieser Schlussfolgerung führt, ist dieses: Eine Person muss Entscheidungen treffen und damit die Frage beantworten, was sie tun soll, einschließlich dessen, was sie denkt und welche Theorien sie akzeptieren soll. Das ist der in jedem Fall korrekte Kern von Descartes' Argument, dem zufolge man nicht daran zweifeln kann, dass man denkt. Normativität ist folglich auch für die Formulierung des wissenschaftlichen Weltbildes vorausgesetzt. Das wissenschaftliche Weltbild hängt vom Denken ab für seine Existenz als *Bild*, das heißt, als Theorie, die Begriffe verwendet und deren Bedeutung innerhalb der normativen, sozialen Praktiken des Fragens nach und Gebens von Gründen bestimmt wird. Das wissenschaftliche Weltbild zu formulieren und zu akzeptieren, ist eine Wahl, die Personen treffen und die man nur innerhalb dieser Praktiken rechtfertigen kann. Die Gegenstände oder Referenten der Theorie – was auch immer die Theorie als existierend ansetzt – können Personen nicht die Akzeptanz der Theorie auferlegen. In diesem Sinne sind Personen unverzichtbar oder unhintergehbar und damit ontologisch primitiv: Wie auch immer die Theorie aussieht, Personen müssen sie konzipieren, akzeptieren und rechtfertigen.

Nehmen wir an, die Theorie behauptet, dass alles, was es gibt, Materie in Bewegung ist. Nichtsdestoweniger könnte man dann nicht vertreten, dass die bewegte Materie in der Welt uns diese Theorie auferlegt, weil diese Theorie selbst nichts anderes ist als eine Konfiguration von Materie in Bewegung – in dem Sinne, dass sie nichts anderes ist als die Gedanken, die Personen haben, und diese Gedanken mit bestimmten Teilchenbewegungen in den Gehirnen der Personen identisch sind. Jede solche Behauptung wird jedoch wiederum formuliert, akzeptiert und gerechtfertigt in den normativen Praktiken des Fragens nach und Gebens von Gründen. Jaap van Brakel (1996, S. 280) drückt dies so aus, dass die wissenschaftlichen Kategorien ihre Existenz zum Teil den normativen, methodologischen Kriterien verdanken, die im manifesten Weltbild verankert sind. Wie im vorangehenden Unterkapitel ausgeführt wurde: Welche Sinneseindrücke auch immer wir von der Welt aufnehmen, wir sind frei darin, welche Regeln wir daraufhin für unser Denken und Handeln bilden wollen. Diese Freiheit und die Normativität, die mit ihr zusammengeht, können nicht im wissenschaftlichen Weltbild und seiner primitiven Ontologie lokalisiert werden.[15] Das ist das Argument dafür, dass Personen ontologisch primitiv sind, auf dem das manifeste Weltbild basiert.

Folglich ist die Sicht von uns selbst, die im manifesten Weltbild ihren Ausdruck findet, immun dagegen, durch zukünftige Fortschritte etwa der Neurowissenschaften widerlegt zu werden. Es ergibt keinen Sinn zu vertreten, dass die Sicht von uns selbst als denkenden und handelnden Wesen, die sich ein Urteil bilden müssen in Bezug auf ihre Gedanken und Handlungen, sich durch zukünftige neurowissenschaftliche Forschungsergebnisse als falsch herausstellen könnte. Ebenso widerlegen die vieldiskutierten Experimente in den Neurowissenschaften und der Psychologie nicht unsere Willensfreiheit.[16] Fortschritte in den Neurowissenschaften und der Psychologie können sicherlich zu einem besseren Verständnis von uns selbst führen. Sie mögen zum Beispiel aufdecken, dass wir manchmal im Rückblick nach guten Gründen für Handlungen suchen, die lediglich impulsive oder emotionale Reaktionen auf Reize waren. Nichtsdestoweniger hätten wir anders handeln können, solange wir Personen sind. Solche Forschungsergebnisse sollte man daher als Aufforderung ansehen, es in der Zukunft besser zu machen, also besser das Potential zu realisieren, das man als Person

15 Vgl. auch den Fundamentalismus in Bezug auf Gründe von Scanlon (2014).
16 Siehe Libet (2005) zu den bekanntesten dieser Experimente und siehe Mele (2014) zu einem ausführlichen Argument, wieso diese Experimente den freien Willen nicht aushebeln.

hat, indem man überlegt, was man denken und wie man handeln soll. Ferner können solche Fortschritte uns darüber aufklären, welche Schäden im Gehirn die physikalische Basis dafür zerstören, dies tun zu können.

Kein solcher Fortschritt kann jedoch die Sicht von uns selbst als Personen, wie sie im manifesten Weltbild konzeptualisiert ist, als Illusion erweisen: Die Behauptung, dass diese Sicht eine Illusion ist, wäre selbst eine Manifestation der Gültigkeit dieser Sicht; denn eine solche Behauptung wäre wiederum formuliert, akzeptiert und gerechtfertigt in dem Netz der normativen Einstellungen des Fragens nach und Gebens von Gründen. Damit diese Behauptung eine Bedeutung hat, damit es Gründe für ihre Wahrheit geben kann usw., muss sie in diesem Netz situiert sein. Dessen ungeachtet könnte es zwar passieren, dass wir in Zukunft Denken und Handeln aufgeben, damit den Status von Personen wieder verlieren und zu einem tierischen Zustand zurückkehren. Das wäre dann aber keine Folge von Entdeckungen in den Neurowissenschaften oder der Psychologie.

Da man somit das manifeste Weltbild nicht einfach zurückweisen kann, ist die grundlegende Frage offenbar, wie sich die beiden Weltbilder versöhnen lassen. Beide erheben einen Vollständigkeitsanspruch, aber sie können nicht beide wahr und vollständig sein. Der Vollständigkeitsanspruch des manifesten Weltbildes ist dieser: Alles was es gibt, ist in Analogie zu Personen zu denken. So sind zum Beispiel Katzen Personen ähnlicher als Bäume usw. Die Ähnlichkeit zu Personen wird immer geringer, je näher man der anorganischen Materie kommt, aber sie verschwindet nie gänzlich. Man kann zwar einen völlig formlosen Urstoff als das Andere des Personenanalogen ansetzen, wie das insbesondere in der antiken Philosophie sowohl Platon als auch Aristoteles taten. Nichtsdestoweniger besteht dann jeder Gegenstand aus einer Form (dem Personenanalogen) oder der Teilhabe an einer Form einerseits und dem Urstoff andererseits. Somit verfolgt man im manifesten Weltbild eine von oben nach unten verlaufende Methodologie im Unterschied zu der von unten nach oben verlaufenden Methodologie des wissenschaftlichen Weltbilds. Naturwissenschaftliche Theorien beschreiben dementsprechend das Universum unter Absehen von den Merkmalen, die zu Personen analog sind. Diese Theorien mögen wahr sein; aber die Wahrheit, die sie entdecken, ist nur eine partielle Wahrheit, auch was die physikalischen Objekte betrifft. Die Naturwissenschaft deckt nicht die Essenz oder das Wesen dieser Objekte auf; dieses besteht in Merkmalen, die analog zu etwas von dem sind, das Personen charakterisiert.

Die beiden Weltbilder widersprechen sich somit: Gemäß dem wissenschaftlichen Weltbild ist Materie in Bewegung ontologisch primitiv. Alles Weitere, einschließlich von Menschen und deren Geist, wird in Begriffen von dessen funktionaler Rolle für die Bewegung der Materie eingeführt. Gemäß dem manifesten Weltbild sind Personen ontologisch primitiv. Alles Weitere, einschließlich anorganischer Materie, wird in Analogie zu Personen gedacht. So gesehen ist die grundlegende Frage, ob und wie man die Elemente, auf die das eine Weltbild den Akzent setzt, in das andere Weltbild aufnehmen kann. Wenn einem Weltbild das gelänge, dann wäre das andere überflüssig und eliminierbar. Wenn alles analog zu Personen ist, dann brauchen wir naturwissenschaftliche Theorien als nützliche Voraussageinstrumente, die von den personenanalogen Zügen in der Natur absehen; aber wir brauchen dann das wissenschaftliche Weltbild nicht mehr. Wenn alles Materie in Bewegung ist, dann brauchen wir die personenbezogene Redeweise als nützliches Kommunikationsmittel; aber wir brauchen dann das manifeste Weltbild nicht mehr.

Wenn man also vom wissenschaftlichen Weltbild ausgeht, dann ist die Aufgabe, alles Weitere – einschließlich dessen, was Personen charakterisiert – in dieses Weltbild im Zuge des Fortschritts der Naturwissenschaften zu integrieren und dadurch das manifeste Weltbild überflüssig zu machen. Es wird dann nicht der Alltagsverstand mit seiner Erfahrung der Welt und von uns selbst überflüssig, wohl aber die Konzeptualisierung dieser Erfahrung in einem Weltbild, das auf Personen ausgerichtet ist. In gleicher Weise gilt: Wenn man vom manifesten Weltbild ausgeht, dann ist die Aufgabe, das, was die Naturwissenschaft uns über die Welt sagt, in ein Weltbild zu integrieren, das von Personen als grundlegend ausgeht. Man weist dann nicht die Annahme zurück, dass es Materie in Bewegung gibt, wohl aber die Behauptung, dass man die Welt auf der Grundlage von Materie in Bewegung verstehen kann.

Die Naturwissenschaft kann diese Angelegenheit nicht entscheiden. Sie ist nicht dasselbe wie das wissenschaftliche Weltbild. Man kann sich in der Naturwissenschaft einschließlich ihrer reduktionistischen Methode engagieren und gleichwohl davon absehen, sie auf Personen anzuwenden. Das wissenschaftliche Weltbild ist eine *philosophische* Position, die für die naturwissenschaftliche Forschung eine Vollständigkeitsbehauptung formuliert in dem Sinne, dass die Naturwissenschaft *alles* erfasst, was es in der Welt gibt. Genauso ist das manifeste Weltbild eine *philosophische* Position, die für den Alltagsverstand, der auf Personen ausgerichtet ist, eine Vollständigkeitsbehauptung formuliert in dem Sinne, dass *alles* analog zu Personen ist. Die Konfrontation zwischen dem wissenschaftlichen und dem manifesten Weltbild kann man daher als das ansehen, was Platon im *Sophist* den »Riesenkrieg über das Sein« genannt hat (246a).

Wenn man *das wissenschaftliche Weltbild als vollständiges Bild der Welt* ansieht, dann ist es zunächst kein Problem, die Methode funktionaler Definitionen in Begriffen einer kausalen Rolle für Materie in Bewegung auf alles anzuwenden. Man kann das einfach durch Festsetzung tun, das heißt durch Definition.[17] Ferner besteht kein prinzipielles Problem darin, Erklärungen von allem, einschließlich der Gedanken und Handlungen von Personen, in Begriffen einer funktionalen Rolle für letztlich Teilchenbewegungen zu formulieren. Im Fall der Gedanken und Handlungen von Menschen sind dieses in erster Linie biologische funktionale Erklärungen in Begriffen dessen, die Fitness zu steigern.

Dies sind jedoch Erklärungen im Rückblick. Rückblickend kann man im Prinzip immer eine Erklärung von allem in Begriffen einer funktionalen Rolle für Materie in Bewegung formulieren. Doch zuerst kommt die Bewegung der Objekte, und dann kommen die Gesetze und mit ihnen die Erklärungen. Genauer gesagt: Um überhaupt solche Erklärungen zur Verfügung zu haben und sie auf die Gedanken und Handlungen von Menschen anwenden zu können, muss man zunächst einmal das wissenschaftliche Weltbild formulieren. Sein Formulieren, Akzeptieren und Rechtfertigen erfolgt jedoch in einem normativen Netz des Fragens nach und Gebens von Gründen, das Personen als unhintergehbar voraussetzt, weil es Personen sind, die das Formulieren, Akzeptieren und Rechtfertigen von Theorien und Weltbildern in die Welt setzen.

Anders gesagt: Auch eine biologische, funktionalistische Erklä-

---

17 Siehe Erläuterung (2) in der Diskussion funktionaler Definitionen in Kapitel 2.1.

rung der Gedanken und Handlungen von Menschen kann nicht dagegen angehen, dass dann, wenn eine Person Überzeugungen ausbildet und ihre Handlungen erwägt, sie in einem normativen Netz des Gebens von und Fragens nach Gründen navigiert. Diese Navigation kann nicht durch das bestimmt werden, was als primitive Ontologie in das wissenschaftliche Weltbild eingeht, weil die Person sich zunächst einmal ein Urteil darüber bilden muss, was sie in Bezug auf die Welt glauben soll. Genau wie in Bezug auf die oben erwähnten angeblichen neurowissenschaftlichen und psychologischen Belege gegen Willensfreiheit gilt an dieser Stelle: Erklärungen von Denken und Handeln in Begriffen biologischer Funktionen sind allenfalls eine Aufforderung, es in der Zukunft besser zu machen, also besser das Potential zu realisieren, das man als Person hat, und gute Gründe für sein Denken und Handeln abzuwägen.

Wann immer man sich selbst in dem normativen Netz des Fragens nach und Gebens von Gründen situiert, ist man darauf festgelegt, Personen als unhintergehbar anzuerkennen. Damit öffnet sich die Möglichkeit, zu vertreten, dass sie allein die primitive Ontologie ausmachen. Das heißt: Wie man die Einstellung erwägen kann, das wissenschaftliche Weltbild als vollständiges Bild der Welt anzusehen, so kann man auch die Einstellung erwägen, dass *das manifeste Weltbild das vollständige Bild der Welt* ist.

Wenn Personen die primitive Ontologie ausmachen, dann ist es keine glaubhafte Methode, alles andere dadurch in Personen lokalisieren zu wollen, dass man es in Begriffen einer funktionalen Rolle für die Abwägungen von Personen definiert. In Bezug auf die physikalische Welt würde dies dazu führen, statt der Natur nur Sinneseindrücke von Personen anzuerkennen. Nichtsdestoweniger ist der Funktionalismus auch im Kontext des manifesten Weltbildes ein mächtiges Instrument. Aber es geht dann um einen *normativen Funktionalismus*, der auf das beschränkt ist, was Personen als denkende und handelnde Wesen betrifft. So besteht gemäß einer inferentiellen Semantik kombiniert mit einer normativen Pragmatik, wie sie von Sellars (1999) angedeutet und von Brandom (2000) ausgeführt wird, die Bedeutung eines Gedankens in den Inferenzen zu anderen Gedanken und Handlungen; diese Inferenzen werden durch soziale, normative Praktiken bestimmt, wie im vorigen Unterkapitel erwähnt. Auf diese Weise werden Bedeutungen in den sozialen, normativen Praktiken lokalisiert, die Personen zu dem machen, was sie sind. Es besteht dann kein Anlass, Bedeutungen als abstrakte Gegenstände (platonische Ideen) anzuerkennen. Sie werden auf das reduziert, worauf Personen sich festgelegt haben und wozu sie sich berechtigt oder nicht berechtigt fühlen.

Dieses Verfahren kann man im Prinzip auf alle Kandidaten für abstrakte Gegenstände anwenden, einschließlich mathematischer Objekte wie etwa Zahlen. Daraus resultiert dann eine Art normativer Nominalismus. Man kann dieses Verfahren auch auf moralische Normen anwenden, indem man sie in dem lokalisiert, worauf Personen sich festgelegt haben und wozu sie sich berechtigt halten. Wenn man glaubt, dass moralische Normen Übereinkommen in einer Gemeinschaft übersteigen (so dass auch eine ganze Gemeinschaft in den moralischen Normen, die sie akzeptiert, fehlgehen kann), dann kann man moralische Normen in dem lokalisieren, was es heißt, eine Person zu sein im Sinne eines Wesens, das für Normen einschließlich moralischer Normen empfänglich ist.

Um das in den Begriffen von Popper (1980) auszudrücken: Innerhalb der Einstellung, die das manifeste Weltbild für vollständig hält, kann man den Funktionalismus einsetzen, um Poppers Welt 3 (abstrakte Gegenstände) auf seine Welt 2 (Personen) zu reduzieren. Aber man kann den Funktionalismus nicht einsetzen, um Welt 1 (physikalische Gegenstände) auf Welt 2 (Personen) zu reduzieren. Man kann nur versuchen, Welt 2 (Personen) auf Welt 1 (physikalische Gegenstände) zu reduzieren innerhalb der Einstellung, die das wissenschaftliche Weltbild für das vollständige Bild der Welt hält.

Wenn es um das Verhältnis zwischen Personen und der physikalischen Welt geht, dann ist die Methode, die im manifesten Weltbild zum Einsatz kommt, Analogie statt Funktionalismus. Wie oben erwähnt, wird alles in der Natur in Analogie zu Personen gedacht. Das Problem dieser Methode ist allerdings, dass sie nicht die Erklärungsleistung erbringt, die man durch eine erfolgreiche Reduktion erzielt. Wenn man von As ausgeht und sagt, dass alle Bs analog zu den As sind, dann beantwortet man nicht die Frage, wieso es Bs in der Welt gibt. Hingegen beantwortet man diese Frage, wenn man sagt, dass es Bs deshalb in der Welt gibt, weil einige spezifische Konfigurationen von As so beschaffen sind, dass sie die funktionale Rolle erfüllen, welche die Bs definiert. Wenn man also von Personen als ontologisch primitiv ausgeht, dann benötigt man eine Antwort auf die Frage, wieso nicht alles, was es gibt, Personen sind bzw. wieso es Dinge gibt, die in verschiedenen Graden analog zu Personen sind. Man erhält aber keine Antwort auf diese Frage im manifesten Weltbild.

Das manifeste Weltbild muss die wissenschaftlichen Erklärungen aufnehmen, und sei es nur wegen ihrer Leistung für Voraussagen, denn Personen verlassen sich auf diese Voraussagen für die Planung ihres Handelns. Aber dieses Weltbild kann sie nicht als Erklärungen der Gegenstände aufnehmen, auf die sie sich beziehen: Die Essenz dieser Gegenstände ist nicht, Materie in Bewegung zu sein, sondern in gewisser Weise analog zu Personen zu sein. Deshalb haben die wissenschaftlichen Erklärungen nur einen instrumentellen Wert als Information über die Folgen, die bestimmte Handlungen unter normalen Umständen haben werden. Man kann dies anhand der Geometrisierung der Dinge in der Natur illustrieren, welche die primitive Ontologie von Punktteilchen vornimmt, die durch ihre Abstandsbeziehungen und deren Veränderung individuiert werden. Die Gesetze, die im Rahmen dieser Ontologie formuliert werden, geben uns Informationen über die Entwicklung der relativen Lagen der Objekte; das ist all die Information, die wir als Orientierung für unser Handeln benötigen. Aber diese Ontologie betrachtet die physikalischen Objekte als eigenschaftslos.

Vom Standpunkt des manifesten Weltbildes aus gesehen abstrahiert diese Ontologie daher von allen qualitativen Merkmalen physikalischer Gegenstände, die mit unserer sinnlichen Erfahrung verbunden sind. Von diesem Standpunkt aus gesehen verfehlt diese Ontologie die Essenz der Dinge in der Natur. Natürlich ist es ein weiter Weg von qualitativen Merkmalen wie Farben dazu, eine Analogie zu Personen zu ziehen. Nehmen wir nichtsdestoweniger einmal an, dass man einen solchen Weg bis zum Ende gehen kann. Der hier wesentliche Punkt ist, dass wissenschaftliche Erklärungen in das manifeste Weltbild nur als nützliche Instrumente für Voraussagen eingehen, aber nicht als etwas, das aufzeigt, was die Dinge in der Natur sind. Das heißt: Das manifeste Weltbild muss den wissenschaftlichen Realismus auch in Bezug auf die physikalischen Theorien über Bord werfen.

Selbst wenn wir einmal davon absehen, dass die Methode des manifesten Weltbildes nicht die Erklärungsleistung erbringen kann, die man im wissenschaftlichen Weltbild durch funktionale

Reduktion erzielt, gibt es ein weiteres Problem für den Ansatz, alles in Analogie zu Personen zu denken. Sellars (1962) erörtert das am Beispiel eines gelben Eiswürfels. Der Eiswürfel ist durch und durch gelb, was seine Konzeptualisierung im manifesten Weltbild betrifft. Wie auch immer man ihn in Teile zerlegt, man beseitigt dadurch nicht seine Farbe. Man kann das als eine Veranschaulichung dessen nehmen, was mit Denken in Analogien gemeint ist: Die betreffenden Merkmale werden niemals vollständig verschwinden – die Merkmale von Personen oder in diesem Fall die Farben. Aber das stimmt nicht. Wenn man den gelben Eiswürfel unter ein Mikroskop mit großer Auflösung legt, dann sieht man schon, dass die unter dem Mikroskop unterschiedenen Teile selbst nicht gelb sind. Es gibt nichts Gelbes in ihnen, kein auch noch so schwaches Gelb.

Schon bei nichtmenschlichen Lebewesen lässt sich trefflich darüber streiten, inwiefern sie Merkmale aufweisen, die zu denen von Personen analog sind. Immerhin haben einige von ihnen zumindest sinnliche Erfahrungen. Aber es wäre schon sehr abwegig, zu vertreten, dass zum Beispiel Steine immer noch irgendwelche personenanalogen Züge aufweisen, ganz zu schweigen von mikrophysikalischen Teilchen. Was könnten die mentalen Merkmale von Elektronen sein, wie rudimentär auch immer sie sein mögen? Das manifeste Weltbild ist auf eine Art Panpsychismus festgelegt. Aber es gibt keine Argumente für den Panpsychismus abgesehen von der Logik, eine primitive Ontologie von Personen innerhalb der Einstellung zu verfolgen, die das manifeste Weltbild als das vollständige Bild der Welt ansieht – oder der Logik, phänomenales Bewusstsein (Qualia) als ontologisch primitiv anzuerkennen, um mit dem schweren Problem des Bewusstseins zurechtzukommen.[18] Eine Theorie zweier Aspekte in allen Dingen, eines mentalen und eines physikalischen, hilft auch nicht weiter; denn die Frage ist, wie diese beiden Aspekte zusammenhängen. Ihre Extension dahingehend auszuweiten, dass alle Dinge diese beiden Aspekte aufweisen, trägt zur Beantwortung dieser Frage nichts bei.[19]

Betrachten wir als ein Beispiel den auf dem manifesten Weltbild basierenden Naturalismus, den McDowell (1998) vertritt. McDowells weiter Begriff der Natur umfasst das, was er im Geiste He-

---

18 Siehe die Arbeiten in Brüntrup und Jaskolla (2017) zur zeitgenössischen Forschung zum Panpsychismus und ferner die Monographie von Benovsky (2019).
19 Vgl. die Ausführungen zur Emergenz am Ende von Unterkapitel 3.1.

gels »erste« und »zweite« Natur nennt. Ihm zufolge ist die zentrale Aufgabe naturwissenschaftlicher Forschung nicht, eine Ontologie zu formulieren, sondern gesetzesartige Merkmale der »ersten Natur« zu entdecken. Ebenso wenig wie man jedoch die erwähnten normativen Praktiken anerkennen kann, ohne dadurch eine ontologische Festlegung auf Personen einzugehen, kann man gesetzesartige Merkmale der Natur anerkennen, ohne eine ontologische Festlegung in Bezug auf die physikalischen Objekte einzugehen, auf welche sich diese gesetzesartigen Merkmale beziehen. So gibt es zum Beispiel kein nomologisches Merkmal der Gravitation in der Natur, ohne dass es physikalische Objekte gibt, die sich wie vom Gravitationsgesetz beschrieben bewegen (was auch immer die korrekte physikalische Formulierung diese Gesetzes sei und was auch immer die korrekte Position in der Metaphysik der Naturgesetze sein mag). Wenn man Naturgesetze anerkennt, dann erkennt man die Existenz materieller Objekte an, die sich gemäß diesen Gesetzen verhalten.

Was fehlt dann aber im wissenschaftlichen Bild der Natur? Was wird zum Beispiel in der wissenschaftlichen Konzeption von Wasser oder von Elektronen ausgelassen? Entweder fehlt etwas von Anfang an, und dann muss man konkret sagen, was in dem wissenschaftlichen Weltbild in Bezug auf Wasser, Steine, Elektronen und dergleichen ausgelassen wird; oder das, was McDowells weiten Begriff der Natur kennzeichnet, tritt erst auf einem höheren Organisationsniveau auf, zum Beispiel auf dem Niveau von Lebewesen. Dann muss man aber konkret sagen, wo genau etwas hinzukommt, was es ist und wie diese weitere ontologisch primitive Entität mit dem verbunden ist, was im wissenschaftlichen Weltbild als ontologisch primitiv anerkannt wird. Dieser letztere Einwand trifft auch auf die Position zu, die Mario de Caro (2015) und andere unter dem Namen »liberaler Naturalismus« vertreten. Das ist ein Naturalismus, der die wesentlichen Elemente sowohl des wissenschaftlichen als auch des manifesten Weltbildes aufnimmt, der aber nicht die Frage aufnimmt, wie diese Elemente zusammenhängen.

Zusammenfassend können wir Folgendes festhalten: Man kann sowohl in Bezug auf das wissenschaftliche als auch in Bezug auf das manifeste Weltbild ein Argument entwickeln, das einer *reductio ad absurdum* nahekommt, wenn man eines dieser Weltbilder für vollständig hält. Im Fall des manifesten Weltbildes besteht die *reductio* in der Festlegung darauf, alles bis hinunter zu den mikrophysikalischen Teilchen in Analogie zu Personen zu denken. Im Fall des wissenschaftlichen Weltbildes besteht die *reductio* in der Unmöglichkeit, Personen, insofern diese Begriffe und Handlungen abwägen, in dieses Weltbild zu integrieren; das wissenschaftliche Weltbild beruht jedoch für seine Formulierung, Akzeptanz und Rechtfertigung auf Personen, die erwägen, was sie denken und tun sollen. Man mag so weit gehen zu sagen, dass die Behauptung der Vollständigkeit des wissenschaftlichen Weltbildes einem performativen Widerspruch nahekommt: Der Inhalt der Behauptung, dass alles Materie in Bewegung ist, widerspricht seinem Ausdruck oder seiner Performanz als *Behauptung*, die in dem normativen Netz des Fragens nach und Gebens von Gründen situiert ist, innerhalb dessen Personen unhintergehbar sind. Wir haben somit zwei Weltbilder, von denen jedes den Anspruch erhebt, vollständig zu sein, und von denen jedes dem anderen widerspricht; aber es scheint, dass keines von beiden ein vollständiges Weltbild sein kann.

Es mag hilfreich sein, diese Situation wiederum in den Begriffen der drei Welten von Popper (1980) zu illustrieren. Das Ergebnis ist dann, dass man nicht nur eine dieser drei Welten akzeptieren kann. Wenn man nur Welt 1 anerkennt (das wissenschaftliche Weltbild), dann läuft man in eine Sackgasse hinein, weil die Konzeptualisierung von Welt 1 in Welt 2 erfolgt. Wenn man nur Welt 2 akzeptiert (das manifeste Weltbild), dann läuft man in eine Sackgasse hinein, weil man dann darauf festgelegt ist, alles in Analogie zu Personen zu denken. Wenn man nur Welt 3 gutheißt, eliminiert man jede konkrete Entität und verfügt nur über abstrakte Gegenstände. Wenn man alle drei Welten anerkennt, wie Popper (1980) es tut, dann ist man auf eine Surplus-Struktur festgelegt: Es gibt viel mehr in Welt 3, als jemals von Personen gedacht werden oder in der physikalischen Welt realisiert sein wird. Ferner steht uns die erwähnte funktionalistische Methode zur Verfügung, um das, was Popper zu einer Welt 3 verdinglicht, auf Welt 2 zu reduzieren.

Damit bleibt die Möglichkeit, im Prinzip beliebige je zwei dieser Welten miteinander zu verbinden. Welt 1 und Welt 3 anzuerkennen, läuft jedoch wiederum in das Problem hinein, dass die Formulierung, Akzeptanz und Rechtfertigung dieser Welten in Welt 2 erfolgt. Folglich ist Welt 2 unverzichtbar. Welt 2 und Welt 3 anzuerkennen, läuft in die Sackgasse eines Idealismus hinein, der physikalische Gegenstände durch Sinneseindrücke und abstrakte Objekte ersetzt. Die Schlussfolgerung ist also wiederum, dass wir einen Weg finden müssen, Welt 1 (das wissenschaftliche Weltbild) mit Welt 2 (das manifeste Weltbild) zu verbinden.

3.4 Die synoptische Sicht

Sellars (1962) fordert eine synoptische Sicht, die beide Weltbilder zusammenbringt, nämlich eine »stereoskopische Sicht, in der zwei verschiedene Perspektiven auf eine Landschaft zu einer kohärenten Sicht verschmolzen werden«.[20] Das impliziert eine Art *Dualismus beider Weltbilder*, obwohl jedes dieser Weltbilder den Anspruch erhebt, vollständig zu sein. Die erste Frage an jeden Dualismus lautet, wieso man zwei ontologisch primitive Setzungen akzeptieren soll und nicht mit lediglich einer auskommen kann. In diesem Fall gibt es jedoch einen guten Grund für einen Dualismus von sowohl Materie in Bewegung als auch ontologisch primitiven Personen. Es gibt ein *prinzipielles* Argument dafür, wieso die Ontologie der Naturwissenschaften nicht vollständig ist, wenn es um Personen geht. Normativität in diese Ontologie aufzunehmen, ist keine Frage des weiteren Fortschritts der Naturwissenschaften. Das ist im Prinzip ausgeschlossen, welche Fortschritte die Natur- einschließlich der Neurowissenschaften auch immer erzielen werden. Ebenso gibt es ein *prinzipielles* Argument dafür, wieso die Ontologie, die ihren Ausgang von Personen nimmt und alles in Analogie zu Personen denkt, versagt, zumindest sobald es um anorganische Materie geht.

Die drängende Frage ist folglich nicht, wie man einen Dualismus von Materie in Bewegung und Personen motivieren kann, sondern wie beide zusammenhängen. Betrachten wir den cartesischen Dualismus von *res extensa* (Materie) und *res cogitans* (Geist, Personen). Das Problem für Descartes ist, dass er auf der einen Seite einen Berührungspunkt dieser beiden Substanzen ansetzen muss, sich aber auf der anderen Seite jeder vorstellbare Punkt, an dem der nichtphysikalische Geist mit der Materie in Kontakt tritt, als unglaubwürdig herausstellt (wie ein Berührungspunkt im Gehirn,

20 Sellars (1962), Abschnitt I; Übersetzung M. E.

zum Beispiel in der Zirbeldrüse). Das ist das zentrale Problem für jeden interaktionistischen Dualismus. Das Problem einer kausalen Wechselwirkung oder eines kausalen Eingriffs von etwas Immateriellem in den materiellen Bereich ist eine Folge dieses Problems.

Das Problem, einen Berührungspunkt zwischen Geist und Materie zu finden, ist nicht beseitigt, wenn man vom interaktionistischen Dualismus (zum Beispiel Descartes) zum psychophysischen Parallelismus übergeht (zum Beispiel Spinoza, Leibniz). Denn es stimmt nicht, dass im psychophysischen Parallelismus der Geist und Materie nur in Gott zusammengebunden werden. Man muss bestimmte Geister (Seelen) mit bestimmten Körpern assoziieren. Das erfordert einen Berührungspunkt, an dem ein bestimmter Geist (Seele) mit einem bestimmten Körper verbunden ist.

Dieses offenbar unlösbare Problem motiviert den folgenden Standpunkt: Der Dualismus ist kein überzeugender Kandidat, solange man ihn als einen Dualismus von zwei Entitäten der gleichen Kategorie konzipiert, also zum Beispiel einen Dualismus einer physikalischen und einer mentalen Substanz wie bei Descartes, einen Dualismus von physikalischen und mentalen Eigenschaften wie bei Spinoza und Leibniz oder von heutigen nichtreduktionistischen Dualismen von physikalischen und mentalen Zuständen, Tatsachen, Sachverhalten, Aspekten. Solange man annimmt, dass es zwei verschiedene Typen einer Kategorie gibt, wird das Problem ihres Verhältnisses zueinander keine befriedigende Lösung finden. Das heißt: Zwar ist der Dualismus von Materie in Bewegung und Personen gut motiviert, aber nicht die Ausführung, gemäß der es sich dabei um zweierlei Seiendes derselben Kategorie handelt. Dann ist nie plausibel, wieso es zwei Entitäten derselben Art geben soll, wie an dem Problem des Berührungspunktes deutlich wird.

Das stärkste Argument gegen die Vollständigkeit des wissenschaftlichen Weltbildes stellt heraus, dass dieses Weltbild selbst in normativen Einstellungen des Fragens nach und Gebens von Gründen formuliert, akzeptiert und gerechtfertigt wird. Dieses Argument läuft darauf hinaus, Personen als ontologisch primitiv anzuerkennen. Aber *indem sie durch normative Einstellungen gekennzeichnet sind, sind Personen nicht etwas Zusätzliches, ontologisch Primitives auf derselben Ebene und mithin von der gleichen Kategorie wie das ontologisch Primitive im wissenschaftlichen Weltbild, die Materie in Bewegung.* Wenn das Mentale nicht auf das Physikalische reduzierbar ist, dann ist dem so, weil Normen keine Tatsachen in der Welt sind. Normen entstehen, weil Personen entstehen im Abwägen dessen, was sie glauben und tun sollen. Dadurch schaffen sie ein Netz von Normen, von Berechtigungen und Verpflichtungen, in dem sie sich selbst situieren.

Diese Sichtweise ist darauf festgelegt, Personen als ontologisch primitiv anzuerkennen – ungeachtet dessen, dass denkende und handelnde Wesen nur an bestimmten Orten und zu bestimmten Zeiten im Universum auftreten und somit an bestimmte physikalische Bedingungen gebunden sind. Folglich sind Personen auf der einen Seite ontologisch abhängig von Materie in Bewegung: Sie können nur dann existieren, wenn bestimmte physikalische Bedingungen erfüllt sind. Auf der anderen Seite sind Personen ebenso ontologisch primitiv wie Materie in Bewegung, weil ihre normativen Einstellungen nicht auf Materie in Bewegung reduziert werden können. Der Begriff der Person, wie ich ihn in diesem Buch benutze, soll diese beiden Aspekte zum Ausdruck bringen: die Körperlichkeit von Personen ebenso wie die Irreduzibilität ihrer normativen Einstellungen.[21]

Insofern sie ontologisch primitiv sind, kann man Personen mit ihren normativen Einstellungen allerdings in der gleichen Weise konzipieren wie Materie in Bewegung, nämlich in der Weise des ontischen Strukturenrealismus. Wenn sie primitiv sind, dann kann man sie nicht teilen. Deshalb sieht man sie am besten als Punkte an. Die Argumente gegen Punkte als eine Art reines Substrat treffen auf Personen ebenso zu wie auf Materiepunkte. Damit gelangen wir zu folgender Sicht: Sowohl Materie als auch Personen sind Punkte, die strukturell individuiert werden durch die Beziehungen, in denen sie stehen. Materiepunkte werden durch ihre Position in einem Netz von Abstandsbeziehungen individuiert. Personen oder Geistpunkte werden durch ihre Position in einem normativen Netz von Rechten und Pflichten, von Festlegungen, Berechtigungen und verschlossenen Berechtigungen individuiert, das Gedanken ebenso wie Handlungen betrifft. Wie alles, was die Materiepunkte ausmacht, in den Abstandsbeziehungen besteht, so besteht auch alles, was die Geistpunkte ausmacht, in den normativen Bezie-

21 Siehe zum Begriff der Person und seiner historischen Entwicklung Sturma (1997), insbesonder Kap. 2.

hungen, die Personen durch ihre normativen Einstellungen einge-hen.[22]

Sowohl die Abstandsbeziehungen als auch die normativen Be-ziehungen befinden sich in kontinuierlicher Veränderung. Die normativen Beziehungen ändern sich durch jeden Zug, den eine Person in ihren Gedanken und Handlungen macht. Wie die kon-tinuierliche Veränderung der Abstandsbeziehungen eine intertem-porale Identität für die Materiepunkte bereitstellt durch die Bah-nen, die sie ziehen, so stellt die kontinuierliche Veränderung in den normativen Beziehungen eine Identität für die Personen bereit. In beiden Fällen ist die Entwicklung zu einer vollständig symmetri-schen Konfiguration ausgeschlossen: Keine zwei Personen stehen jemals in genau den gleichen Verpflichtungen und Berechtigun-gen – schon ihre verschiedene räumliche und zeitliche Position und auch die damit gegebenen Verwandtschaftsbeziehungen schließen das aus –, ebenso wie keine zwei Punktteilchen jemals in genau den gleichen Abstandsbeziehungen zu allen anderen Punktteilchen stehen. Indem sie ontologisch primitiv sind, sind also sowohl Ma-terie als auch Personen Punkte, die zu jeder Zeit ebenso wie in ihrer zeitlichen Entwicklung strukturell individuiert werden durch Relationen eines bestimmten Typs.

Der kategorische Unterschied zwischen Materie- und Geist-punkten besteht in dem Unterschied zwischen diesen Relationen: Abstandsbeziehungen, die als schlichte Tatsachen existieren, versus Normen, die dadurch entstehen, dass bestimmte Materiekonfigu-rationen gegenüber sich selbst und anderen die Einstellung ein-nehmen, sich selbst und die anderen in einem Netz von Berech-tigungen und Verpflichtungen situiert zu sehen. Indem sie solche Einstellungen einnehmen, schaffen bestimmte Materiekonfigurati-onen sich selbst als Personen: Dadurch – und nur dadurch – sind sie Personen. Dieser Unterschied zwischen den Relationen impliziert, dass die normativen Beziehungen nur so lange existieren, wie Per-sonen existieren, indem sie diese Einstellungen einnehmen. Hin-gegen existieren die Abstandsbeziehungen als schlichte Tatsachen, und die Veränderung in ihnen besteht unbegrenzt fort (zumindest was die naturwissenschaftliche Forschung betrifft; wir können hier

22 Vgl. auch die normative und relationalistische Sicht von Gründen, die Scanlon (2014) entwickelt.

offenlassen, ob es einen Gott gibt, der die gesamte Materiekonfiguration in die Existenz bringt und sie vernichten könnte).

Die entscheidende Frage nach einem Berührungspunkt zwischen dem Bereich der Tatsachen und dem normativen Bereich lässt sich dann so beantworten: Es gibt hinreichende physikalische Bedingungen für die Empfänglichkeit für Normen. Die Fähigkeit dazu, sich in normative, soziale Praktiken einzubringen, ist lokalisiert in und damit identisch mit den Bewegungen bestimmter Materiekonfigurationen. Man kann, wie Michael Tomasello (2014) ausarbeitet, diese Fähigkeit biologisch erklären durch den Fitnessvorteil, den Menschen durch Kooperation haben. Nichtsdestoweniger gilt: Wenn diese Praktiken einmal entstanden sind, dann sind die Normen, die in ihnen bestimmt werden, nicht im Bereich der Tatsachen lokalisiert. Sie existieren, ebenso wie Materie in Bewegung existiert; aber sie sind nur zugänglich durch die Teilnahme an diesen Praktiken und damit nur dadurch, dass man an ihrer Gestaltung mitwirkt. Für diese Praktiken gibt es keinen Standpunkt von nirgendwo und nirgendwann.

Folglich kann man sagen, dass Personen in der Evolution der Materiekonfiguration des Universums emergieren. Man kann den Begriff der Emergenz in diesem Kontext verwenden, weil klar ist, dass Personen nicht auf Materie in Bewegung reduziert werden können, sondern eine neue ontologische Festlegung erfordern. Dessen ungeachtet erhellt oder erklärt der Begriff der Emergenz auch in diesem Fall nichts. Er lenkt nur die Aufmerksamkeit von dem entscheidenden Punkt ab, dass Normen keine neuen Tatsachen in der Welt sind. Der Unterschied zwischen beiden besteht nicht in der Existenz oder den Wahrheitsbedingungen. Existenz und Wahrheit sind eindeutig: Etwas existiert entweder, oder es existiert nicht, und eine Aussage ist entweder wahr, oder sie ist nicht wahr. Der Unterschied besteht im Zugang: Tatsachen zur Kenntnis zu nehmen versus Zugang zu Normen nur dadurch zu haben, dass man zu ihrer Gestaltung beiträgt, indem man zu sich selbst und anderen eine normative Einstellung einnimmt.

Versuchen wir, diese Position zu illustrieren, indem wir auf historische Quellen zurückgreifen. Die Idee, dass Personen Subjekte sind und dass sie kategorial verschieden von Objekten (Tatsachen) sind, wird in der modernen Subjekttheorie von Immanuel Kant an verfolgt. Kant drückt diese Idee im Beschluss der *Kritik der prak-*

tischen Vernunft mit den Worten »Der bestirnte Himmel über mir und das moralische Gesetz in mir« aus. Das ist ein Dualismus von Materie in Bewegung und Personen, wobei Personen durch ihre Empfänglichkeit für Normen gekennzeichnet sind.

In der zeitgenössischen Philosophie kann man den anomalen Monismus von Donald Davidson (1970) mit einem solchen Dualismus assoziieren (obgleich die Position »Monismus« genannt wird). Personen sind in die physikalische Welt integriert in dem Sinne, dass es keinen Seinsbereich des Mentalen jenseits des Physikalischen gibt. Davidson redet von mentalen Ereignissen, die mit physikalischen Ereignissen identisch sind. Alle Ereignisse sind physikalisch, und einige physikalische Ereignisse sind auch mentale Ereignisse. Das ist der Monismus in Davidsons Position.

Dessen ungeachtet ist die Konzeptualisierung eines Ereignisses als mental nicht reduzierbar auf dessen Konzeptualisierung als physikalisch. Deshalb ist Davidsons Monismus anomal: Es gibt keine psychophysischen Gesetze. Der Grund ist, dass mentale Ereignisse, insofern sie eine Bedeutung haben (wie zum Beispiel das Bilden von Überzeugungen und Handlungsabsichten), normativen Kriterien unterworfen sind, die nur durch Teilnahme an den Praktiken, die diese Kriterien bestimmen, zugänglich sind. Davidson akzeptiert den sozialen Holismus: An sozialen Praktiken wechselseitiger Interpretation (das heißt am wechselseitigen Zuschreiben von Überzeugungen durch das Fragen nach und das Geben von Gründen) teilzunehmen, ist konstitutiv dafür, eine Person zu sein. Diese Praktiken sind in dem Sinne autonom, dass für sie Kriterien gelten, die nicht auf die Parameter reduziert werden können, die in den physikalischen Gesetzen auftreten.[23]

Davidson bestreitet nicht, dass es psychophysische Verallgemeinerungen gibt, also Regularitäten, die das Verhalten von Menschen im Rückblick erklären und bis zu einem gewissen Grade Voraussagen ermöglichen, indem sie auf Überzeugungen und Absichten Bezug nehmen. Aber das sind keine Gesetze, weil sie nicht ausnahmslos sind – oder, um es weniger scharf zu sagen, sie haben zu viele Ausnahmen und sind nicht kontrafaktisch robust. Sie gelten nur vor dem Hintergrund stabiler sozialer Praktiken. Die Idee ist somit wiederum, dass die normativen Praktiken des Fragens nach und

23 Siehe insbesondere Davidson (1986), Essays 9-12.

Gebens von Gründen autonom sind und dass dann, wenn man sich selbst in diesen Praktiken situiert, Personen unhintergehbar sind. Dennoch handelt es sich bei den normativen Einstellungen und Praktiken nicht um Tatsachen (oder Ereignisse) zusätzlich zu den physikalischen Tatsachen.

Davidson (1993, englisches Original 1970) ist der Erste, der den Begriff der Supervenienz auf das Verhältnis zwischen dem Physikalischen und dem Geistigen anwendet. Vom heutigen Standpunkt aus gesehen ist die Verwendung dieses Begriffs jedoch eher unglücklich. Im Unterschied zu Begriffen wie Identität und Lokalisation klärt der Begriff der Supervenienz dieses Verhältnis nicht. Auf der einen Seite ist Supervenienz nicht immun gegen Reduktion:[24] Supervenienz impliziert, dass es hinreichende physikalische Bedingungen für alles Mentale gibt. Folglich implizieren die Aussagen, die eine wahre und vollständige Beschreibung des physikalischen Bereichs geben, alle wahren Aussagen über das Mentale. Auf der anderen Seite bietet der Begriff der Supervenienz keine Erklärung. Im Unterschied dazu gibt die Identitätstheorie eine Erklärung, wenn man sie in Begriffen funktionaler Rollen für das Mentale ausarbeitet, die durch Konfigurationen von Materie in Bewegung realisiert werden. Die Theorie der psychophysischen Supervenienz handelt sich mithin die Nachteile des Reduktionismus ein, ohne dessen Vorteil einzuholen, die in seiner Erklärungsleistung besteht.

Etwas Ähnliches trifft auf die heutige Tendenz zu, den Begriff der Supervenienz durch den des Fundierens (*grounding*) zu ersetzen:[25] Fundieren besagt für das Körper-Geist-Problem, dass es hinreichende physikalische Bedingungen für alles Mentale gibt. Folglich implizieren die Aussagen, die eine wahre und vollständige Beschreibung des physikalischen Bereichs geben, alle wahren Aussagen über das Mentale. Aber diese hinreichenden Bedingungen und Implikationen haben nicht den Vorteil einer physikalischen Erklärung des Mentalen: Der Begriff des Fundierens stellt eine Korrelation zwischen Physikalischem und Mentalem fest und spricht dem Physikalischen ontologische Priorität gegenüber dem Mentalen zu, erklärt diese Korrelation und diese Priorität aber nicht.

Um auf Davidsons Position zurückzukommen: Es gibt hinreichende physikalische (oder physiologische) Bedingungen dafür,

24 Siehe Kim (1998).
25 Siehe dazu insbesondere die Aufsätze in Correia und Schnieder (2012).

dass Wesen die Befähigung haben, sich an sozialen Praktiken der wechselseitigen Interpretation, des Fragens nach und Gebens von Gründen, zu beteiligen. Das kann man so ausdrücken, dass es hinreichende physikalische Bedingungen für die Empfänglichkeit für Normen gibt. Menschen erfüllen normalerweise diese Bedingungen. Andere Lebewesen wie Wölfe, Fledermäuse oder Pflanzen hingegen erfüllen diese Bedingungen nicht. Von Menschen kann man daher eine Rechtfertigung für ihr Verhalten einschließlich ihres sprachlichen Verhaltens verlangen. Es ergibt jedoch keinen Sinn, dieses auch bei Wölfen, Fledermäusen oder Pflanzen zu tun. Es geht immer nur um hinreichende, aber nie um notwendige physikalische (oder physiologische) Bedingungen: Außerirdische hätten auch die Fähigkeit, sich an sozialen Praktiken zu beteiligen, obwohl sie Menschen biologisch nicht ähneln würden. Nichtsdestoweniger hätten sie damit auch die Fähigkeit, sich an *unseren* sozialen Praktiken zu beteiligen; denn es gibt keine prinzipielle Grenze für die Möglichkeit von Übersetzungen. Wenn etwas ein denkendes Wesen ist, dann kann es im Prinzip an allen normativen, sozialen Praktiken mitwirken.[26]

Es stände jedoch Davidsons Position eines anomalen Monismus entgegen anzunehmen, dass es hinreichende physikalische Bedingungen für die Regeln gibt, denen Personen folgen – das heißt hinreichende physikalische Bedingungen für die Bedeutung von Gedanken und allgemein für den Inhalt der Normen für Denken und Handeln, die in diesen Praktiken bestimmt werden. Denn in diesem Fall gäbe es psychophysische Gesetze; die Aussagen über die Bedeutung von Gedanken und allgemein den Inhalt der Normen für Denken und Handeln würden dann von den Aussagen impliziert werden, die den physikalischen Bereich beschreiben. Folglich gilt die psychophysische Supervenienz nicht für das, was innerhalb der sozialen Praktiken des Fragens nach und Gebens von Gründen als deren Inhalt bestimmt wird.

Somit gibt es hinreichende physikalische oder physiologische Bedingungen für die Fähigkeit, sich an sozialen Praktiken zu beteiligen, die Bedeutung und generell Normen bestimmen. Diese Fähigkeit superveniert auf Materie in Bewegung; genauer gesagt ist sie eine Weise, wie sich Materie bewegt. Aber wenn diese Fähigkeit

26 Siehe Davidson (1984), Essay 13.

bei Menschen, die eine physikalische Umwelt teilen und in dieser miteinander interagieren, dahingehend aktualisiert wird, dass diese Menschen spontan normative Einstellungen einnehmen, dadurch soziale Praktiken des Fragens nach und Gebens von Gründen schaffen und sich auf diese Weise selbst als Personen in die Welt setzen, dann sind diese Praktiken frei. Es gibt keine hinreichenden physikalischen (oder physiologischen) Bedingungen dafür, was die Normen sind, die in diesen Praktiken bestimmt werden. Folglich gibt es keine objektiven, wissenschaftlichen Tatsachen dessen, was diese Normen sind.[27]

Diese Normen sind nicht aus einer Perspektive der dritten Person zugänglich, das heißt vom Standpunkt von nirgendwo und nirgendwann, der die Naturwissenschaft kennzeichnet. Sie sind nur jenen zugänglich, die sich an den Praktiken des Fragens nach und Gebens von Gründen beteiligen und sie dadurch mitgestalten. Diese Einschränkung träfe sogar auf ein allwissendes Wesen (Gott) zu. Es würde zwar alle Tatsachen in der Welt kennen. Selbst ein solches Wesen müsste sich jedoch an den Praktiken beteiligen, um die Normen zu kennen, die in ihnen bestimmt sind; genauer gesagt: indem es sich beteiligt, würde es dazu beitragen, diese Normen zu bestimmen. Das ist eine Konsequenz dessen, dass diese Normen nicht von außen zugänglich sind. Dieses Merkmal konstituiert den Unterschied zwischen Tatsachen und Normen: Tatsachen existieren unabhängig davon, ob jemand sie zur Kenntnis nimmt. Normen existieren nur, insofern es normative Einstellungen von Personen gibt, und sie sind nur durch Beteiligung an den sozialen Praktiken zugänglich, in denen sich diese Einstellungen ausdrücken.

Hieran bestätigt sich erneut, dass wir mit dem Problem, wie wir das wissenschaftliche und das manifeste Weltbild in einer synoptischen Sicht zusammenbringen können, nicht deshalb konfrontiert sind, weil unsere Perspektive oder unser Wissen in irgendeiner Weise begrenzt ist. Wir können wissenschaftliche Theorien formulieren, die sich auf das gesamte Universum aus einer Perspektive von nirgendwo und nirgendwann beziehen (die Kosmologie tut das seit der Antike). Diese Theorien können wahr sein, und sie können sogar eine prinzipielle Grenze für unseren Zugang zu Anfangsbedingungen setzen, wie zum Beispiel die Heisenberg'schen Unsi-

27 Siehe Lance und O'Leary-Hawthorne (1997) zu einer Abhandlung dazu, was dies für Übersetzungen bedeutet.

cherheitsrelationen in der Quantenmechanik (siehe Kapitel 1.7). Aber eine solche Grenze ist kein Axiom einer wissenschaftlichen Theorie. Sie folgt aus der – vollständigen – Beschreibung des Universums als Ganzem aus einer Perspektive von nirgendwo und nirgendwann, welche die betreffende Theorie erbringt.[28]

Der entscheidende Punkt ist dieser: Jede Theorie, auch eine Theorie des gesamten Universums, die einen Standpunkt von nirgendwo und nirgendwann einnimmt, kann nur formuliert werden, indem man sich an sozialen, normativen Praktiken beteiligt, die den Inhalt der Theorie bestimmen. Es gibt keine andere Möglichkeit, wie eine Theorie oder ein ganzes Weltbild, was auch immer dessen Inhalt sei, konzipiert, akzeptiert und gerechtfertigt werden könnte. Davidson drückt diesen entscheidenden Punkt so aus:

Eine Gemeinschaft der Geister ist die Grundlage der Erkenntnis; sie liefert das Maß aller Dinge. Es ist sinnlos, die Angemessenheit dieses Maßes in Frage zu stellen oder einen noch tiefer begründeten Maßstab zu suchen.[29]

Die Gemeinschaft als Maß anzuerkennen, legt uns jedoch nicht auf einen Relativismus in Bezug auf Wahrheit fest: Die Gemeinschaft versucht, die Wahrheit über die Welt herauszufinden. Der Punkt ist lediglich dieser: Was auch immer Kandidat für diese Wahrheit ist, muss innerhalb der sozialen Praktiken einer Gemeinschaft konzeptualisiert und gerechtfertigt werden. Es gibt kein anderes Maß der Konzeptualisierung und Rechtfertigung und damit der Beurteilung des Wahrheitsgehalts.

Dessen ungeachtet gibt es hervorstechende Regularitäten in der Bewegung der Materie, die zu natürlichen Arten führen. Jede Wissenschaft versucht, natürliche Arten zu entdecken, die es als Tatsachen in der Welt gibt. Jede Wissenschaft muss natürliche Arten anerkennen, die sich aus hervorstechenden Mustern in dem Verhalten der Objekte in dem betreffenden Gebiet ergeben. So sind die Typen von Elementarteilchen im heutigen Standardmodell der Elementarteilchenphysik innerhalb der Quantenfeldtheorie die natürlichen Arten in der fundamentalen Physik. Die Atome im Sinne der Elemente des Periodensystems der Elemente sind natürliche Arten in der Chemie. Fledermäuse, Wale, Löwen und Antilopen

---

28 Vgl. zum Beispiel, wie Dürr et al. (2013), Kap. 2, die Heisenberg'schen Unsicherheitsrelationen aus den Axiomen der Bohm'schen Quantentheorie ableiten.
29 Davidson (2004), S. 360 f.

sind natürliche biologische Arten. Wenn daher zum Beispiel eine Sprachgemeinschaft den Begriff »Wal« so verwendet, dass der Gebrauch dieses Begriffs die Festlegung darauf impliziert, Wale für Fische zu halten, dann ist dies objektiv falsch, auch wenn die betreffende Gemeinschaft zu einer bestimmten Zeit vielleicht nicht die Mittel hatte, dies herauszufinden. Sind normative, soziale Praktiken der Begriffsbestimmung und Theoriebildung gegeben, dann bestimmt die Welt, wie die wahre Theorie über die Welt beschaffen ist.[30]

Wahrheit jenseits der Übereinkunft in einer Gemeinschaft zu verteidigen, ist relativ leicht im Fall von Gedanken, denn das erfordert nicht mehr als den wissenschaftlichen Realismus in Bezug auf den physikalischen Bereich. Es ist weitaus weniger klar, wie man einen moralischen Realismus verteidigen kann; denn es gibt keinen Bereich moralischer Tatsachen jenseits des Bereichs physikalischer Tatsachen, den wir mit unseren Regeln für Denken und Handeln zu erfassen versuchen. Wenn es eine Wahrheit moralischer Normen jenseits der Übereinkunft in einer Gemeinschaft gibt, dann muss diese aus der Festlegung auf Personen als ontologisch primitiv stammen. Die Idee ist dann diese: Indem Personen die hinreichenden Bedingungen dafür erfüllen, sich an normativen Praktiken zu beteiligen, und wenn sie dies tun, dann haben sie bestimmte fundamentale Rechte und Pflichten, im Lichte derer auch die moralischen Praktiken einer ganzen Gemeinschaft falsch sein können; dieses gilt, selbst wenn bestimmte Gemeinschaften nicht in der epistemischen Position sein mögen, diese Rechte und Pflichten zu erkennen. So mag es zum Beispiel sein, dass Foltern moralisch gesehen immer falsch ist, auch wenn bestimmte Gemeinschaften – wie zum Beispiel im Mittelalter zur Zeit der Inquisition – nicht in der epistemischen Position gewesen sein mögen zu erkennen, dass Foltern falsch ist.

Ein bekannter Einwand, der auch den Dualismus von normativen Einstellungen und (physikalischen) Tatsachen zu treffen scheint, lautet, dass Handlungsabsichten, insofern sie normativ sind und dem Fragen nach und Geben von Gründen unterworfen sind, keinen Einfluss auf das Verhalten haben können. Der Grund ist die kausale Vollständigkeit oder Geschlossenheit des physika-

---

30 Siehe auch die Ausführungen von Brandom (2000), Kap. 8, zur Objektivität.

lischen Bereichs.[31] Für jedes physikalische Ereignis einschließlich der Bewegungen von Personen gibt es hinreichende physikalische Ursachen, insofern es überhaupt Ursachen gibt. Ebenso gilt: Jedes physikalische Ereignis einschließlich der Bewegungen von Personen fällt unter Naturgesetze, in denen nur physikalische Parameter auftreten, insofern es überhaupt unter Gesetze fällt. Es ist jedoch gerade der Punkt von Davidsons anomalem Monismus, das Letztere nicht zu bestreiten. Generell gesagt gibt es einen Fehler in diesem Argument, der mit dem Fehler vergleichbar ist, aus dem Determinismus in der Physik darauf zu schließen, dass wir keinen freien Willen haben.

Wie ich in den Kapiteln 2.2 bis 2.4 argumentiert habe, kommt zuerst die Bewegung der Materie einschließlich des Verhaltens von Personen, und dann kommen die Gesetze und mit ihnen Kausalbeziehungen und Erklärungen, insofern diese innerhalb des wissenschaftlichen Weltbildes stehen. Folglich hängen die Gesetze – und, wie in Kapitel 2.4 argumentiert, insbesondere die Werte der Parameter, die in die Anfangsbedingungen für die Gesetze eingehen – auch von dem Verhalten der Personen im Universum ab. Um die Werte dieser Parameter zu fixieren, ist nur das Verhalten von Personen im Sinne ihrer körperlichen Bewegungen relevant. Nichtsdestoweniger sind manche dieser Bewegungen Ausdruck intentionaler Zustände der Personen, die dem Fragen nach und Geben von Gründen unterworfen sind. Kontrafaktische Aussagen des Typs »Wenn eine Person andere normative Einstellungen gehabt hätte, dann hätte sie sich anders verhalten, so dass manche Teilchenbewegungen anders gewesen wären« sind in Bezug auf die reale Welt wahr.

Die Position des Super-Humeanismus, gemäß der die Anfangswerte dynamischer Parameter im Anfangszustand des Universums, der in die Gesetze eingeht, erst durch die im Universum stattfindenden Bewegungen fixiert werden, ermöglicht es, auch Personen im Sinne von Wesen mit normativen Einstellungen, durch die Gedanken und Handlungsabsichten gebildet werden, als ontologisch primitiv anzuerkennen und zugleich mentale Verursachung zuzulassen, ohne in Konflikt mit physikalischer Kausalität zu geraten. Wie ich am Ende von Kapitel 2.4 ausgeführt habe, sind aus die-

31 Siehe insbesondere Kim (1998).

sem Grund keine spezifischen dynamischen Parameter für Bewegungen aus freiem Willen erforderlich, die letztlich in die Gesetze der Physik aufgenommen werden müssten; denn die Bewegungen, die aus freiem Willen erfolgen, gehören mit zu den Bewegungen im Universum, in denen die dynamischen Parameter lokalisiert sind und aus denen ihre Anfangswerte folgen. Deshalb sind die Anfangswerte dieser dynamischen Parameter in einem Universum mit ausschließlich anorganischer Materie verschieden von denen in einem Universum mit komplexen physikalischen Systemen, die Organismen sind, und einem Universum mit komplexen physikalischen Systemen, die Menschen mit freiem Willen sind. Wenn man dies für ausgeschlossen hält, dann setzt man implizit wiederum eine bestimmte metaphysische Konzeption von Kausalität oder Naturgesetzen voraus, nämlich diejenige, gemäß der es Dispositionen, Kräfte oder Gesetze im physikalischen Bereich gibt, welche die Geschehnisse in der Welt vorausbestimmen oder hervorbringen.

Es scheint, dass die drei Standpunkte, die in diesem und dem vorigen Unterkapitel dargestellt wurden, den logischen Raum der Möglichkeiten ausschöpfen: Entweder ist das wissenschaftliche Weltbild vollständig, oder das manifeste Weltbild ist vollständig, oder die Wahrheit ist ein Dualismus, der in irgendeiner Weise die primitiven Ontologien beider Weltbilder miteinander verbindet. Sellars (1962) hält jedoch alle drei Standpunkte für unbefriedigend. Der Dualismus, den er zurückweist, ist allerdings ein Dualismus zweier Arten von Substanzen, Eigenschaften oder Tatsachen. Sellars hat nicht den Dualismus im Blick, der in der modernen Subjekttheorie auftritt. Nichtsdestoweniger ist auch Letzterer ein Dualismus, der sowohl Materie in Bewegung als auch Personen (Subjekte) als ontologisch primitiv anerkennt. Wenn man vor einem ontologischen Dualismus zurückschreckt, dann ist die Frage, ob man der Festlegung auf Personen als ontologisch primitiv ausweichen und zugleich die sozialen, normativen Praktiken als etwas festhalten kann, das nicht im wissenschaftlichen Weltbild lokalisiert ist.

Was Sellars (1962) als synoptische Sicht anvisiert, ist ein vierter Standpunkt, gemäß dem *es irreduzible normative, soziale Praktiken innerhalb des manifesten Weltbildes gibt, diese Praktiken aber keine ontologischen Festlegungen erfordern, die über die Festlegungen des wissenschaftlichen Weltbilds hinausgehen.* Der Grund ist wiederum, dass Normen keine zusätzlichen Tatsachen sind: Indem man eine

Teilchenkonfiguration als Person anerkennt, nimmt man eine bestimmte Einstellung zu dem betreffenden Wesen ein. Sellars erläutert diesen Standpunkt auf die folgende Weise:

Einen federlosen Zweifüßer als Person anzusehen, bedeutet, ihn als ein Wesen anzusehen, mit dem man in einem Netzwerk von Rechten und Pflichten verbunden ist. Unter diesem Gesichtspunkt ist die Irreduzibilität der Person die Irreduzibilität des »Sollens« auf das »Sein«. Aber noch grundlegender als dies (obwohl, wie wir sehen werden, beide Punkte letztlich zusammenfallen) ist die Tatsache, dass, wenn man einen federlosen Zweifüßer als Person ansieht, man sein Verhalten in Begriffen einer wirklichen oder möglichen Mitgliedschaft in einer umfassenden Gruppe versteht, in der jeder sich selbst als Mitglied der Gruppe ansieht [...]. Daraus folgt: Einen federlosen Zweifüßer, einen Delphin oder einen Marsmenschen als Person anzuerkennen, erfordert es, dass man Gedanken der Form »Wir sollen Handlungen der Art A unter Umständen C tun (oder unterlassen)« denkt. Solche Gedanken zu denken, ist kein *Klassifizieren* oder *Erklären*, sondern das *Erproben einer Absicht* [*rehearse an intention*].[32]

Das ist eine charakteristische Aussage für die Strömung, die heute als »linker Sellarsianismus« bekannt ist. Diese Strömung legt den Akzent auf Personen, deren Kennzeichen die Beteiligung an sozialen, normativen Praktiken ist, ohne dass diese Praktiken etwas sind, das zusätzlich zu dem existiert, was im wissenschaftlichen Weltbild anerkannt wird; nichtsdestoweniger sind sie auf nichts von dem reduzierbar, das im wissenschaftlichen Weltbild auftritt. Prominente Vertreter dieser Strömung – mit durchaus unterschiedlichen Positionen – sind Richard Rorty (1981) und Robert Brandom (2000).

Dem gegenüber steht die Strömung, die heute als »rechter Sellarsianismus« gilt. Diese Strömung nimmt ihren Ausgang von Sellars' Plädoyer für das wissenschaftliche Weltbild als Standard der Ontologie, wie sie paradigmatisch in folgendem Satz zum Ausdruck kommt: »In der Dimension des Beschreibens und Erklärens der Welt ist die Wissenschaft das Maß aller Dinge, der seienden, dass sie sind, der nichtseienden, dass sie nicht sind.«[33] Diese Strömung sieht das wissenschaftliche Weltbild als vollständig an und hält mithin auch die Merkmale von Personen für darauf reduzierbar. Die verbreitetste Reduktionsstrategie innnerhalb dieser Strömung

---

32 Sellars (1962), Abschnitt VII.
33 Sellars (1999), § 41; Übersetzung M. E.

ist der biologische Funktionalismus, für den an erster Stelle Ruth Garrett Millikan (1984) steht. Paul Churchland (1979) und Daniel Dennett (1987) werden ebenfalls dieser Strömung hinzugerechnet, obwohl sie keinen biologischen Funktionalismus vertreten.

Die Rede von linkem und rechtem Sellarsianismus ist keine politische Klassifikation. In Bezug auf die Politik ist der linke Sellarsianismus nicht auf den Sozialismus festgelegt. Er kann auch mit dem Libertarianismus zusammengehen, weil es keine – physikalischen, moralischen, religiösen oder anderen – Tatsachen gibt, welche es rechtfertigen könnten, die Freiheit von Personen über das hinaus einzuschränken, das daraus folgt, jemanden als Mitglied der Gemeinschaft anzuerkennen. Ebenso wenig ist der rechte Sellarsianismus auf rechte politische Ansichten festgelegt, auch wenn er die Form eines biologischen Funktionalismus annimmt. Es geht um Erklärungen und nicht darum, einem biologischen Determinismus in Gesellschaft und Politik das Wort zu reden. Die Charakterisierung »rechts« bezieht sich ausschließlich darauf, den Schwerpunkt auf den wissenschaftlichen Realismus zu legen, und die Charakterisierung »links« betrifft ausschließlich die Betonung sozialer, normativer Praktiken.

Die Frage ist, ob der linke Sellarsianismus ein stabiler Standpunkt sein kann, ohne sich auf Personen als ontologisch primitiv festzulegen. Wie Sellars in dem obigen Zitat sagt, kann man federlose Zweifüßer, Delphine oder Marsmenschen als Mitglieder der Gemeinschaft anerkennen. Das ist lediglich eine Frage dessen, eine bestimmte Einstellung einzunehmen. Dennett (1987) spricht in diesem Zusammenhang von der »intentionalen Einstellung«. Sellars schreibt in dem Zitat oben von einer bestimmten Absicht in Bezug auf die betreffenden Wesen im Unterschied zu einer Klassifikation oder Erklärung dieser Wesen. Sicherlich müssen die Wesen, in Bezug auf die man diese Einstellung einnimmt, so antworten, dass diese Einstellung nicht enttäuscht wird. Aber auch dann, wenn man Schach gegen einen Computer spielt, kann man den Computer als Mitglied der Gemeinschaft ansehen. Diese Einstellung wird nicht enttäuscht, solange man im Schachspiel gegen den Computer begriffen ist. Die Frage jedoch, ob der Computer wirklich denkt und Regeln folgt, statt sich lediglich gemäß bestimmten Regularitäten zu verhalten, ergibt aus dieser Sicht keinen Sinn.

Die Frage ist daher genauer, wie der linke Sellarsianismus die

Konsequenz vermeiden kann, Personen letztlich zu eliminieren. Es gibt keine befriedigende Antwort auf diese Frage. Kommen wir auf die Methode der Metaphysik zurück, die wir zu Beginn von Kapitel 2.1 anhand des Zitats von Jackson (1994, S. 25) eingeführt haben. Der Standard in Metaphysik wie Naturwissenschaft ist dieser: Wenn etwas nicht explizit in der Ontologie auftritt, die man als primitiv anerkennt, dann muss man es entweder in dieser Ontologie lokalisieren, also zeigen, wie es implizit in dieser Ontologie enthalten ist, oder man muss es eliminieren, oder man muss Weiteres als ontologisch primitiv anerkennen. Der linke Sellarsianismus geht jedoch davon aus, dass Personen weder eliminiert noch in der Ontologie des wissenschaftlichen Weltbildes lokalisiert werden können.

Wie Sellars zu betonen, dass einen »federlosen Zweifüßer als Person anzusehen bedeutet, ihn als ein Wesen anzusehen, mit dem man in einem Netzwerk von Rechten und Pflichten verbunden ist« und dass dieses »kein *Klassifizieren* oder *Erklären*, sondern das *Proben einer Absicht*« ist, ändert jedoch nichts daran, dass man so eine substantielle ontologische Festlegung eingeht, nämlich die Festlegung auf Personen als ontologisch primitiv. Es gibt keinen dritten Weg dazwischen, etwas entweder zu eliminieren oder eine ontologische Festlegung in Bezug auf es einzugehen. Das ist dann entweder die Festlegung auf dieses etwas als ontologisch primitiv, oder man ist dazu verpflichtet zu zeigen, wie es etwas in dem, was man als ontologisch primitiv anerkennt, lokalisiert ist.

Nichtsdestoweniger kann es Seiendes verschiedener ontologischer Kategorien geben. Das Anliegen des linken Sellarsianismus ist insofern berechtigt, als Personen nicht in dieselbe ontologische Kategorie fallen wie Materie in Bewegung. Anders gesagt: Die Relationen, die Materiepunkte individuieren, sind nicht von der gleichen Kategorie wie die Relationen, die Geistpunkte individuieren. Beide existieren, und beide sind ontologisch primitiv. Aber Personen über Materie in Bewegung hinaus anzuerkennen, läuft nicht darauf hinaus, weitere Substanzen, Eigenschaften oder Tatsachen anzuerkennen. Man kann mit gutem Grund vertreten, dass Personen nur in einer Gemeinschaft von Personen existieren, so dass jedes Mitglied der Gemeinschaft alle anderen Mitglieder der Gemeinschaft ebenso wie sich selbst als Person anerkennt, und dass all das darin besteht, normative Einstellungen gegenüber sich selbst und den anderen einzunehmen. Sich selbst und andere als Personen anzuerkennen, bedeutet, »dass man Gedanken der Form denkt, ›Wir sollen Handlungen der Art A unter Umständen C tun (oder unterlassen)‹«, wie Sellars es in dem Zitat oben ausdrückt.

Die synoptische Sicht, die das wissenschaftliche und das manifeste Weltbild zusammenführt in eine »stereoskopische Sicht, in der zwei verschiedene Perspektiven auf eine Landschaft zu einer kohärenten Sicht zusammengeschmolzen werden«,[34] hängt daher davon ab, dass man einen kategorialen Unterschied zwischen Materie in Bewegung und Personen, zwischen Tatsachen und Normen ausbuchstabieren kann, ohne dabei aus den Augen zu verlieren, dass diese Sicht eine ontologische Festlegung auf beides voraussetzt. Insofern mithin die synoptische Sicht eine stabile philosophische Position ist, ist sie ein linker Sellarsianismus, der durch den wissenschaftlichen Realismus motiviert ist und der die Standards seriöser Metaphysik erfüllt.

Sowohl der Dualismus von Tatsachen und Normen im Sinne von Kant oder von Davidson als auch der linke Sellarsianismus stehen dem Existentialismus nahe, insbesondere dem Existentialismus Jean-Paul Sartres in *Das Sein und das Nichts*.[35] All diesen Positionen zufolge machen bestimmte Organismen sich selbst zu Personen, indem sie normative Einstellungen einnehmen. Das ist so im Existentialismus, und das ist offenbar dasjenige, was Kant damit meint, wenn er in Bezug auf Personen von »Spontaneität« spricht. Es gibt hinreichende physikalische Bedingungen für die Fähigkeit, sich zu einer Person zu entwickeln – mit anderen Worten, hinreichende physikalische Bedingungen für die Empfänglichkeit für Normen; aber das Ausüben dieser Fähigkeit, indem man soziale, normative Praktiken schafft und damit sich selbst als Person schafft, ebenso wie das, was die Regeln und Normen sind, die in diesen Praktiken bestimmt werden, ist durch nichts Physikalisches determiniert. Es superveniert nicht auf dem Physikalischen und wird nicht von einer vollständigen physikalischen Beschreibung der Welt impliziert.

Der entscheidende Punkt ist, dass die Naturwissenschaft uns Gesetze gibt, die einen Rahmen für das definieren, was wir in der Welt physikalisch tun können und was wir nicht tun können. Aber

34 Sellars (1962), Abschnitt I, zitiert am Beginn dieses Unterkapitels.
35 Sartre (1952); siehe insbesondere die Einleitung, Teil IV.1 und den Schluss.

diese erlegen uns keine bestimmten Handlungen auf. Sie haben nicht die modale Kraft, unsere Handlungen vorherzubestimmen oder hervorzubringen. Sie können nicht die Regeln fixieren, denen Personen folgen, weder für ihre Gedanken noch für ihre Handlungen. Der Existentialismus basiert auf der Einsicht, dass uns kein normatives System von der Welt auferlegt wird, weder von der physikalischen Welt noch von einer höheren Instanz, die unabhängig von uns existiert. Wir müssen es selbst schaffen und dadurch uns selbst als Personen setzen. Deshalb steht der Existentialismus dem Dualismus einer synoptischen Sicht nahe, den wir in diesem Unterkapitel diskutiert haben, ebenso wie dieser Dualismus dem Existentialismus nahesteht.

Die Aufgabe der Philosophie ist es auch in diesem Zusammenhang, ein Überlegungsgleichgewicht zu finden – das heißt auszuloten, welche Sicht auf die Welt und unseren Platz in ihr unsere Anforderungen an eine solche Sicht am besten erfüllt. Meines Erachtens ist der wissenschaftliche Realismus nicht verhandelbar. Die Naturwissenschaft hat nicht nur einen instrumentellen Wert als Informationsquelle für unsere Handlungen. Sie entdeckt Wahrheiten. Die Aktivität, die Aristoteles zu Beginn der *Metaphysik* als *Theoria* beschreibt, hat einen Wert an sich. Diesen Wert drückt auch Kant aus im Beschluss der *Kritik der praktischen Vernunft* in den Worten »der bestirnte Himmel über mir«.

Auf der einen Seite schließt diese Anforderung an eine befriedigende Weltsicht den Standpunkt aus, dass das manifeste Weltbild das vollständige Bild der Welt ist. Auf der anderen Seite legt uns der wissenschaftliche Realismus nicht darauf fest, dass die Wissenschaft die gesamte Wahrheit entdeckt. Ich sehe insbesondere keine überzeugende Strategie dafür, wie man Bedeutung und Normativität innerhalb des wissenschaftlichen Weltbildes lokalisieren könnte. Wenn wir die Versuche einer synoptischen Sicht, die beiden Weltbildern gerecht zu werden versucht, Revue passieren lassen, dann sehe ich nicht, wie man Personen anerkennen kann, ohne eine ontologische Festlegung in Bezug auf sie einzugehen. Das ist dann eine Festlegung auf Personen als ontologisch primitiv. Daraus folgt jedoch nicht, dass eine Person zu sein bedeutet, eine weitere Substanz, Eigenschaft oder Tatsache über die physikalischen hinaus zu sein.

Die Sicht, die sich aus diesen Abwägungen ergibt, kann man in den folgenden drei Behauptungen zusammenfassen:

1) *Dualismus*: Sowohl Materie in Bewegung als auch Personen sind ontologisch primitiv. Beides sind Punkte, die strukturell individuiert werden durch die Beziehungen, in denen sie stehen. Materiepunkte werden durch ihre Position in einem Netz von Abstandsbeziehungen und deren Veränderung individuiert. Personen werden durch ihre Position in einem normativen Netz individuiert. Das ist ein Netz von Rechten und Pflichten, von Festlegungen, Berechtigungen und verschlossenen Berechtigungen, das Gedanken ebenso wie Handlungen betrifft. Dieses Netz verändert sich durch jeden Zug, den eine Person in ihrem Denken und Handeln macht.

2) *Kategorischer Unterschied*: Das normative Netz ist kategorial verschieden von dem Netz der Abstandsbeziehungen. Es existiert nur, insofern es Wesen gibt, die in Bezug auf sich selbst und andere die Einstellung einnehmen, zu fragen, was sie tun sollen und was sie glauben sollen. Es ist nur zugänglich, indem man sich an den Praktiken beteiligt, die dieses Netz bestimmen.

3) *Kohärenz*: Das wissenschaftliche Weltbild und seine Methode sind vollkommen kohärent und richtig, was das Erfassen der Tatsachen betrifft. Aber die Formulierung, Akzeptanz und Rechtfertigung dieses Weltbildes impliziert die Festlegung auf Personen als ontologisch primitiv, wenn auch nicht auf dieselbe Weise, wie Materie in Bewegung ontologisch primitiv ist. Deshalb ist der Dualismus von Materie in Bewegung und Personen der kohärenteste Standpunkt.

Zwei gedankliche Schritte sind entscheidend, um diese Kohärenz insgesamt zu erreichen: Der erste Schritt ist, den wissenschaftlichen Realismus auf eine minimale Ontologie der natürlichen Welt zu beschränken, und zwar allein aus Gründen, die innerhalb des wissenschaftlichen Realismus liegen. Jede weitergehende ontologische Festlegung untergräbt den wissenschaftlichen Realismus, indem sie in die Sackgasse zusätzlicher Probleme führt, statt einen Erklärungsgewinn zu bringen. Der Gewinn, den diese minimale Ontologie liefert, wenn es um Personen geht, ist dann dieser: Weil die Festlegung sich nur auf eine primitive Ontologie von Materiepunkten bezieht, die allein durch ihre Abstandsbeziehungen und deren Veränderung individuiert werden, treten alle weiteren dynamischen Parameter durch ihre funktionale Rolle für diese

Veränderung auf und sind damit in dieser lokalisiert. Hierdurch wird die Position verfügbar, gemäß der die Anfangswerte dieser dynamischen Parameter, insofern sie in die Anfangsbedingungen für Gesetze eingehen, erst durch die Veränderungen, die tatsächlich geschehen, fixiert sind. Folglich können Naturgesetze nicht mit dem freien Willen von Personen in Konflikt geraten oder verhindern, dass deren Freiheit sich in ihren körperlichen Bewegungen manifestiert. Der zweite Schritt ist dann, Personen nicht als weitere Tatsachen über Materie in Bewegung hinaus anzusehen. Sie bestehen ausschließlich in den normativen Einstellungen, die sie in Bezug auf sich selbst und andere einnehmen und die ausschließlich in der Teilnahme aus den daraus folgenden sozialen, normativen Praktiken zugänglich sind. Nur in dieser Hinsicht ist Normativität für dieses Buch relevant, nämlich um herauszuarbeiten, was uns als Personen charakterisiert und wie sich das zur Freiheit verhält. Normativität hat dann natürlich auch noch eine viel reichhaltigere Bedeutung für Gesellschaft, Recht, Staat usw., die jenseits der Thematik dieses Buches liegt.

3.5 Eine zweigleisige Konzeption von Freiheit

Kommen wir auf die Freiheit zurück. Das Ziel der Erörterungen in diesem Kapitel ist, zu einer positiven Konzeption von Freiheit zu gelangen. Das ist eine Konzeption, durch die Personen von physikalischen Gegenständen in Bezug auf Freiheit unterschieden sind. Kapitel 2 hat aufgezeigt, dass keine Bedrohung der Freiheit von Seiten der Naturwissenschaften besteht, selbst wenn die Naturwissenschaft uns universelle, deterministische Gesetze in der Physik oder Regularitäten in der Genetik oder den Neurowissenschaften liefert, die vor dem Hintergrund bestimmter normaler Umweltbedingungen stabil sind. Der Grund ist, dass zuerst die Bewegung der Materie im Universum kommt und dann die Gesetze kommen, einschließlich der dynamischen Parameter, die als Anfangsbedingungen in die Gesetze eingehen über die Parameter hinaus, welche die primitive Ontologie ausmachen. Folglich impliziert der Determinismus in den Naturwissenschaften nicht, dass es etwas im Universum gibt, das die Bewegung der Materie vorherbestimmt oder hervorbringt. Der Determinismus in den Naturwissenschaften ist nur eine These über Implikationsbeziehungen zwischen Aussagen: Die Aussagen, welche die Gesetze formulieren, und die Aussagen, welche Anfangsbedingungen für die Gesetze spezifizieren, implizieren die Aussagen über die gesamte vergangene und zukünftige Entwicklung der Systeme in der Natur. Die Bewegungen, die in der Natur tatsächlich stattfinden, reichen hin, um die Wahrheit dieser Aussagen zu begründen.

Man kann daher sagen, dass Bewegung in dem Sinne frei ist, dass es keine modalen Entitäten in der Welt gibt, welche die Bewegung, die tatsächlich stattfindet, vorherbestimmen. Die Aufgabe der Naturwissenschaft ist es, hervorstechende Muster oder Regularitäten in der Bewegung der Materie aufzudecken, so dass man einfache, allgemeine und informationsreiche Naturgesetze formulieren kann, die dann auch als Informationsquelle für unsere Handlungen dienen. Freie Bewegung in diesem Sinne bezieht sich jedoch auf alle Gegenstände im Universum, Elektronen ebenso wie Menschen. Selbstverständlich sind Menschen hochkomplexe und sehr organisierte Systeme im Unterschied zu Punktteilchen. Wenn aber das menschliche Denken und Abwägen von Handlungen naturalisiert wird in dem Sinne, dass es in den Bewegungen von Teilchenkonfigurationen durch die genannte funktionalistische Methode lokalisiert ist, dann gilt Folgendes: Wie koordiniert oder organisiert auch immer die Bewegungen sein mögen, letztlich sind es Bewegungen von Teilchenkonfigurationen, die einfach stattfinden.[36]

Ferner reicht die freie Bewegung der Objekte in der Natur hin, um jegliche Bedenken in Bezug darauf zu beseitigen, dass Naturgesetze der freien Wahl von Parametern in die Quere kommen können, die in Laborexperimenten gemessen werden. Für diese freie Wahl ist es lediglich erforderlich, dass das Bestimmen der zu messenden Parameter unabhängig von dem Vergangenheitszustand der gemessenen Systeme ist. Diese Bedingung wird in der »Keine Verschwörung«-Prämisse ausgedrückt, die zum Beispiel in die Herleitung von Bells Theorem eingeht (siehe Kapitel 1.7). Dafür ist kein menschlicher Experimentator erforderlich. Ein Computerprogramm kann die zu messenden Parameter bestimmen. Auch eine universelle und deterministische Quantentheorie wie die

36 Vgl. die Konzeption von Freiheit, die Ismael (2016) darlegt.

Bohm'sche Mechanik lässt diese Unabhängigkeit zu und erkennt damit diese Prämisse an. Nur der Super-Determinismus würde diese Unabhängigkeit ausschließen. Mit »Super-Determinismus« meint man die Behauptung, dass die Werte aller Parameter im Anfangszustand des Universums so miteinander korreliert sind, dass sie nicht unabhängig voneinander hätten anders sein können.[37]

Es kann jedoch keine wissenschaftlichen Anhaltspunkte für den Super-Determinismus geben. Jede experimentelle Evidenz ist nur dann verlässlich, wenn die »Keine Verschwörung«-Prämisse gilt. Wie ich in Kapitel 1.7 erwähnt habe, könnte kein Experiment uns Informationen über das gemessene System geben, wenn es eine Verschwörung zwischen dem System und den Fragen gäbe, die ihm in dem Experiment durch die Auswahl der zu messenden Parameter gestellt werden. Was die Metaphysik von Naturgesetzen betrifft, so besteht kein Problem für den Humeanismus, deterministische Theorien aufzunehmen; aber es gibt keinen begrifflichen Spielraum für den Super-Determinismus in Bezug auf die dynamischen Parameter – weder im Humeanismus noch im Super-Humeanismus. Der Grund ist wiederum, dass zuerst die Bewegung der Objekte im Universum kommt, einschließlich der Bewegungen, die zu messende Parameter bestimmen, und dann die Korrelationen und mit ihnen Regularitäten und Gesetze folgen.

Wenn man also das wissenschaftliche Weltbild für vollständig hält, dann zeigt das Verständnis der Naturwissenschaft in Begriffen einer minimalen Ontologie, die zum Humeanismus in Bezug auf Naturgesetze und/oder zum Super-Humeanismus in Bezug auf die dynamischen Parameter führt, dass die Naturwissenschaft die Freiheit der Bewegung etabliert, statt sie auszuschließen; aber diese Freiheit ist am Ende des Tages nur die Kontingenz der Teilchenbewegung, die tatsächlich geschieht. Wenn man das wissenschaftliche Weltbild nicht für vollständig hält, dann zeigt das Verständnis der Naturwissenschaft in diesem Rahmen, dass es kein Hindernis für Freiheit von Seiten der Naturwissenschaft gibt; aber eine positive Konzeption der Freiheit muss man dann in Begriffen der ontologischen Festlegungen formulieren, die außerhalb des wissenschaftlichen Weltbildes liegen.

Die positive Freiheit, die den menschlichen Willen von der

37 Siehe Esfeld (2015) und oben Kapitel 1.7.

Kontingenz der Teilchenbewegung unterscheidet, besteht in den normativen Einstellungen, die mit der Abwägung dessen kommen, was man tun und denken soll, welche daher Rechtfertigungen im Sinne des Fragens nach und Gebens von Gründen ausgesetzt ist. Diese Abwägung betrifft nicht nur das Handeln, sondern auch das Denken. Sie schafft Bedeutung und sie schafft dadurch uns selbst als Personen. Das ist Freiheit von dem Bereich der Materie in dem Sinne, dass Denken und Handeln nicht einfach aus Sinneseindrücken und damit Teilchenbewegungen folgen.

Personen sind frei, sich ein Urteil darüber zu bilden, was sie denken und tun sollen. Wenn Denken und Handeln nicht aus der Teilchenbewegung folgen, dann müssen Personen selbst die Regeln für Denken und Handeln setzen. Das ist wiederum der Unterschied zwischen Regularitäten in der Abfolge von Ereignissen und dem Folgen von Regeln. Durch diesen Unterschied ist die Freiheit im Denken und Handeln auch von zufälligen oder irregulären Ereignissen unterschieden: Es ist die Freiheit, sich selbst die Regeln für das Denken und Handeln zu setzen. Aber es sind Regeln. Ohne Regeln gäbe es keinen begrifflichen Inhalt und folglich keine Gedanken und Handlungen. Handeln beruht auf Überzeugungen und Absichten im Unterschied zu bloßen Reaktionen auf Reize.

Freiheit im Denken und Handeln hat einen positiven Beiklang: Sie ist unser ureigenes Wesen. Wie jedoch die Nähe zum Existentialismus herausstellt, die ich am Ende des vorigen Unterkapitels erwähnt habe, kommt mit der Freiheit auch die Verantwortung für unsere Gedanken und Handlungen. Indem sie Regeln für Denken und Handeln schaffen, sind Personen für diese im wörtlichen Sinne verantwortlich: Sie müssen die Frage beantworten, wieso sie diese Regeln (und nicht andere) schaffen, indem sie Gründe dafür angeben. Diese Verantwortung kann nicht abgegeben werden, ohne in den »Mythos des Gegebenen« zu verfallen. Sie kann nicht an Sinneseindrücke oder biologische Bedürfnisse und Neigungen delegiert werden, weil diese uns keine Urteile und Handlungen auferlegen können. Im Unterschied dazu ist nichts für die Regularitäten der Teilchenbewegung und deren Folgen verantwortlich. Diese geschehen einfach. Mit normativen Einstellungen und Abwägungen kommt daher eine positive Konzeption von Freiheit in Gestalt eines freien Willens ins Spiel, der mit Verantwortung zusammengeht. Diese Freiheit ist an Regeln und damit Normen gebunden; aber diese sind nicht automatisch moralische Normen. Moralische Normativität ist lediglich eine Form dieser Freiheit und Verantwortung. Es geht zunächst um Abwägung, Regeln und damit Normativität in der Vernunft (Rationalität).

Diese Freiheit ist im manifesten Weltbild verankert, das Personen als ontologisch primitiv ansieht. Es gibt keinen stichhaltigen Grund, die Ontologie des wissenschaftlichen Weltbildes mit primitiven modalen Entitäten wie Dispositionen oder Kräften aufzuladen, die dann zu einem Konflikt mit der menschlichen Freiheit führen könnten. Ebenso wenig gibt es einen stichhaltigen Grund, nichtphysikalische Entitäten jenseits des Zugriffs der Naturwissenschaften anzuerkennen. Die Freiheit von Personen im Denken und Handeln ist der Grund dafür, das manifeste Weltbild nicht als durch die Naturwissenschaften überholt zurückzuweisen. Wie ich in Kapitel 3.2 und 3.3 ausgeführt habe, wird jede wissenschaftliche Theorie ebenso wie das wissenschaftliche Weltbild insgesamt in den Praktiken des Regelfolgens von Personen formuliert, akzeptiert und gerechtfertigt. Das Gleiche gilt für jede Theorie und jede Weltsicht, was auch immer ihr Inhalt sein mag.

In der christlichen Philosophie – wie zum Beispiel klar in Augustinus' *Bekenntnissen* zum Ausdruck kommt – wird Gott als der Ursprung aller Dinge anerkannt, aber auch Gott erschafft dann die Menschen als freie Wesen. Personen sind so wiederum ontologisch primitiv. Sie werden in Analogie zu Gott konzipiert, was ihre Freiheit sichert. Andernfalls würde sich die *reductio ad absurdum* ergeben, dass die Position im Abwägen von Gründen formuliert ist, was genau die Freiheit voraussetzt, welche die Position dann verneint, indem sie übernatürliche Entitäten anerkennt, die diese Freiheit ausschließen.

Descartes und die frühneuzeitliche Subjekttheorie bis zu Kant setzen dann Personen (»cogito, ergo sum«) nicht nur als ontologisch primitiv an, sondern gehen so weit, alles Wissen aus diesem Primitivum ableiten zu wollen. Ebenso wenig wie man jedoch im wissenschaftlichen Weltbild darauf festgelegt ist, die Annahmen über Materie in Bewegung als das Fundament des Wissens anzusehen, ist man mit der Einsicht in Personen als ontologisch primitiv darauf festgelegt, die Aussagen über Personen als das Fundament des Wissens zu betrachten. Wie ich am Ende von Kapitel 3.2 erwähnt habe, erfolgt die Rechtfertigung von Wissensansprüchen durch Kohärenz, dadurch, dass diese sich in ein insgesamt kohärentes System des Wissens einfügen. Dieses System umfasst letztlich das Wissen über die Welt ebenso wie das Wissen um uns selbst als Subjekte, die Wissensansprüche formulieren, akzeptieren und rechtfertigen.

Man kann somit sagen, dass Freiheit sowohl die gemeinsame Grundlage des wissenschaftlichen und des manifesten Weltbildes ist als auch dasjenige, was diese beiden Weltbilder voneinander trennt. Sie ist die gemeinsame Grundlage in dem Sinne, dass die Naturwissenschaft uns kontingente Bewegungsgesetze gibt, die uns die Freiheit für unsere körperlichen Bewegungen belassen. Sie ist dasjenige, was diese beiden Weltbilder voneinander trennt, weil die entscheidende Frage ist, ob diese Freiheit der Bewegung hinreichend ist, um die Freiheit zu erfassen, die das Denken und Handeln von Personen charakterisiert. Dann und nur dann, wenn man annimmt, dass die letztere Freiheit von ersterer verschieden ist, ist man auf eine Position festgelegt, die Personen als ontologisch primitiv anerkennt und damit den Angelpunkt des manifesten Weltbildes aufnimmt.

Die Naturwissenschaft entdeckt und beschreibt die hervorstechenden Regularitäten in der Bewegung der Materie, die in der Natur selbst ausgezeichnet sind. Wenn man daher die Gesetze der Physik ebenso wie die Regularitäten der Biologie usw. festhält, dann setzt man einen Rahmen, innerhalb dessen wir handeln können. Man deckt auf, was wir tun können und was wir nicht tun können und was die wahrscheinlichen Folgen gewählter Handlungen sind. Aber gerade aus diesem Grunde, gerade wegen ihrer Objektivität, wegen ihres Standpunktes von nirgendwo und nirgendwann, kann die Naturwissenschaft uns keine Normen für unser Handeln geben. Sie kann uns nur Tatsachen liefern, nämlich Wissen über kausal-funktionale Zusammenhänge. Aber sie kann uns nicht das geben, was manchmal »Orientierungswissen« genannt wird. Wenn uns wissenschaftliche Theorien gegeben sind, so sind wir noch ganz frei, wie wir handeln wollen. Wir müssen unsere Handlungen abwägen, indem wir Gründe abwägen. Wissenschaftliche Ergebnisse können als solche keine Gründe sein. Es bleibt uns nichts anderes übrig, als selbst unsere Handlungen rechtfertigen zu müssen und die Verantwortung für sie zu tragen. Diese Verantwortung an die Naturwissenschaft zu delegieren, ist ein Missbrauch der Naturwissenschaft, genauso wie es ein Missbrauch der Religion im vorwissenschaftlichen Zeitalter war, diese Verantwortung an die Religion zu delegieren. Es kann folglich nicht darum gehen, unser Denken und Handeln von der Naturwissenschaft bestimmen zu lassen. Es geht darum, wie wir das Wissen aus dem wissenschaftlichen wie dem manifesten Weltbild einsetzen können, um unser Potential ebenso wie unsere Verantwortung als Personen zu entwickeln.

Zusammenfassung

(1) Das Ziel des ersten Teils oder Kapitels dieses Buches ist es, herauszuarbeiten, worauf die moderne Naturwissenschaft im Sinne des wissenschaftlichen Realismus ontologisch festgelegt ist. Nur wenn man sich über diese Festlegungen im Klaren ist, kann man verstehen, wieso die naturwissenschaftlichen Resultate nicht in Konflikt mit dem freien Willen stehen, obwohl sie in Begriffen universeller und deterministischer Gesetze formuliert sind.

(1.1) Der Atomismus ist die Quelle des Erfolgs der modernen Naturwissenschaft. Ihm zufolge ist alles aus mikrophysikalischen Teilchen zusammengesetzt, und alles lässt sich durch die räumliche Anordnung dieser Teilchen und die Veränderung dieser Anordnung (also die Bewegung der Teilchen) erklären.

(1.2) Eine Metaphysik, die sich an der Naturwissenschaft orientiert, muss in erster Linie folgende Frage beantworten: Welche ontologischen Festlegungen sind minimal hinreichend, um das naturwissenschaftliche Wissen zu verstehen? Die Behauptung dieses Kapitels ist, dass es eine Antwort auf diese Frage gibt, welche die moderne Naturwissenschaft von der Newton'schen Mechanik bis zur Quantenfeldtheorie ebenso wie von der Teilchenphysik bis hin zur Biologie und Neurowissenschaft umfasst. Die Antwort basiert auf dem Atomismus. Man kann sie in Form der folgenden beiden Axiome formulieren:

(1) *Es gibt Abstandsrelationen, die einfache Objekte individuieren, nämlich Punktteilchen (Materiepunkte).*

(2) *Die Punktteilchen sind beständig, während die Abstände zwischen ihnen sich ändern.*

Diese beiden Axiome definieren das, was man die *primitive Ontologie* nennen kann im Sinne dessen, was man als schlechthin existierend annehmen muss, um zu verstehen, was die Naturwissenschaft über die Welt aussagt. Es gibt keinen stichhaltigen Grund dafür, die Ontologie mit zusätzlichen Festlegungen anzureichern, die bloß in die Sackgasse unlösbarer Scheinprobleme führen.

(1.3) Wenn einmal die Festlegung auf eine primitive Ontologie von Materie in Bewegung gegeben ist, dann ist es das Ziel der Naturwissenschaft, eine Repräsentation der Entwicklung der Konfiguration der Materie zu erreichen, die so einfach und so informationsreich wie möglich ist. Dazu muss man über die primitiven Parameter der Abstandsbeziehungen zwischen Punktteilchen und deren Veränderung hinaus weitere Parameter einführen, um eine Repräsentation dieser Veränderung zu finden, die möglichst einfach ist. Daher ziehen uns Einfachheit in der Ontologie (minimale ontologische Festlegungen) und Einfachheit in der Repräsentation (so viele Bewegungen wie möglich mit möglichst einfachen Gesetzen zu erfassen) in entgegengesetzte Richtungen. Parameter werden benötigt, um die hervorstechenden Muster oder Regularitäten in der Bewegung der Materie erfassen. Diese Parameter kann man zusammen mit den Gesetzen und der Geometrie, in der sie auftreten, als die *dynamische Struktur* einer wissenschaftlichen Theorie ansehen. Die dynamische Struktur ändert sich, je mehr wir über die Bewegung der Materie im Universum lernen. Die primitive Ontologie bleibt hingegen konstant.

(1.4) Eine deterministische dynamische Struktur ist die einfachste und informativste Repräsentation, weil sie die gesamte vergangene und zukünftige Entwicklung der betrachteten Systeme erfasst. Strikt genommen ist eine deterministische dynamische Struktur jedoch nur für das gesamte Universum denkbar. Im Fall bestimmter, spezifischer Systeme innerhalb des Universums (wie zum Beispiel biologischer Systeme) muss man immer normale Umweltbedingungen voraussetzen, die man nicht in einer vollständigen und präzisen Weise beschreiben kann. Schon aus diesem Grund impliziert der Determinismus nichts über die Verfügbarkeit deterministischer Voraussagen. Weil wir die Anfangsbedingungen nicht mit voller Präzision kennen können und weil die zukünftige Entwicklung vieler Systeme stark von kleinsten Änderungen der Anfangsbedingungen abhängt, muss man deterministische Gesetze auf jeden Fall mit einem Wahrscheinlichkeitsmaß verbinden, um folgende Frage beantworten zu können: Welche Zeitentwicklung eines Systems können wir angesichts unserer Ignoranz der exakten Anfangsbedingungen des Systems und seiner Umwelt erwarten? Der Übergang von der klassischen zur statistischen Mechanik ist ein Paradebeispiel dafür, wie man diese Frage beantworten kann.

(1.5) Felder, wie sie in der klassischen Elektrodynamik eingeführt werden, sind Teil der dynamischen Struktur und nicht neue Elemente der primitiven Ontologie. Sie sind ein Mittel, um zeitlich verzögerte Interaktionen zwischen Teilchen als lokale Interaktionen zu repräsentieren, die durch Felder vermittelt werden.

(1.6) Die allgemeine Relativitätstheorie formuliert eine dynamische Struktur, welche die Gravitation als zeitlich verzögerte, lokale Interaktion repräsentiert. Es gibt zwei Möglichkeiten, eine dynamische Struktur zu erreichen, welche die Voraussagen der allgemeinen Relativitätstheorie für das reale Universum produziert: entweder in Begriffen einer vierdimensionalen Geometrie ohne privilegierte Zerlegung in Raum und Zeit, aber mit einer Metrik absoluter raum-zeitlicher Abstände zwischen Punkt-Ereignissen; oder in Begriffen einer Abfolge instantaner Konfigurationen, die nur durch relationale Größen charakterisiert sind. Hieran bestätigt sich, dass die vierdimensionale Geometrie zur dynamischen Struktur gehört, statt die primitive Ontologie zu bestimmen. Die Geometrie einer gekrümmten Raum-Zeit in der allgemeinen Relativitätstheorie rechtfertigt es daher nicht, die metaphysische Schlussfolgerung eines vierdimensionalen Blockuniversums (mit keiner Unterscheidung zwischen Variation innerhalb einer Konfiguration und Veränderung der Konfiguration und mit keinem zeitlichen Werden) zu ziehen. Folglich gibt es auch keinen Konflikt zwischen Naturwissenschaft und Alltagsverstand in Bezug auf die Zeit, die Veränderung und das Werden.

(1.7) Die dynamische Struktur der Quantenmechanik ist radikal verschieden von derjenigen der klassischen Mechanik. Sie wirft zwei Probleme auf: das Messproblem, welches in der Frage besteht, wie der Formalismus in Begriffen einer Wellenfunktion und ihrer Zeitentwicklung, die Superpositionen und Verschränkungen unterworfen ist, auf Messergebnisse und allgemein die Tatsachen in der physikalischen Welt bezogen ist; und das Problem der Nichtlokalität, das sich aus dem mathematischen Beweis dafür gibt, dass jede Lösung des Messproblems, die eindeutige Messergebnisse im physikalischen Raum akzeptiert, mit einer nichtlokalen Dynamik arbeiten muss. Das ist eine Dynamik, die nicht in den Rahmen lokaler Feldtheorien der Wechselwirkung passt. Es gibt Argumente dafür, dass die beste Lösung für beide Probleme eine Quantentheorie ist, die Punktteilchen ansetzt, die sich auf kontinuierlichen Bahnen bewegen und dadurch zu eindeutigen Messergebnissen führen, dabei aber einem nichtlokalen Bewegungsgesetz unterworfen sind. Eine solche Theorie ist sowohl für die Quantenmechanik als auch für die Quantenfeldtheorie verfügbar. Hieran bestätigt sich erneut die primitive Ontologie von Punktteilchen, die nur durch ihre relativen Lagen und die Veränderung dieser Lagen gekennzeichnet sind.

(2) Auf dieser Grundlage ist es das Ziel des zweiten Teils oder Kapitels des Buches, eine Theorie von Naturgesetzen und wissenschaftlichen Erklärungen zu formulieren, die herausarbeitet, was diese Erklärungen erreichen und was sie nicht erreichen, und dabei die Bedenken aus dem Weg zu räumen, die man von (deterministischen) Gesetzen her in Bezug auf die menschliche Freiheit haben mag.

(2.1) Ist eine primitive Ontologie gegeben, dann besteht die Aufgabe darin, all diejenigen Dinge in dieser Ontologie zu lokalisieren, die existieren, aber nicht explizit in den Begriffen auftreten, welche die betreffende primitive Ontologie definieren. Die Lösung liegt im Funktionalismus: Man führt alles Weitere in Begriffen einer kausalen oder funktionalen Rolle für die Entwicklung der Gegenstände der primitiven Ontologie ein. Diese Methode findet bereits für die dynamischen Parameter der Physik wie Masse, Ladung, Energie, Wellenfunktion usw. Anwendung. Sie wird erfolgreich auf die Systeme und Merkmale angewendet, welche die Einzelwissenschaften behandeln, wie die Chemie, die Biologie oder die Neurowissenschaften. Auf diese Weise lokalisiert man alles Weitere in der Bewegung der Materie in einem wörtlichen Sinne: Alles Weitere ist mit Konfigurationen von Materie und deren Bewegungen identisch. Folglich impliziert eine vollständige Beschreibung des Universums in den Begriffen der primitiven Ontologie alle weiteren wahren Aussagen über die natürliche Welt. Dieses Verfahren charakterisiert das *wissenschaftliche Weltbild*.

(2.2) Wissenschaftliche Erklärungen können keinen Grund dafür angeben, wieso die Materie sich so bewegt, wie sie es tatsächlich tut. Entsprechende Versuche in der Philosophie durch Einführen primitiver modaler Entitäten – wie Dispositionen, Kräfte oder primitive Gesetze – enden in zirkulären Erklärungen und führen zu Scheinproblemen durch die Festlegung auf eine ontologische Surplus-Struktur. Die Naturwissenschaft versucht, hervorstechende Muster oder Regularitäten in der Teilchenbewegung aufzudecken (Erklärung durch Vereinheitlichung). Auf der Grundlage dieser Muster oder Regularitäten gibt sie dann kausale Erklärungen aller weiteren Bewegungen durch die genannte Methode des Funktionalismus.

(2.3) Naturgesetze gehören zur dynamischen Struktur wissenschaftlicher Theorien. Sie sollen die hervorstechenden Muster oder Regularitäten in der Entwicklung der Gegenstände in ihrem Bereich repräsentieren. Sie sind wahr, wenn sie diese Muster identifizieren, aber sie erfordern keine ontologischen Festlegungen, die über diejenigen einer primitiven Ontologie von Materie in Bewegung hinausgehen. Diese Position kann man als Super-Humeanismus in Bezug auf die dynamische Struktur wissenschaftlicher Theorien charakterisieren.

(2.4) Der Determinismus besagt Folgendes: Die Aussagen, welche die Naturgesetze formulieren, und die Aussagen über die Anfangsbedingungen, die in die Naturgesetze eingehen, implizieren die Aussagen, welche die gesamte vergangene und zukünftige Zeitentwicklung der betrachteten Systeme beschreiben. Der Determinismus zeichnet somit keine Zeitrichtung aus. Er besagt nicht, dass es etwas gibt, welches die zukünftige Zeitentwicklung der betrachteten Systeme vorherbestimmt oder hervorbringt. Ganz im Gegenteil kann man mit guten Gründen das Folgende vertreten: Zuerst kommt die Bewegung der Materie, dann kommen die Gesetze und zusammen mit ihnen die dynamischen Parameter, die über die primitiven Parameter hinaus benötigt werden, um Anfangsbedingungen zu bestimmen, für welche die Gesetze Lösungen erlauben. Mithin bestimmt die tatsächlich stattfindende Bewegung – einschließlich der Bewegungen von Menschen, die Ausdruck ihres freien Willens sind – die Gesetze und die dynamischen Parameter, die in die Anfangsbedingungen eingehen. Auf diese Weise erlaubt der Super-Humeanismus es uns zu vertreten, dass die Anfangswerte dieser dynamischen Parameter geringfügig anders gewesen wären, wenn Personen sich anders entschieden hätten. Auf der einen Seite ist damit ausgeschlossen, dass der Determinismus naturwissenschaftlicher Theorien mit dem freien Willen von Personen in Konflikt geraten kann. Auf der anderen Seite können die Naturgesetze nichtsdestoweniger als Rahmen dafür dienen, was wir tun können und was wir nicht tun können.

(3) Vor diesem Hintergrund ist es das Ziel des dritten Kapitels, eine positive Konzeption des freien Willens auszuarbeiten. Dazu wird das Verhältnis zwischen dem *wissenschaftlichen Weltbild* und dem *manifesten Weltbild* erörtert. Letzteres ist nicht der Alltagsverstand, sondern der philosophische Standpunkt, welcher Personen ins Zentrum stellt und sie als ontologisch primitiv ansieht.

(3.1) Ein zentrales Problem für das wissenschaftliche Weltbild tritt bereits auf, bevor es um die Rationalität und den freien Willen von Personen geht. Dieses Problem betrifft die Sinnesqualitäten und deren Wahrnehmung (Qualia). Es ist jedoch fraglich, ob die Argumente dafür, dass dieses Problem prinzipiell nicht durch die funktionalistische Methode innerhalb des wissenschaftlichen Weltbildes gelöst werden kann, stichhaltig sind.

(3.2) Die zentralen Probleme in Bezug darauf, Denken und Handeln in das wissenschaftliche Weltbild zu integrieren, betreffen den Übergang von Syntax zu Semantik und zu Normativität. Freiheit und Normativität gehen zusammen und umfassen Denken wie Handeln. Wenn uns Sinneseindrücke gegeben sind, sind wir frei zu entscheiden, was wir glauben wollen; ebenso sind wir frei zu entscheiden, was wir tun wollen, wenn uns biologische Bedürfnisse und Neigungen gegeben sind. Folglich ist sowohl das, was man glaubt, als auch das, was man tut, einer Rechtfertigung im Sinne des Fragens nach und des Gebens von Gründen unterworfen.

(3.3) Wenn man das wissenschaftliche Weltbild für vollständig hält, so dass es auch das Denken und Handeln von Personen umfasst, dann ist man mit folgendem Problem konfrontiert: Das wissenschaftliche Weltbild (ebenso wie jede wissenschaftliche Theorie) wird in normativen Einstellungen des Fragens nach und Gebens von Gründen formuliert, akzeptiert und gerechtfertigt, welche die Freiheit von Personen voraussetzen, Theorien zu formulieren, zu prüfen und zu rechtfertigen. In dieser Hinsicht sind Personen unhintergehbar und damit ontologisch primitiv. Wenn man jedoch aus diesem Grund Personen als ontologisch primitiv postuliert und das manifeste Weltbild für vollständig hält, dann ist man darauf festgelegt, alles in Analogie zu Personen zu denken. Damit verliert man die Erklärungsleistungen der Naturwissenschaften auch in Bezug auf die unbelebte Materie.

(3.4) Der Ausweg aus diesem Dilemma ist ein ontologischer Dualismus von sowohl Materie in Bewegung als auch Personen. Sowohl die Materie als auch Personen sind Punkte, die strukturell individuiert werden durch die Beziehungen, in denen sie stehen. Die Materiepunkte werden durch ihre Position in einem Netz von Abstandsbeziehungen individuiert. Personen oder Geistpunkte werden durch ihre Position in einem normativen Netz von Rechten und Pflichten, Festlegungen und Berechtigungen individuiert, die Gedanken ebenso wie Handlungen betreffen. Die Glaubwürdigkeit eines solchen Dualismus hängt dann davon ab, dass man darlegen kann, wie eine Person zu sein keine weitere Tatsache (Substanz, Eigenschaft) über die Tatsachen (Substanzen, Eigenschaften) hinaus ist, die innerhalb des wissenschaftlichen Weltbildes anerkannt werden. Eine Person zu sein, ist eine normative Einstellung, die man gegenüber sich selbst und anderen einnimmt. Durch diese Einstellung schafft man sich selbst als Person, indem man Gedanken und Handlungen bildet. Das normative Netz von Rechten und Pflichten, in dem Gedanken und Handlungen situiert sind, ist nur dadurch zugänglich, dass man sich an den normativen Praktiken beteiligt, welche dieses Netz erzeugen, und damit zu deren Ausgestaltung beiträgt. Tatsachen sind hingegen von einem Standpunkt von nirgendwo und nirgendwann zugänglich. Es gibt hinreichende physikalische Bedingungen für die Fähigkeit, eine Person zu werden; aber das Ausüben dieser Fähigkeit und die Regeln und Normen, die damit geschaffen werden, sind durch nichts Physikalisches bestimmt.

(3.5) Wissenschaft und Freiheit sind auf zweifache Weise miteinander verbunden. Erstens gerät die Wissenschaft einschließlich universeller und deterministischer Theorien nicht in Konflikt mit der Freiheit, denn zuerst kommt die Bewegung der Materie (einschließlich des Verhaltens von Personen, das Ausdruck von deren freiem Willen ist), und dann kommen die Gesetze und die Parameter, die in die Anfangsbedingungen für die Gesetze eingehen. In diesem Sinne ist bereits die Bewegung der Materie frei. Ferner setzt die Formulierung, Akzeptanz und Rechtfertigung jeder Theorie die Freiheit von Personen voraus, sich selbst ein Urteil darüber zu bilden, was sie denken und wie sie handeln sollen. Diese Freiheit kann man nicht innerhalb des wissenschaftlichen Weltbildes erfassen, sie involviert aber auch keinen Zufall und keine Irregularität. Sie ist die Freiheit, sich selbst die Regeln und damit Normen für das Denken und Handeln zu setzen.

Literatur

Albert, David Z. (2000): *Time and chance*. Cambridge (Massachusetts): Harvard University Press.

Albert, David Z. (2015): *After physics*. Cambridge (Massachusetts): Harvard University Press.

Barbour, Julian B. (2003): »Scale-invariant gravity. Particle dynamics«. *Classical and Quantum Gravity* 20, S. 1543-1570.

Barbour, Julian B. (2012): »Shape dynamics. An introduction«. In: F. Finster, O. Mueller, M. Nardmann, J. Tolksdorf und E. Zeidler (Hg.): *Quantum field theory and gravity*. Basel: Birkhaeuser, S. 257-297.

Barbour, Julian B. und Bertotti, Bruno (1982): »Mach's principle and the structure of dynamical theories«. *Proceedings of the Royal Society A* 382, S. 295-306.

Barbour, Julian B., Koslowski, Tim und Mercati, Flavio (2015): »Entropy and the typicality of universes«. *Manuscript*, ⟨https://arxiv.org/abs/1507.06498⟩ [gr-qc].

Barrett, Jeffrey A. (2014): »Entanglement and disentanglement in relativistic quantum mechanics«. *Studies in History and Philosophy of Modern Physics* 47, S. 168-174.

Beebee, Helen und Mele, Alfred R. (2002): »Humean compatibilism«. *Mind* 111, S. 201-223.

Bell, John S. (2004): *Speakable and unspeakable in quantum mechanics*. Cambridge: Cambridge University Press. Zweite Auflage. Erste Auflage 1987.

Belot, Gordon (2001): »The principle of sufficient reason«. *Journal of Philosophy* 98, S. 55-74.

Benovsky, Jiri (2019): *Mind and matter. Panpsychism, dual-aspect monism, and the combination problem*. Cham: Springer.

Bhogal, Harjit (2019): »Nomothetic explanation and Humeanism about laws of nature«. Erscheint in *Oxford Studies in Metaphysics*.

Bhogal, Harjit und Zee, Perry (2017): »What the Humean should say about entanglement«. *Noûs* 51, S. 74-94.

Bird, Alexander (2007): *Nature's metaphysics. Laws and properties*. Oxford: Oxford University Press.

Bohm, David (1952): »A suggested interpretation of the quantum theory in terms of ›hidden‹ variables. I and II«. *Physical Review* 85, S. 166-179, 180-193.

Bohm, David (1980): *Wholeness and the implicate order*. London: Routledge.

Bohm, David und Hiley, Basil J. (1993): *The undivided universe. An ontological interpretation of quantum theory.* London: Routledge.

Boltzmann, Ludwig (1896/98): *Vorlesungen über Gastheorie. Teil 1 und 2.* Leipzig: Barth.

Boltzmann, Ludwig (1897): »Zu Hrn. Zermelo's Abhandlung über die mechanische Erklärung irreversibler Vorgänge«. *Annalen der Physik* 60, S. 392-398.

Brandom, Robert B. (2000): *Expressive Vernunft. Begründung, Repräsentation und diskursive Festlegung.* Frankfurt/Main: Suhrkamp.

Brandom, Robert B. (2015): *From empiricism to expressivism. Brandom reads Sellars.* Cambridge (Massachusetts): Harvard University Press.

Brennan, Jason (2007): »Free will in the block universe«. *Philosophia* 35, S. 207-217.

Breuer, Thomas (1995): »The impossibility of exact state self-measurements«. *Philosophy of Science* 62, S. 197-214.

Brown, Harvey R., Dewdney, Chris und Horton, G. (1995): »Bohm particles and their detection in the light of neutron interferometry«. *Foundations of Physics* 25, S. 329-347.

Brown, Harvey R., Elby, Andrew und Weingard, Robert (1996): »Cause and effect in the pilot-wave interpretation of quantum mechanics«. In: J. T. Cushing, A. Fine und S. Goldstein (Hg.): *Bohmian mechanics and quantum theory: An appraisal.* Dordrecht: Springer, S. 309-319.

Brüntrup, Godehard und Jaskolla, Ludwig (Hg.) (2017): *Panpsychism. Contemporary perspectives.* Oxford: Oxford University Press.

Callender, Craig (2004): »Measures, explanations and the past. Should ›special‹ initial conditions be explained?«. *British Journal for the Philosophy of Science* 55, S. 195-217.

Callender, Craig (2015): »One world, one beable«. *Synthese* 192, S. 3153-3177.

Carnap, Rudolf (1928): *Scheinprobleme in der Philosophie. Das Fremdpsychische und der Realismusstreit.* Berlin-Schlachtensee: Weltkreis Verlag.

Carroll, Sean (2010): *From eternity to here. The quest for the ultimate theory of time.* New York: Penguin.

Chalmers, David J. (1996): *The conscious mind. In search of a fundamental theory.* Oxford: Oxford University Press.

Chen, Eddy Keming (2019): »Quantum mechanics in a time-asymmetric universe. On the nature of the initial quantum state«. Erscheint in *British Journal for the Philosophy of Science.* Preprint. ⟨https://arxiv.org/abs/1712.01666⟩ [quant-ph].

Churchland, Paul M. (1979): *Matter and consciousness.* Cambridge (Massachusetts): MIT Press.

Colin, Samuel und Struyve, Ward (2007): »A Dirac sea pilot-wave model for quantum field theory«. *Journal of Physics A* 40, S. 7309-7341.

Correia, Fabrice und Schnieder, Benjamin (Hg.): *Metaphysical grounding*. Cambridge: Cambridge University Press.

Cowan, Charles Wesley und Tumulka, Roderich (2016): »Epistemology of wave function collapse in quantum physics«. *British Journal for the Philosophy of Science* 67, S. 405-434.

Davidson, Donald (1970): »Mental events«. In: L. Foster und J. W. Swanson (Hg.): *Experience and theory*. Amherst: University of Massachusetts Press, S. 79-101.

Davidson, Donald (1986): *Wahrheit und Interpretation*. Frankfurt/Main: Suhrkamp.

Davidson, Donald (1993): »Mentale Ereignisse«. In: P. Bieri (Hg.): *Analytische Philosophie des Geistes*. Bodenheim: Athenäum Hain Hanstein, S. 73-92.

Davidson, Donald (2004): *Subjektiv, intersubjektiv, objektiv*. Frankfurt/Main: Suhrkamp.

de Broglie, Louis (1928): »La nouvelle dynamique des quanta«. In: *Electrons et photons. Rapports et discussions du cinquième Conseil de physique tenu à Bruxelles du 24 au 29 octobre 1927 sous les auspices de l'Institut international de physique Solvay*. Paris: Gauthier-Villars, S. 105-132.

De Caro, Mario (2015): »Realism, common sense, and science«. *The Monist* 98, S. 1-18.

Deckert, Dirk-André und Hartenstein, Vera (2016): »On the initial value formulation of classical electrodynamics«. *Journal of Physics A* 49, S. 445202-445221.

Dennett, Daniel C. (1987): *The intentional stance*. Cambridge (Massachusetts): MIT Press.

Dennett, Daniel C. (1994): *Philosophie des menschlichen Bewußtseins*. Hamburg: Hoffmann & Campe.

Dürr, Detlef (2001): *Bohmsche Mechanik als Grundlage der Quantenmechanik*. Berlin: Springer.

Dürr, Detlef, Froemel, Anne und Kolb, Martin (2017): *Einführung in die Wahrscheinlichkeitstheorie als Theorie der Typizität*. Berlin: Springer.

Dürr, Detlef, Goldstein, Sheldon und Zanghì, Nino (2013): *Quantum physics without quantum philosophy*. Berlin: Springer.

Dürr, Detlef, Goldstein, Sheldon und Zanghì, Nino (2018): »Quantum motion on shape space and the gauge dependent emergence of dynamics and probability in absolute space and time«. ⟨http://arxiv.org/abs/1808.06844⟩ [quant-ph].

Einstein, Albert (1948): »Quanten-Mechanik und Wirklichkeit«. *Dialectica* 2, S. 320-324.

Esfeld, Michael (2002): *Holismus in der Philosophie des Geistes und in der Philosophie der Physik*. Frankfurt/Main: Suhrkamp.

Esfeld, Michael (2004): »Quantum entanglement and a metaphysics of relations«. *Studies in History and Philosophy of Modern Physics* 35, S. 601-617.

Esfeld, Michael (2014): »Quantum Humeanism«. *Philosophical Quarterly* 64, S. 453-470.

Esfeld, Michael (2015): »Bell's theorem and the issue of determinism and indeterminism«. *Foundations of Physics* 45, S. 471-482.

Esfeld, Michael und Lam, Vincent (2008): »Moderate structural realism about space-time«. *Synthese* 160, S. 27-46.

Esfeld, Michael und Deckert, Dirk-André (2017): *A minimalist ontology of the natural world*. New York: Routledge.

Esfeld, Michael und Gisin, Nicolas (2014): »The GRW flash theory. A relativistic quantum ontology of matter in space-time?«. *Philosophy of Science* 81, S. 248-264.

Esfeld, Michael, Lazarovici, Dustin, Lam, Vincent und Hubert, Mario (2017): »The physics and metaphysics of primitive stuff«. *British Journal for the Philosophy of Science* 68, S. 133-161.

Esfeld, Michael und Sachse, Christian (2010): *Kausale Strukturen. Einheit und Vielfalt in der Natur und den Naturwissenschaften*. Berlin: Suhrkamp.

Everett, Hugh (1957): »›Relative state‹ formulation of quantum mechanics«. *Reviews of Modern Physics* 29, S. 454-462.

Feynman, Richard P. (1966): »The development of the space-time view of quantum electrodynamics. Nobel Lecture, December 11, 1965«. *Science* 153, S. 699-708.

Feynman, Richard P., Leighton, Robert B. und Sands, Matthew (2007): *Feynman Vorlesungen über Physik. Band I. Übersetzt von Heinz Köhler*. München: Oldenbourg Verlag.

Field, Hartry H. (1980): *Science without numbers. A defence of nominalism*. Oxford: Blackwell.

Fodor, Jerry A. (1987): *Psychosemantics. The problem of meaning in the philosophy of mind*. Cambridge (Massachusetts): MIT Press.

Forrest, Peter (1985): »Backward causation in defence of free will«. *Mind* 94, S. 210-217.

Frankfurt, Harry G. (1993): »Willensfreiheit und der Begriff der Person«. In: P. Bieri (Hg.): *Analytische Philosophie des Geistes*. Bodenheim: Athenäum Hain Hanstein. S. 287-302. 2. Auflage.

French, Steven (2014): *The structure of the world. Metaphysics and representation*. Oxford: Oxford University Press.

French, Steven und Ladyman, James (2003): »Remodelling structural realism. Quantum physics and the metaphysics of structure«. *Synthese* 136, S. 31-56.

Friebe, Cord, Kuhlmann, Meinard, Lyre, Holger, Näger, Paul, Passon, Oliver und Stöckler, Manfred (2015): *Philosophie der Quantenphysik. Einführung und Diskussion der zentralen Begriffe und Problemstellungen der Quantentheorie für Physiker und Philosophen*. Berlin: Springer.

Friedman, Michael (1974): »Explanation and scientific understanding«. *Journal of Philosophy* 71, S. 5-19.

Geach, Peter (1965): »Some problems about time«. *Proceedings of the British Academy* 51, S. 321-336.

Ghirardi, Gian Carlo, Rimini, Alberto und Weber, Tullio (1986): »Unified dynamics for microscopic and macroscopic systems«. *Physical Review D* 34, S. 470-491.

Gillet, Carl (2016): *Reduction and emergence in science and philosophy*. Oxford: Oxford University Press.

Goldstein, Sheldon (2017): »Bohmian mechanics«. In: E. N. Zalta (Hg.): *The Stanford Encyclopedia of Philosophy* (Summer 2017 edition). ⟨https://plato.stanford.edu/archives/sum2017/entries/qm-bohm/⟩.

Goldstein, Sheldon, Norsen, Travis, Tausk, Daniel Victor und Zanghì, Nino (2011): »Bell's theorem«. ⟨http://www.scholarpedia.org/article/Bell's_theorem⟩.

Goldstein, Sheldon, Taylor, James, Tumulka, Roderich und Zanghì, Nino (2005a): »Are all particles real?«. *Studies in History and Philosophy of Modern Physics* 36, S. 103-112.

Goldstein, Sheldon, Taylor, James, Tumulka, Roderich und Zanghì, Nino (2005b): »Are all particles identical?«. *Journal of Physics A* 38, S. 1567-1576.

Gomes, Henrique, Gryb, Sean und Koslowski, Tim (2011): »Einstein gravity as a 3d conformally invariant theory«. *Classical and Quantum Gravity* 28, S. 045005.

Gomes, Henrique und Koslowski, Tim (2013): »Frequently asked questions about shape dynamics«. *Foundations of Physics* 43, S. 1428-1458.

Gryb, Sean und Thébault, Karim P. Y. (2016): »Time remains«. *British Journal for the Philosophy of Science* 67, S. 663-705.

Hacking, Ian (1975): »The identity of indiscernibles«. *Journal of Philosophy* 72, S. 249-256.

Hall, Ned (2009): »Humean reductionism about laws of nature«. Manuskript. ⟨http://philpapers.org/rec/HALHRA⟩.

Hartenstein, Vera und Hubert, Mario (2019): »When fields are not degrees of freedom«. Erscheint in *British Journal for the Philosophy of Science*. Preprint. ⟨http://philsci-archive.pitt.edu/14911/⟩.

Hoefer, Carl (2002): »Freedom from the inside out«. *Royal Institute of Philosophy Supplement* 50, S. 201-222.

Hoyningen-Huene, Paul (2013): *Systematicity. The nature of science*. Oxford: Oxford University Press.

Hüttemann, Andreas und Loew, Christian (2019): »Freier Wille und Naturgesetze – Überlegungen zum Konsequenzargument«. In: K. von Stoch, S. Wendel, M. Breul und A. Langenfeld (Hg.): *Streit um die Freiheit – philosophische und theologische Perspektiven*. Paderborn: Mentis. S. 77-93.

Ismael, Jenann (2016): *How physics makes us free*. Oxford: Oxford University Press.

Jackson, Frank (1994): »Armchair metaphysics«. In: J. O'Leary-Hawthorne und M. Michael (Hg.): *Philosophy in mind*. Dordrecht: Kluwer, S. 23-42.

Jackson, Frank (1998): *From metaphysics to ethics. A defence of conceptual analysis*. Oxford: Oxford University Press.

Kim, Jaegwon (1998): *Mind in a physical world. An essay on the mind-body problem and mental causation*. Cambridge (Massachusetts): MIT Press.

Kim, Jaegwon (2005): *Physicalism, or something near enough*. Princeton: Princeton University Press.

Kitcher, Philip (1989): »Explanatory unification and the causal structure of the world«. In: P. Kitcher und W. C. Salmon (Hg.): *Minnesota Studies in the philosophy of science. Volume XIII: Scientific explanation*. Minneapolis: University of Minnesota Press. S. 410-505.

Koslowski, Tim (2017): »Quantum inflation of classical shapes«. *Foundations of Physics* 47, S. 625-639.

Kripke, Saul A. (1987): *Wittgenstein über Regeln und Privatsprache*. Frankfurt/Main: Suhrkamp.

Ladyman, James (1998): »What is structural realism?«. *Studies in History and Philosophy of Modern Science* 29, S. 409-424.

Lance, Mark und O'Leary-Hawthorne, John (1997): *The grammar of meaning. Nomativity and semantic discourse*. Cambridge: Cambridge University Press.

Lange, Marc (2002): *An introduction to the philosophy of physics. Locality, fields, energy and mass*. Oxford: Blackwell.

Laplace, Pierre Simon (1819): *Philosophischer Versuch über die Wahrscheinlichkeit*. Heidelberg: Groos.

Lazarovici, Dustin (2018a): »Against fields«. *European Journal for the Philosophy of Science* 8, S. 145-170.

Lazarovici, Dustin (2018b): »Super-Humeanism. A starving ontology«. *Studies in History and Philosophy of Modern Physics* 64, S. 79-86.

Lazarovici, Dustin, Oldofredi, Andrea und Esfeld, Michael (2018): »Observables and unobservables in quantum mechanics. How the no-hidden-variables theorems support the Bohmian particle ontology«. *Entropy* 20, S. 381-397.

Leibniz, Gottfried Wilhelm (1890): *Die philosophischen Schriften von G. W. Leibniz. Band 7. Herausgegeben von C. I. Gerhardt.* Berlin: Weidmannsche Verlagsbuchhandlung.

Leibniz, Gottfried Wilhelm (1991): *Der Leibniz-Clarke-Briefwechsel.* Berlin: Akademie-Verlag.

Levine, Joseph (1983): »Materialism and qualia. The explanatory gap«. *Pacific Philosophical Quarterly* 64, S. 354-361.

Lewis, David (1970): »How to define theoretical terms«. *Journal of Philosophy* 67, S. 427-446.

Lewis, David (1972): »Psychophysical and theoretical identifications«. *Australasian Journal of Philosophy* 50, S. 249-258.

Lewis, David (1977): »Eine Argumentation für die Identitätstheorie«. In: A. Beckermann (Hg.): *Analytische Handlungstheorie. Band 2. Handlungserklärungen.* Frankfurt/Main: Suhrkamp, S. 398-411.

Lewis, David (1986a): *On the plurality of worlds.* Oxford: Blackwell.

Lewis, David (1986b): *Philosophical papers. Volume 2.* Oxford: Oxford University Press.

Lewis, David (1994): »Humean supervenience debugged«. *Mind* 103, S. 473-490.

Lewis, David (2009): »Ramseyan humility«. In: D. Braddon-Mitchell und R. Nola (Hg.): *Conceptual analysis and philosophical naturalism.* Cambridge (Massachusetts): MIT Press, S. 203-222.

Libet, Benjamin (2005): *Mind time. Wie das Gehirn Bewusstsein produziert.* Frankfurt/Main: Suhrkamp.

Loewer, Barry (1996): »Freedom from physics. Quantum mechanics and free will«. *Philosophical Topics* 24, S. 91-112.

Loewer, Barry (2007): »Laws and natural properties«. *Philosophical Topics* 35, S. 313-328.

Loewer, Barry (2012): »Two accounts of law and time«. *Philosophical Studies* 160, S. 115-137.

Mach, Ernst (1897): *Die Mechanik in ihrer Entwickelung historisch-kritisch dargestellt.* Leipzig: Brockhaus.

Mansfeld, Jaap (1986): *Die Vorsokratiker II. Zenon, Empedokles, Anaxagoras, Leukipp, Demokrit. Griechisch/Deutsch.* Stuttgart: Reclam.

Marmodoro, Anna (Hg.): *The metaphysics of powers. Their grounding and their manifestations.* London: Routledge.

Matarese, Vera (2019): »A challenge for Super-Humeanism. The problem of immanent comparisons«. Erscheint in *Synthese*, DOI 10.1007/s11229-018-01914-y.

Maudlin, Tim (1995): »Three measurement problems«. *Topoi* 14, S. 7-15.

Maudlin, Tim (2002): »Remarks on the passing of time«. *Proceedings of the Aristotelian Society* 102, S. 237-252.

Maudlin, Tim (2007): *The metaphysics within physics*. Oxford: Oxford University Press.

Maudlin, Tim (2011): *Quantum non-locality and relativity*. Chichester: Wiley-Blackwell. Dritte Auflage. Erste Auflage 1994.

Maudlin, Tim (2012): *Philosophy of physics. Space and time*. Princeton: Princeton University Press.

McDowell, John (1995): »Two sorts of naturalism«. In: R. Hursthouse, G. Lawrence und W. Quinn (Hg.): *Virtues and reasons. Philippa Foot and moral theory*. Oxford: Oxford University Press, S. 149-179.

McDowell, John (1998): *Geist und Welt*. Paderborn: Schöningh.

Mele, Alfred R. (2014): *Free. Why science hasn't disproved free will*. Oxford: Oxford University Press.

Mercati, Flavio (2018): *Shape dynamics. Relativity and relationalism*. Oxford: Oxford University Press.

Miller, Elizabeth (2014): »Quantum entanglement, Bohmian mechanics, and Humean supervenience«. *Australasian Journal of Philosophy* 92, S. 567-583.

Millikan, Ruth Garrett (1984): *Language, thought, and other biological categories*. Cambridge (Massachusetts): MIT Press.

Mumford, Stephen und Anjum, Rani Lill (2011): *Getting causes from powers*. Oxford: Oxford University Press.

Newton, Isaac (1898): *Optik oder Abhandlung über Spiegelungen, Brechungen, Beugungen und Farben des Lichts*. Leipzig: Engelmann.

Newton, Isaac (1961): *Correspondence. Volume II*. Ed. H. W. Turnbull. Cambridge: Cambridge University Press.

Newton, Isaac (1988): *Mathematische Grundlagen der Naturphilosophie*. Hamburg: Meiner.

Popper, Karl (1950a): »Indeterminism in quantum physics and in classical physics. Part I«. *British Journal for the Philosophy of Science* 1, S. 117-133.

Popper, Karl (1950b): »Indeterminism in quantum physics and in classical physics. Part II«. *British Journal for the Philosophy of Science* 1, S. 173-195.

Popper, Karl (1957/58): *Die offene Gesellschaft und ihre Feinde*. München: Francke.

Popper, Karl (1980): »Three worlds«. In S. M. McMurrin (Hg.): *The Tanner Lectures on human values*. Cambridge: Cambridge University Press, S. 141-167.

Price, Huw (2004): »Naturalism without representationalism«. In: M. de Caro und D. Macarthur (Hg.): *Naturalism in question*. Cambridge (Massachusetts): Harvard University Press, S. 71-88.

Putnam, Hilary (1979): *Die Bedeutung von »Bedeutung«*. Frankfurt/Main: Klostermann.

Pylkkänen, Paavo, Hiley, Basil J. und Pättiniemi, Ilkka (2015): »Bohm's approach and individuality«. In: A. Guay und T. Pradeu (Hg.): *Individuals across the sciences*. Oxford: Oxford University Press, S. 226-246.

Rorty, Richard (1981): *Der Spiegel der Natur. Eine Kritik der Philosophie*. Frankfurt/Main: Suhrkamp.

Russell, Bertrand (1912): »On the notion of cause«. *Proceedings of the Aristotelian Society* 13, S. 1-26.

Sartre, Jean-Paul (1952): *Das Sein und das Nichts*. Hamburg-Reinbek: Rowohlt.

Scanlon, T. M. (2014): *Being realistic about reasons*. Oxford: Oxford University Press.

Searle, John R. (1980): »Minds, brains, and programs«. *Behavioral and Brain Sciences* 3, S. 417-424, 450-457.

Searle, John R. (1997): *The mystery of consciousness and exchanges with Daniel C. Dennett and David J. Chalmers*. New York: The New York Review of Books.

Seevinck, Michiel P. (2010): »Can quantum theory and special relativity peacefully coexist? Invited white paper for Quantum Physics and the Nature of Reality, John Polkinghorne 80th Birthday Conference. St. Annes College, Oxford. 26.-29. September 2010« ⟨http://arxiv.org/abs/1010.3714⟩.

Seibt, Johanna (1990): *Properties as processes. A synoptic study in W. Sellars' nominalism*. Reseda: Ridgeview.

Sellars, Wilfrid (1962): »Philosophy and the scientific image of man«. In: R. Colodny (Hg.): *Frontiers of science and philosophy*. Pittsburgh: University of Pittsburgh Press, S. 35-78.

Sellars, Wilfrid (1981): »Foundations for a metaphysics of pure processes: I. The lever of Archimedes. II. Naturalism and process. III. Is consciousness physical?«. *The Monist* 64, S. 3-90.

Sellars, Wilfrid (1999): *Der Empirismus und die Philosophie des Geistes*. Paderborn: Mentis.

Smith, Michael (1994): *The moral problem*. Oxford: Blackwell.

Strawson, Galen (1989): *The secret connexion. Causation, realism, and David Hume*. Oxford: Oxford University Press.

Strawson, Galen (2017): »Mind and being. The primacy of panpsychism«.

In: G. Brüntrup und L. Jaskolla (Hg.): *Panpsychism. Contemporary perspectives*. Oxford: Oxford University Press, S. 75-112.

Sturma, Dieter (1997): *Philosophie der Person. Die Selbstverhältnisse von Subjektivität und Moralität*. Paderborn: Schöningh.

Swartz, Norman (2003): *The concept of physical law*. Internet-Veröffentlichung. ⟨https://www.sfu.ca/~swartz/physical-law/index.htm⟩. Erstausgabe Cambridge: Cambridge University Press 1985.

Tomasello, Michael (2014): *Eine Naturgeschichte des menschlichen Denkens*. Berlin: Suhrkamp.

Van Brakel, Jaap (1996): »Interdiscourse or supervenience relations. The primacy of the manifest image«. *Synthese* 106, S. 253-297.

Van Inwagen, Peter (1975): »The incomptability of free will and determinism«. *Philosophical Studies* 27, S. 185-199.

Van Inwagen, Peter (1983): *An essay on free will*. Oxford: Oxford University Press.

Vassallo, Antonio (2015): »Can Bohmian mechanics be made background independent?«. *Studies in History and Philosophy of Science* 52, S. 242-250.

Vassallo, Antonio und Ip, Pui Him (2016): »On the conceptual issues surrounding the notion of relational Bohmian dynamics«. *Foundations of Physics* 46, S. 943-972.

Von Wachter, Daniel (2015): »Miracles are not violations of the laws of nature because the laws do not entail regularities«. *European Journal for Philosophy of Religion* 7, S. 37-60.

Wallace, David (2012): *The emergent multiverse. Quantum theory according to the Everett interpretation*. Oxford: Oxford University Press.

Watson, James D. und Crick, Francis H. C. (1953): »A structure for deoxyribose nucleic acid«. *Nature* 171, S. 737 f.

Weyl, Hermann (2009): *Philosophie der Mathematik und Naturwissenschaft*. München: Oldenbourg. Erstausgabe 1928.

Wheeler, John A. und Feynman, Richard P. (1945): »Interaction with the absorber as the mechanism of radiation«. *Reviews of Modern Physics* 17, S. 157-181.

Namenregister

Sachregister

Philosophie des Geistes
im Suhrkamp Verlag

Anatomie der Subjektivität. Bewußtsein, Selbstbewußtsein und Selbstgefühl. Herausgegeben von Thomas Grundmann, Frank Hofmann, Catrin Misselhorn, Violetta L. Waibel und Véronique Zanetti. stw 1735. 496 Seiten

Wolfgang Barz. Die Transparenz des Geistes. stw 2034. 400 Seiten

Bewußtsein. Philosophische Beiträge. Herausgegeben von Sybille Krämer. stw 1240. 250 Seiten

Susan Blackmore. Gespräche über Bewußtsein. Aus dem Englischen von Frank Born. Mit einem Glossar. Gebunden und stw 2023. 380 Seiten.

Robert B. Brandom
- Expressive Vernunft. Aus dem Amerikanischen von Eva Gilmer und Hermann Vetter. 1014 Seiten. Gebunden
- Begründen und Begreifen. Eine Einführung in den Inferentialismus. Aus dem Amerikanischen von Eva Gilmer. Gebunden und stw 1689. 264 Seiten

Donald Davidson
- Dialektik und Dialog. Rede anläßlich der Verleihung des Hegel-Preises 1992. stw 1080. 101 Seiten
- Handlung und Ereignis. Aus dem Amerikanischen von Joachim Schulte. Gebunden und stw 895. 421 Seiten
- Probleme der Rationalität. Vorwort von Marcia Cavell. Aus dem Amerikanischen von Joachim Schulte. 445 Seiten. Gebunden

- Subjektiv, intersubjektiv, objektiv. Aus dem Amerikanischen von Joachim Schulte. 382 Seiten. Gebunden
- Wahrheit und Interpretation. Herausgegeben von Dieter Henrich und Niklas Luhmann. Aus dem Amerikanischen von Joachim Schulte. stw 896. 408 Seiten
- Wahrheit, Sprache und Geschichte. Aus dem Amerikanischen von Joachim Schulte. 514 Seiten. Gebunden

Donald Davidson / Richard Rorty. Wozu Wahrheit? Eine Debatte. Herausgegeben und mit einem Nachwort von Mike Sandbothe. stw 1691. 353 Seiten

Daniel C. Dennett. Süße Träume. Die Erforschung des Bewußtseins und der Schlaf der Philosophie. Aus dem Amerikanischen von Gerson Reuter. 216 Seiten. Gebunden

Farben. Betrachtungen aus Philosophie und Naturwissenschaften. Herausgegeben von Stefan Glasauer und Jakob Steinbrenner. stw 1825. 370 Seiten

Manfred Frank. Ansichten der Subjektivität. stw 2021. 420 Seiten

Gene, Meme und Gehirne. Geist und Gesellschaft als Natur. Eine Debatte. Herausgegeben von A. Becker, C. Mehr, H. H. Nau, G. Reuter und D. Stegmüller. stw 1643. 336 Seiten

Andrea Kern. Quellen des Wissens. Zum Begriff vernünftiger Erkenntnisfähigkeit. stw 1786. 385 Seiten

Ruth Garrett Millikan
- Biosemantik. Sprachphilosophische Aufsätze. Aus dem Amerikanischen von Alex Burri. stw 1979. 205 Seiten

- Geist. Eine Einführung. Aus dem Amerikanischen von Sibylle Salewski. 324 Seiten. Gebunden
- Geist, Sprache und Gesellschaft. Philosophie der wirklichen Welt. Aus dem Amerikanischen von Harvey P. Gavagai. stw 1670. 192 Seiten
- Intentionalität. Eine Abhandlung zur Philosophie des Geistes. Aus dem Amerikanischen von Harvey P. Gavagai. stw 956. 353 Seiten
- Die Konstruktion der gesellschaftlichen Wirklichkeit. Zur Ontologie sozialer Tatsachen. Aus dem Amerikanischen von Martin Suhr. stw 2005. 248 Seiten
- Wie wir die soziale Welt machen. Die Struktur der menschlichen Zivilisation. Aus dem Amerikanischen von Joachim Schulte. 351 Seiten. Gebunden

Selbstbewußtseinstheorien von Fichte bis Sartre. Herausgegeben und mit einem Nachwort versehen von Manfred Frank. stw 964. 599 Seiten

Michael Tomasello
- Die kulturelle Entwicklung des menschlichen Denkens. Zur Evolution der Kognition. Aus dem Englischen von Jürgen Schröder. stw 1827. 307 Seiten
- Die Ursprünge der menschlichen Kommunikation. Aus dem Amerikanischen von Jürgen Schröder. Mit Abbildungen. stw 2004. 410 Seiten

Matthias Vogel. Medien der Vernunft. Eine Theorie des Geistes und der Rationalität auf Grundlage einer Theorie der Medien. stw 1556. 427 Seiten

Wissen zwischen Entdeckung und Konstruktion. Erkenntnistheoretische Kontroversen. Herausgegeben von Matthias Vogel und Lutz Wingert. stw 1591. 328 Seiten

Geschichte und Theorie
der Naturwissenschaften

Bakteriologie und Moderne. Studien zur Biopolitik des Unsichtbaren 1870 – 1920. Herausgegeben von Philipp Sarasin. Silvia Berger, Marianne Hänseler und Myriam Spörri. stw 1807. 544 Seiten

Susan Blackmore. Gespräche über Bewußtsein. Gebunden. 380 Seiten

Lorraine Daston/Peter Galison. Objektivität. Aus dem Amerikanischen von Christa Krüger. Mit zahlreichen Abbildungen und farbigem Bildteil. Gebunden. 530 Seiten

John Dupré. Darwins Vermächtnis. Die Bedeutung der Evolution für die Gegenwart des Menschen. Aus dem Englischen von Eva Gilmer. 144 Seiten. Gebunden

Michael Esfeld. Naturphilosophie als Metaphysik der Natur. stw 1863 218 Seiten

Gene, Meme und Gehirne. Geist und Gesellschaft als Natur. Eine Debatte. Herausgegeben von A. Becker, C. Mehr, H. H. Nau, G. Reuter und D. Stegmüller. stw 1643. 330 Seiten

Geschichte, Theorie und Ethik der Medizin. Eine Einführung. Herausgegeben von Stefan Schulz u.a. stw 1791. 511 Seiten

Das Geschlecht der Natur. Feministische Beiträge zur Geschichte und Theorie der Naturwissenschaften. Herausgegeben von Barbara Orland und Elvira Scheich. Texte aus dem Amerikanischen von Xenia Rajewsky. Gender Studies. es 1727. 290 Seiten

Stephen Jay Gould. Der falsch vermessene Mensch. Aus dem Amerikanischen von Günter Seib. stw 583. 400 Seiten

Michael Hampe. Eine kleine Geschichte des Naturgesetzbegriffs. Die Gesetze der Natur und die Handlungen der Menschen. stw 1864. 201 Seiten

Lily E. Kay. Das Buch des Lebens. Wer schrieb den genetischen Code? Mit Abbildungen. Aus dem Amerikanischen von Gustav Roßler. stw 1746. 556 Seiten

Alexandre Koyré. Von der geschlossenen Welt zu unendlichen Universum. Aus dem Amerikanischen von Rolf Dornbacher. stw 320. 259 Seiten

Werner Kutschmann. Der Naturwissenschaftler und sein Körper. Die Rolle der »inneren Natur« in der experimentellen Naturwissenschaft der frühen Neuzeit. 428 Seiten. Gebunden

Humberto R. Maturana. Biologie der Realität. Aus dem Amerikanischen von Wolfram K. Köck. stw 1502. 400 Seiten

Naturerkenntnis und Natursein. Für Gernot Böhme. Herausgegeben von Michael Hauskeller, Christoph Rehmann-Sutter und Gregor Schiemann. stw 1327. 406 Seiten

Naturwissenschaft, Technik und NS-Ideologie. Beiträge zur Wissenschaftsgeschichte des Dritten Reiches. Herausgegeben von Herbert Mehrtens und Steffen Richter. stw 303. 289 Seiten

Philosophie der Biologie. Eine Einführung. Herausgegeben von Ulrich Krohs und Georg Toepfer. stw 1745. 456 Seiten

Physiologie und industrielle Gesellschaft. Studien zur Verwissenschaftlichung des Körpers im 19. und 20. Jahrhundert.

Herausgegeben von Philipp Sarasin und Jakob Tanner. stw 1343. 529 Seiten

Die Transformation des Humanen. Beiträge zur Kulturgeschichte der Kybernetik. Herausgegben von Michael Hagner und Erich Hörl. stw 1848. 464 Seiten

Hans-Jörg Rheinberger.
- Epistemologie des Konkreten. Studien zur Geschichte der modernen Biologie. stw 1771. 415 Seiten
- Experimentalsysteme und epistemische Dinge. Eine Geschichte der Proteinsynthese im Reagenzglas. stw 1806. 383 Seiten

Lothar Schäfer. Das Bacon-Projekt. Von der Erkenntnis, Nutzung und Schonung der Natur. stw 1401. 279 Seiten

»Geist und Gehirn«
im Suhrkamp Verlag

François Ansermet / Pierre Magistretti. Die Individualität des Gehirns. Neurobiologie und Psychoanalyse.
282 Seiten. Gebunden

Olaf Breidbach. Die Materialisierung des Ichs. Zur Geschichte der Hirnforschung im 19. und 20. Jahrhundert.
stw 1276. 476 Seiten

Gene, Meme und Gehirne. Geist und Gesellschaft als Natur. Eine Debatte. Herausgegeben von A. Becker, C. Mehr, H. H. Nau, G. Reuter und D. Stegmüller. stw 1643. 330 Seiten

Hirnforschung und Willensfreiheit. Zur Deutung der neuesten Experimente. Herausgegeben von Christian Geyer.
es 2387. 296 Seiten

Eric R. Kandel. Psychiatrie, Psychoanalyse und die neue Biologie des Geistes. Mit einem Vorwort von Gerhard Roth.
341 Seiten. Gebunden

Benjamin Libet. Mind Time. Wie das Gehirn Bewusstsein produziert. 298 Seiten. Gebunden

Philosophie und Neurowissenschaften. Ist das psychologische Problem gelöst? Herausgegeben von Dieter Sturma.
stw 1770. 266 Seiten

Gerhard Roth
- Aus Sicht des Gehirns. 216 Seiten. Kartoniert
- Fühlen, Denken, Handeln. Wie das Gehirn unser Verhalten steuert. stw 1678. 608 Seiten
- Das Gehirn und seine Wirklichkeit. Kognitive Neurobiologie und ihre philosophischen Konsequenzen. stw 1275. 384 Seiten

John R. Searle. Freiheit und Neurobiologie. 91 Seiten. Kartoniert

Wolf Singer
- Ein neues Menschenbild? Gespräche über Hirnforschung. stw 1596. 144 Seiten
- Der Beobachter im Gehirn. Essays zur Hirnforschung. stw 1571. 240 Seiten
- Vom Gehirn zum Bewußtsein. 59 Seiten. Gebunden

NF 155/2/3.07